全长锚固系统力学响应及承载机理

杜云楼　著

北　京
冶　金　工　业　出　版　社
2025

内 容 提 要

本书聚焦煤矿复杂困难巷道锚杆支护需求，围绕全长锚固系统的力学行为及承载特性，综合采用试验研究、理论分析和数值模拟的手段，系统介绍了锚固界面的黏结特性，以及锚固长度、层状岩体和锚杆-围岩相互作用下的全长锚固锚杆的承载受力特征，为控制复杂困难巷道的围岩变形破坏、保证巷道的稳定性提供有益参考。

本书可供煤矿行业科研人员与生产技术人员阅读，也可作为高等院校采矿工程、岩土工程等专业师生的参考书。

图书在版编目（CIP）数据

全长锚固系统力学响应及承载机理 / 杜云楼著 . 北京 ：冶金工业出版社，2025. 5. -- ISBN 978-7-5240-0215-4

Ⅰ. TD353

中国国家版本馆 CIP 数据核字第 2025C75F46 号

全长锚固系统力学响应及承载机理

出版发行	冶金工业出版社	**电　　话**	(010)64027926
地　　址	北京市东城区嵩祝院北巷 39 号	**邮　　编**	100009
网　　址	www. mip1953. com	**电子信箱**	service@ mip1953. com

责任编辑　刘思岐　美术编辑　彭子赫　版式设计　郑小利

责任校对　葛新霞　责任印制　禹　蕊

北京建宏印刷有限公司印刷

2025 年 5 月第 1 版，2025 年 5 月第 1 次印刷

710mm×1000mm　1/16；12. 25 印张；237 千字；185 页

定价 89. 00 元

投稿电话　(010)64027932　投稿信箱　tougao@cnmip. com. cn

营销中心电话　(010)64044283

冶金工业出版社天猫旗舰店　yjgycbs. tmall. com

(本书如有印装质量问题，本社营销中心负责退换)

前　言

煤炭资源作为我国目前的主要能源物质，其重要战略地位在很长一段时间内较难改变，保障煤炭资源的稳定供给对我国经济快速发展意义重大。我国煤炭资源开发以井工为主，需要开掘大量的巷道，据不完全统计，我国煤矿每年的巷道掘进量高达12000 km以上，面对规模如此之大的地下工程，更好地实现巷道围岩稳定控制对煤炭资源的安全高效、绿色低碳开采至关重要。

近年来，锚杆支护以其成本低、施工快和效果好等优点被广泛应用于煤矿巷道支护。随着浅部煤炭资源的不断枯竭，许多煤矿开采开始向深部进军。然而，深部复杂的开采地质条件使得大量复杂困难巷道相继出现，复杂困难巷道围岩支护也已成为工程技术人员和科研人员关注的重点。全长锚固锚杆作为一种高强度、高刚度的主动支护技术，一方面能实现巷道围岩及时支护，抑制不均衡变形的产生；另一方面能降低锚杆预应力损失，提高锚杆支护系统的耐久性。然而，由于相应机械设备和安装技术等原因，有关全长锚固锚杆支护的发展相对滞后，无法有效地指导全长锚固锚杆支护的工程应用。因此，随着煤炭行业的不断发展，面对日益复杂的采矿地质环境，研究、发展和应用全长锚固锚杆支护对保障巷道安全具有重要意义。

本书聚焦煤矿复杂困难巷道锚杆支护需求，围绕全长锚固锚杆支护理论与技术中存在的不足进行研究。本书共分9章，第1章主要介绍了全长锚固锚杆支护的研究现状，阐明了研究全长锚固锚杆支护的重要意义；第2章主要研究了锚固界面承载的力-声响应特征，阐明了锚固界面的承载机制；第3章主要研究了锚固界面承载的影响因素，提出了锚固界面承载性能的强化方法；第4章主要研究了锚固界面承载的加载速率效应，阐明了锚固界面的损伤演化机理；第5章主要研究了锚固界面黏结参数对全长锚固锚杆承载性能的影响机制；第6章主要研究了锚固长度对全长锚固锚杆承载性能的影响机制；第7章主要研究了层状岩体结构对全长锚固锚杆承载性能的影响机制；第8章主要研究了锚杆-围岩相互作用下全长锚固锚杆的承载特性；第9章对全书成果进行了总结。

本书可供煤矿行业科研人员与生产技术人员阅读，也可作为高等院校中采矿工程、岩土工程等专业师生的参考书。感谢康红普院士、冯国瑞教授、张玉江教授、张僖洪副教授等在本书编写过程中提供的指导与帮助。本书的出版得到太原理工大学矿业工程学院的大力支持，并受到国家自然科学基金委员会和国家留学基金委员会的资助，特此致谢。

由于作者水平和精力所限，书中错漏之处在所难免，恳请读者批评指正。

著 者

2024年12月

目　录

1 绪　论

1.1 全长锚固锚杆支护的研究背景及意义

煤炭资源是我国经济建设与社会发展的重要基础，在很长一段时间内仍将是我国的主要能源[1-2]。在社会主义现代化建设的进程当中，一方面要保障经济的飞速发展，另一方面要实现人与自然的和谐共处，这就对煤炭行业的发展提出了更高的要求。因此，煤炭行业必须保持绿色低碳、安全高效的可持续发展之路[3-4]。

我国煤炭资源的开发利用主要以井工为主，因而需要开掘大量的巷道，包括开拓巷道、准备巷道和回采巷道等。巷道是煤矿井下行人、通风及运输的安全通道，在开挖过程中，初始的原岩应力平衡状态被打破并重新分布[5]，导致巷道围岩发生变形破坏，给煤矿开采带来了一定的安全隐患。据不完全统计，我国煤矿每年的巷道掘进量高达12000 km以上[6]，面对规模如此之大的地下工程建设，有效地实现巷道围岩稳定性控制，保障煤矿开采活动的安全，对实现煤矿绿色安全生产至关重要[7-9]。

就巷道围岩控制而言，一方面要充分调动巷道围岩自身的承载能力，另一方面要采用一定的支护手段来实现巷道围岩的加固增稳[10]。随着我国巷道围岩支护技术的不断发展，形成了木支护、砌碹支护、型钢支护和锚杆支护等多种支护方式[11-12]，这些支护方式的应用一方面有效抑制了巷道围岩的变形，另一方面实现了巷道围岩的加固，更好地调动了巷道围岩的自承载能力。近年来，锚杆支护以支护成本低、施工操作快和控制效果好等优点被广泛使用[13-14]，且取得了较好的围岩控制效果。我国于1956年开始在煤矿巷道围岩控制中使用锚杆支护，早期的锚杆类型主要以机械式、摩擦式为主，如倒楔式锚杆、管缝式锚杆等，这些锚杆往往支护强度、刚度比较低，支护效果有限。随着煤矿巷道支护要求的不断提高，为了满足巷道围岩控制的要求，锚杆支护逐渐由低强度支护阶段向高强度、高预紧力支护阶段发展[15-16]，锚杆类型也逐渐以黏结式为主。黏结式锚杆是通过锚固剂（水泥砂浆、树脂等）将锚杆与围岩黏结起来的锚杆支护方式，如图1-1所示，并通过锚杆、锚固剂和围岩间的载荷传递来实现巷道围岩控制[17]。根据锚杆锚固长度的不同，黏结式锚杆大致可分为端头锚固、加长锚固和全长锚固三种[18]。通常，端头锚固锚杆的黏结长度小于锚固钻孔长度的1/3，加长锚固锚杆的黏结长度介于锚固钻孔长度的 1/3~9/10，全长锚固锚杆的黏结长度超过锚固钻孔长度的 9/10。

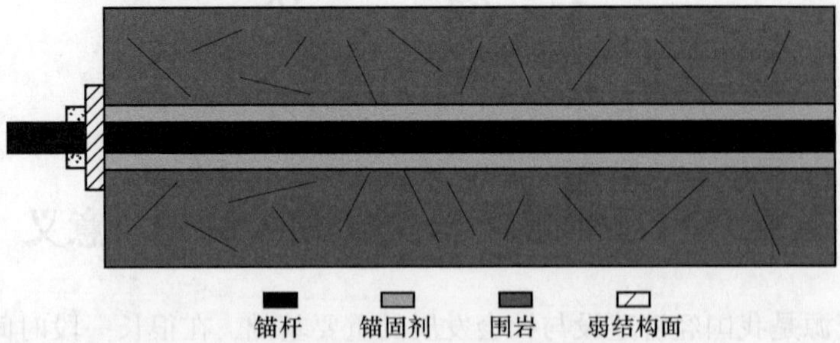

扫码看彩图

图 1-1　黏结式锚杆支护系统

随着我国煤矿开采地质条件的逐渐复杂化，如深部煤炭资源开采[19-20]、遗留煤炭资源开采[21-23]等，大量的复杂困难巷道相继出现，这类巷道围岩松软破碎、地应力高，并且围岩的变形破坏严重，在一定程度上阻碍了煤矿的安全高效生产。在此情况下，要想实现巷道围岩的稳定控制，需综合考虑以下问题：(1) 提高锚杆锚固力，增大锚杆支护强度，实现锚杆高强度高预紧力支护；(2) 提高锚杆支护对巷道围岩变形的敏感度，实现锚杆对围岩变形的及时响应，抑制巷道围岩非连续变形的发生；(3) 提高锚杆支护对矿井水等环境的耐腐蚀性，提高锚杆支护的耐久性。由此可见，仅仅采用目前常用的端头锚固锚杆或加长锚固锚杆支护较难实现以上目标，而全长锚固锚杆具有多种优势[24]，能有效控制复杂困难巷道的围岩变形破坏，保障巷道的稳定性。

全长锚固锚杆作为一种高强度、高刚度的主动支护方式，一方面其支护刚度高，对巷道围岩变形破坏具有较高的敏感度，能实现及时支护，抑制巷道围岩不均衡变形的产生，减少巷道围岩的变形；另一方面其能够降低锚杆支护过程中的预应力损失，减少矿井水等因素对锚杆的腐蚀破坏，增加锚杆支护对巷道围岩的有效控制范围，提高锚杆支护系统的耐久性。尽管全长锚固锚杆支护在复杂困难巷道围岩的稳定性控制方面有较大的优势，但由于相应的机械设备和安装技术等原因，有关全长锚固锚杆支护的发展相对滞后，这导致目前有关全长锚固锚杆支护的设计仍然采用半经验的方法，缺乏有效的理论指导，一方面可能造成盲目的加固设计，使支护成本提高并带来支护浪费；另一方面可能造成支护强度的不足，使锚杆支护系统达不到预期的支护效果，给巷道安全带来严重影响。因此，随着煤炭行业的不断发展，面对日益复杂的采矿地质环境，研究、发展和应用全长锚固锚杆支护对保障巷道安全有较为重要的意义。

目前在我国煤矿开采地质条件逐渐复杂化的大背景下，考虑到全长锚固锚杆支护的诸多优势，更好地理解全长锚固锚杆支护的力学行为及承载特性有利于更好地实现复杂困难巷道的围岩控制。研究、发展和应用全长锚固锚杆支护具有以下重要意义：

(1) 研究全长锚固锚杆支护有利于更深入细致地理解锚杆支护系统的锚固机理和承载特性，以便更科学合理地进行锚杆支护设计，并为全长锚固锚杆支护提供一定的理论指导。

(2) 全长锚固锚杆支护作为锚杆支护体系的重要组成部分，研究全长锚固锚杆支护能够丰富锚杆支护体系的内容，促进锚杆支护相关理论及技术的发展。

(3) 鉴于全长锚固锚杆支护在复杂困难巷道围岩控制方面的优势，研究全长锚固锚杆支护有助于相关科研技术人员更好地掌握锚杆的承载特性和受力特征，实现复杂困难巷道围岩的稳定控制，促进其更好地应用于工程现场实际。

1.2 全长锚固系统研究现状

近年来，随着锚杆支护的发展，国内外诸多学者围绕全长锚固系统进行了研究，并得到了一系列有意义的成果。本节围绕目前国内外有关全长锚固系统的研究现状，主要从锚固系统黏结特性、锚固界面力学行为及全长锚固系统受力特征三个方面进行简要介绍。

1.2.1 锚固系统黏结特性研究现状

锚固系统的黏结特性是决定锚杆支护系统承载性能的关键因素之一。近年来，国内外诸多学者围绕锚固系统的黏结特性展开了大量研究，并取得了较好的研究成果，下面对其进行简要介绍。

在理论研究方面，结合锚固系统的结构特征，Yazici 等[25]通过建立锚固系统的概念模型解析了锚固界面黏结强度的发展，研究发现锚固界面的黏结特性取决于摩擦作用，锚固岩石和灌浆液的力学性质、钻孔和锚杆的几何形状及锚固界面的正应力都会显著影响锚固系统的黏结强度。Yin 等[26]推导得到了锚固界面黏结力的解析解，并探究了灌浆压力、剪胀角和钻孔尺寸对黏结力的影响，研究发现锚固界面的峰值黏结力与灌浆压力和剪胀角正相关，而与钻孔尺寸负相关。Upadhyaya 等[27-28]研究了锚固界面的应力传递机理，得到了锚固界面黏结性能的解析解，并分析了锚固系统几何参数与材料参数对黏结性能的影响。李术才等[29]分析得到了锚固界面黏结强度的理论解，并探讨了锚固钻孔所处的应力条件及影响范围对锚固界面黏结强度的影响。

在试验研究方面，Hyett 等[30]使用改进的试验装置研究了锚固界面的黏结强度特征，并分析了黏结强度对灌浆性质和径向约束刚度的敏感度。Aoki 等[31]采用钢管锚固试件对两种类型的锚索进行实验室拉拔测试，研究了锚索的黏结性能及破坏机理。韩军等[32]采用立方体混凝土锚固试件研究了锚杆的黏结强度特性，并系统阐述了锚固介质力学性质及外部约束条件对黏结性能的影响。为了弄清锚固介质力学性质及外部约束条件对锚固系统黏结特性的影响，Hyett 等[33]、Oktavianus 等[34]和韩军等[35]结合等效刚度原则，采用 PVC 管、铝管或钢管等效代替约束围岩研究了约束围岩力学性质对锚固系统黏结性能的影响。研究发现约束围岩的弹性模量及单轴抗压强度会显著影响锚固系统的黏结性能，锚固系统的黏结性能会随着围岩力学性能的增强而增大。文志杰等[36]、李福海等[37-38]研究了锚固钻孔粗糙度对锚固系统黏结性能的影响，研究发现锚固钻孔粗糙度对锚固系统黏结性能有显著影响，锚固钻孔粗糙度越大，锚固系统黏结性能越强。徐景茂等[39]和张永兴等[40]研究了不同岩性约束条件对锚固系统黏结性能的影响。Xiao 等[41]、Wu 等[42]、Lee 等[43]和程东辉等[44]研究了混凝土中粗骨料含量及混凝土强度对锚固试件黏结性能的影响。

Laldji 等[45]、Kihc 等[46]、饶枭宇等[47]和 Teymen 等[48]研究了水泥灌浆材料的力学性能对锚固系统黏结性能的影响。研究发现水泥灌浆材料的水灰比是影响锚固系统黏结特性的关键因素之一，且锚固系统的黏结性能与水泥灌浆材料的弹性模量、单轴抗压强度和抗剪强度呈正相关，适当降低水泥灌浆材料的水灰比能有效提高锚固系统的黏结性能，进而增强锚固系统的承载特性。考虑锚固界面的承载机制，刘润等[49]、Teymen 等[50]和 Cao 等[51-52]探究了锚固剂内添加矿物材料或钢介质对锚固系统黏结性能的影响，研究结果表明锚固剂内添加矿物材料或钢介质可以有效增强锚固界面的力学行为，提高锚固系统的黏结特性。

Kihc 等[53]、荣冠等[54]、Aziz 等[55-56]、Ghadimi 等[57-58]、Cao 等[59-61]、林健等[62-63]、王伸等[64-65]和 Zhang 等[66]采用数值和试验的手段系统研究了锚杆直径、形状、肋参数等对锚固系统黏结性能的影响，同时探究了锚杆的合理肋参数，如肋高和肋间距等。研究表明锚杆外形在很大程度上会影响锚固系统的黏结性能和载荷传递特征，优化锚杆肋参数有助于提高锚固系统的黏结特性。Hagan 等[67-71]采用自主研发的拉拔装置研究了约束围岩尺寸及边界条件对锚固系统黏结性能的影响，研究结果表明约束围岩的尺寸对锚固系统的黏结性能有一定的增强效应，但约束围岩的尺寸存在临界值。Ho 等[72]研究了锚固系统的约束边界条件对其黏结性能的影响，强调了约束边界条件对锚固系统黏结力的重要性。Robins 等[73-74]、Kaiser 等[75]、Xu 等[76]、查文华等[77]、Afefy 等[78]和 Zhang 等[79]研究了约束围岩所受的应力状态和大小对锚固试件黏结性能的影响，研究结果表明较高的应力条件可显著提高锚固试件的黏结性能，且会对锚固界面的失效模式产生巨大的影响。

此外，马念杰等[80]研究了锚杆直径、锚固剂环厚度及锚固钻孔直径对锚固系统黏结性能的影响，发现了锚固系统合理“三径”匹配对锚固系统黏结性能的重要性。Aziz 等[81]、刘少伟等[82]研究了锚杆的安装过程及安装质量对锚固系统黏结性能的影响，研究发现锚杆的安装方式和锚固剂的搅拌速度均会对锚固系统的黏结特性产生一定的影响。康红普等[83-84]、苏学贵等[85-86]和李福海等[87-88]研究了水、温度等条件对锚固系统黏结特性的影响，研究表明水及高温环境会降低锚固系统的黏结性能，不利于锚固系统的耐久性。

1.2.2　锚固界面力学行为研究现状

黏结式锚杆作为一种连续机械耦合式支护系统，其承载特性及载荷传递规律主要依赖于锚固界面的力学行为[89]，下面就目前国内外的研究进展进行简要介绍。

在锚固界面的黏结-滑移关系方面，Eligehausen 等[90]通过试验提出了锚固界面的 BPE 黏结-滑移模型，该模型将锚固界面的黏结-滑移行为分为上升段、水平段、下降段和残余段四部分，如图 1-2（a）所示，图中 τ 为锚固界面黏结应力，Pa；S 为锚固界面位移，m。随后 Brown 等[91]和 Cosenza 等[92]试验发现锚固界面的黏结-滑移关系并不存在水平段，并对 BPE 模型进行修正得到了改进的 BPE 黏结-滑移模型，如图 1-2（b）所示。

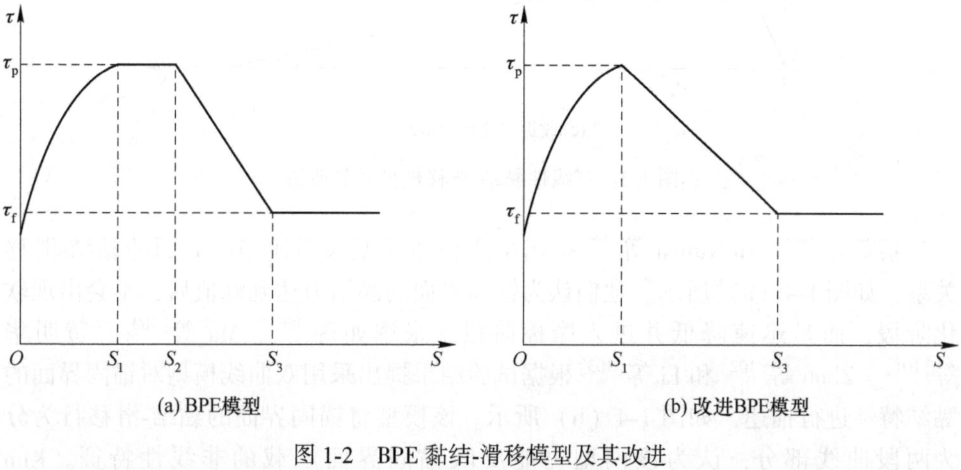

(a) BPE模型　(b) 改进BPE模型

图 1-2　BPE 黏结-滑移模型及其改进

Benmokrane 等[93]基于试验结果提出采用三线性模型来描述锚固界面的黏结-滑移关系。该模型将锚固界面的黏结-滑移行为分为弹性、软化和摩擦三段线性部分，如图 1-3（a）所示。随后芦苇等[94]试验发现锚固界面在进入摩擦阶段后，存在一个临界拉拔位移 S_3，当拉拔位移超过 S_3 后，锚固界面黏结力变为零，基于此给出了如图 1-3（b）所示的改进三线性黏结-滑移模型。此外，吴智敏等[95]对 Benmokrane 的模型进行修正得到了改进的三线性黏结-滑移模型，如图

1-3（c）所示，其认为锚固界面摩擦阶段的黏结力不是固定不变的，而是随着拉拔位移的增大而逐渐减小的，直至为零。

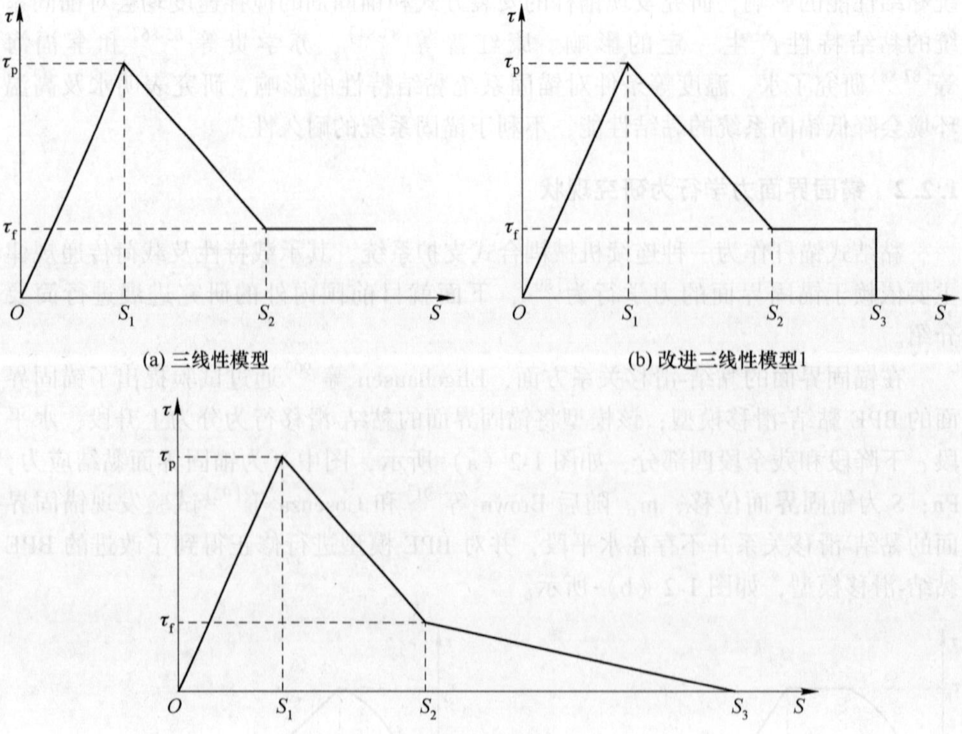

(a) 三线性模型

(b) 改进三线性模型1

(c) 改进三线性模型2

图 1-3 三线性黏结-滑移模型及其改进

蔡跃等[96-97]和 Kumar 等[98]提出采用剪滞模型来描述锚固界面的黏结-滑移关系，如图 1-4（a）所示。他们认为锚固界面的黏结力达到峰值后，不会出现软化阶段，而是迅速降低并进入摩擦阶段。张季如等[99]、Ma 等[100]、黄明华等[101]、Zhou 等[102]和 Li 等[103]根据试验结果提出采用双曲线模型对锚固界面的黏结特性进行描述，如图 1-4（b）所示。该模型将锚固界面的黏结-滑移行为分为两段曲线部分，认为该模型更能反映锚固界面承载的非线性特征。Kim 等[104-105]通过试验研究了锚固界面的黏结-滑移特征，并根据试验结果提出了理想弹塑性黏结-滑移模型，如图 1-4（c）所示。该模型认为锚固界面的黏结力达到峰值后便保持不变，不随拉拔位移的变化而变化。Banholzer 等[106]指出目前大多数锚固界面的黏结-滑移关系是根据试验拟合得到的，不具有一般性和普适性，因而提出了一种多线性黏结-滑移模型，该模型将黏结-滑移关系分为多段线性部分，如图 1-4（d）所示。

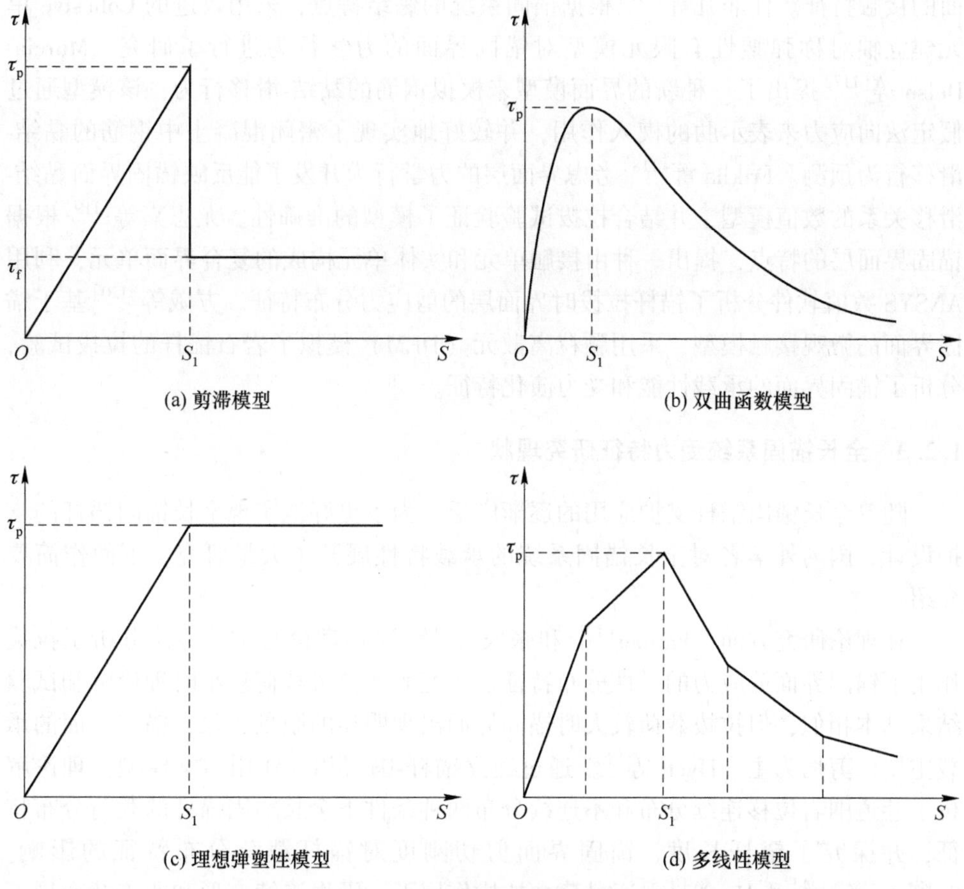

图 1-4 锚固界面黏结-滑移模型

此外，Feldman 等[107]为了研究锚固界面的力学行为，采用拉拔试验分析了锚固界面的应力演化特征，基于试验结果提出了两阶段黏结-滑移模型。Moosavi 等[108]基于常法向应力（CNL）试验模型，研究了约束应力对锚固界面力学行为的影响，研究发现锚固界面黏结力与围压呈非线性关系。张传庆等[109-111]通过简化的锚杆杆体-砂浆直剪试验，研究了锚固界面法向应力和横肋间距对锚固界面力学特性的影响。张景科等[112]通过试验研究了锚固界面的力学性能，研究发现光滑界面的黏结-滑移关系主要呈应变强化型，而螺纹界面的黏结-滑移关系主要呈应变软化型。

Chen 等[113]提出采用三维弹黏塑性复合单元法来实现锚固界面力学行为的模拟，并通过对比分析数值与试验结果验证了模型的有效性。江文武等[114]采用 FLAC 建立锚杆数值仿真模型，分析了锚固界面的拉拔力学行为。Cao 等[115]提出了一种模拟锚固界面力学行为的先进数值方法，该方法能够较好地反映锚固界面的接触特征。任非凡等[116]根据锚固系统的黏结特点，采用改进的 Cohesive 单元建立轴对称弹塑性有限元模型对锚固界面的力学行为进行了研究。Murcia-Delso 等[117]提出了一种新的界面模型来模拟钢筋的黏结-滑移行为，该模型通过假定法向应力来表示肋的楔入作用，并较好地实现了密闭混凝土中钢筋的黏结-滑移行为预测。Frikha 等[118]考虑界面层的力学行为开发了能反映锚固界面黏结-滑移关系的数值模型，并结合拉拔试验验证了模型的准确性。尤志嘉等[119]根据锚固界面层的特点，提出一种由接触单元和实体单元构成的复合界面单元，利用 ANSYS 数值软件分析了锚杆拉拔时界面层的剪应力分布特征。方威等[120]基于锚固界面的微观接触模型，采用颗粒离散元（DEM）模拟了岩石锚杆的拉拔试验，分析了锚固界面的承载性能和受力演化特征。

1.2.3 全长锚固系统受力特征研究现状

随着全长锚固锚杆支护应用的逐渐广泛，为了更好地实现全长锚固锚杆的支护设计，国内外学者对全长锚固系统的承载特性展开了大量研究，下面作简要介绍。

在理论研究方面，Farmer[121]和张农等[122]通过理论与试验方法分析了拉拔作用下锚固界面剪应力的弹性分布特征。研究表明拉拔载荷较小时理论解和试验结果基本相似，但拉拔载荷较大时锚固界面出现明显的脱黏现象，锚固界面的承载主要以剪切为主。Hyett 等[123]通过建立锚杆-围岩相互作用力学模型，理论解析了巷道围岩位移连续分布和不连续分布两种条件下全长锚固锚杆的载荷分布特征，并探究了锚杆长度、锚固界面剪切刚度对锚杆载荷分布特征的影响。Stillborg 等[124]和 He 等[125]通过建立拉拔作用下、围岩连续变形和非连续变形下的三种力学模型，分析了全长锚固锚杆的受力特征。

吴智敏等[126-129]、Ren 等[130]、言志信等[131-132]、文竞舟等[133]和周炳生等[134]结合锚固界面的三线性黏结-滑移模型分析了拉拔作用下全长锚固锚杆的应力分布特征。芦苇等[135]和 Wang 等[136]基于改进的三线性黏结-滑移模型系统解析了全长锚固锚杆拉拔承载全过程的受力特征。朱万成等[137]和黄明华等[138]基于锚固界面的双指数曲线模型分析了拉拔作用下全长锚固锚杆的受力特征。Indraratna 等[139]考虑围岩的弹塑性状态，并结合锚杆与围岩之间的相互作用机制，对全长锚固锚杆的受力进行了分析，探究了锚杆对巷道围岩屈服区范围和变形的影响。Prieto-Muñoz 等[140-142]通过建立黏结锚杆的力学分析模型，系统推导了拉拔作用下全长锚固锚杆受力的弹性、黏弹性理论解，并数值验证了理论解的合理性。Martín 等[143-144]通过提出锚固界面黏结-滑移关系的半经验公式，理论分析了全长锚固锚杆的拉拔承载能力及剪应力分布特征，并详细讨论了黏结长度对其承载性能的影响。

高永涛等[145]基于共同变形原理，分析得到了考虑锚杆、浆体和岩土体协调变形状态下锚杆轴力的解析解。李铀等[146]研究了锚杆支护系统渐进失效条件下锚固力的演化规律，并总结了锚固力的传递递推公式。何思明等[147]和邹金锋等[148]基于损伤理论推导了锚固界面载荷传递的控制微分方程，分析了锚杆的拉拔承载特性和受力特征。姚显春等[149]和陈国周等[150]采用 Mindlin 理论分析了锚杆的拉拔应力分布特征。朱训国等[151-152]基于局部变形理论，推导了锚浆界面或浆岩界面在不同状态下的受力特征方程，并分析了相关参数对锚杆应力分布的影响。许宏发等[153]基于锚固界面剪切变形刚度的线性假定，推导了全长锚固锚杆沿杆长方向的剪应力、轴力和位移的分布函数。钟志彬等[154]基于弹性力学的 Kelvin 解，探究了锚固界面剪应力的分布特征。陈昌富等[155]基于载荷传递法分析了不同锚固应力状态下锚杆的受力特征。张农等[156-159]分析了全长锚固锚杆渐进失效时的轴力分布特征，并探讨了围岩离层对其受力分布的影响。Tian 等[160]分析了软质围岩中全长锚固锚杆在不同拉拔载荷下锚固界面的应变特征。吕爱钟等[161]将锚杆对围岩的作用简化为沿锚杆长度方向的剪切分布力，并基于变形协调条件建立力学模型分析了锚杆的受力特征。易梅辉等[162]采用西原模型建立了考虑锚固界面剪切流变特性的锚杆载荷传递控制方程，并对不同拉拔载荷条件下锚杆轴力的演化特征进行了分析。Zhang 等[163]理论分析了锚杆轴力和锚固界面剪应力的变化特征，并探讨了锚杆受力变化对其承载性能的影响。

Cai 等[164-165]和何思明等[166]采用剪滞模型分析了锚杆与围岩相互作用下锚杆的受力特征，并分析了锚杆长度、巷道位移释放率对锚杆受力特征的影响。Jalalifar 等[167]考虑围岩实际损伤状态，对全长锚固锚杆的受力特征进行了分析，并探究了锚杆长度、围岩弹性模量及锚固界面剪切刚度对锚杆受力特征的影响。Das 等[168]通过建立与单个或多个岩石节理相交的全长锚固锚杆力学模型，分析了锚杆轴力和锚固界面剪应力的分布特征，并讨论了锚杆和岩石材料的力学性能对锚杆受力的影响。李冲等[169]、周浩等[170]和陈梁等[171]基于中性点理论，探讨了锚杆与围岩相互作用下相关因素对锚杆受力特征的影响。Ranjbarnia 等[172]分析了锚杆预紧力、锚杆安装时间、锚杆端头刚度和锚杆支护密度对锚杆受力分布特征的影响。李英明等[173-174]基于巷道围岩的实际变形，分析了全长锚固锚杆处于稳定和临界失稳两种状态下的受力特征，并讨论了围岩力学性质、锚杆长度和锚杆端头轴力对其受力特征的影响。Zou 等[175]提出了一种动态黏结-滑移模型来描述锚固界面黏结强度的动态演变特征，考虑锚杆尾端的滑移以及围岩沿锚杆长度方向的非均匀法向应力特征，对全长锚固锚杆的承载特征及应力分布进行了详细解析。

在试验研究方面，尤春安等[176-180]通过试验与理论相结合的手段系统研究了锚杆的拉拔受力分布特征。Compton 等[181]通过现场拉拔试验研究了全长锚固锚杆的承载性能，并探讨了实际工程中影响其承载能力的因素。廖小平等[182]通过现场实测研究了锚杆承载过程中的应力分布特征，并分析了全长锚固的工程优势。张幼振等[183]基于拉拔试验结果分析了锚固系统临界失稳条件下的锚杆受力特征。柴敬等[184-185]采用光纤光栅传感技术分析了拉拔作用下锚杆的受力演化特征。赵同彬等[186]采用试验与数值相结合的方法研究了锚杆承载的应力分布演化规律。范俊奇等[187]采用试验手段研究了锚固围岩强度对锚杆应力分布规律的影响。李怀珍等[188]结合煤巷树脂黏结锚杆的锚固特点，采用相似模型试验研究了拉拔作用下锚杆的承载受力特征。肖同强等[189]采用拉拔试验手段研究了不同黏结长度锚杆的承载受力特征。Liu 等[190]通过现场拉拔试验研究了全长锚固锚杆的承载特性，并结合试验结果分析了锚固界面的弹塑性应力-应变模型。宋义敏等[191]通过设计锚杆拉拔试验模型，结合应变片和数字散斑相关方法分析了锚杆拉拔过程中锚固界面的变形特征和传力机制。姚强岭等[192]研究了锚杆锚固长度对其受力演化特征的影响。孟祥瑞等[193]试验研究了锚杆载荷、锚固剂和锚杆的弹性模量对锚杆承载过程中应力分布规律的影响。

在数值研究方面，Moosavi 等[194]、Nie 等[195-196]、Marcon 等[197]和 He 等[198]基于锚杆与围岩的相互作用机制，提出了一种非连续变形（DDA）的方法来分析锚杆的受力特征。Karanam 等[199]通过数值手段研究了锚杆直径、黏结长度和灌浆液力学性能对锚杆受力特征的影响。张向阳等[200]通过将浆岩界面的黏结-滑移关系嵌入数值模型分析了软岩洞室中锚杆的受力分布特征。贺若兰等[201]采用一种能够真实反映锚固界面力学行为的摩擦接触单元，建立数值模型分析了拉拔条件下锚杆的受力特征。Deb 等[202-205]基于有限元法和有限差分法（FEM-FDM）分析了不同锚固围岩状态下全长锚固锚杆的应力特征。Zhao 等[206]和 Chang 等[207-208]采用 ABAQUS 分析了含缺陷全长锚固锚杆拉拔作用下的承载特征。Ma 等[209-212]采用 $FLAC^{2D}$ 对全长锚固锚杆的拉拔承载受力特征进行了分析，并探讨了锚杆有无自由端对其承载性能的影响。Zhao 等[213]和 Li 等[214]采用数值手段研究了不同岩性组合条件下全长锚固锚杆的受力特征。Cui 等[215-216]提出了一种较为真实反映锚杆-围岩相互作用的数值方法，并根据该方法分析了锚杆-围岩相互作用条件下锚杆的受力特征。宋洋等[217]采用 $FLAC^{3D}$ 数值软件对全长锚固锚杆的拉拔受力特征进行了分析。王文杰等[218]采用 $FLAC^{3D}$ 软件对软岩巷道中同断面全长锚固锚杆受力的时空演化特征进行了分析。白晓宇等[219]采用 ABAQUS 中的 Cohesive 黏结单元来模拟锚固界面的力学行为，探究了全长黏结锚杆的拉拔特性和变形规律。黄生根等[220]采用颗粒流数值模型探讨了不同拉拔载荷下锚杆轴力、锚固界面剪应力的分布特征，并分析了周边土体的细观力学特性。

1.2.4 存在的主要问题

随着我国煤炭行业的发展，全长锚固锚杆支护的围岩控制优势及应用前景逐渐凸显出来。尽管目前国内外诸多学者对全长锚固锚杆支护的锚固机理和控制效果进行了一定的研究，但由于相应的锚杆施工技术与复杂采矿地质条件不匹配等，有关全长锚固系统力学行为及承载特性方面的研究仍有所不足，这在一定程度上制约了全长锚固锚杆支护的理论发展和工程应用。综合前述研究现状，目前在全长锚固锚杆研究方面主要存在以下不足：

（1）锚固界面黏结特性是决定全长锚固系统承载性能的关键。目前，有关锚固界面黏结特性的研究大多从试验角度出发，以锚固界面的宏观黏结强度作为衡量指标，锚固界面力学行为及内在承载机制的分析相对不足。此外，考虑到全长锚固系统的应力环境复杂，有关加载速率对锚固界面黏结特性和失效特征的影响方面的研究也相对较少。

（2）锚固界面的黏结-滑移关系对锚固系统的承载特性和传力规律有较大的影响。目前锚固界面的黏结-滑移关系有多种力学模型，学者们未达成统一认识，且大多力学模型都来源于钢筋混凝土的试验结果，其是否适用于煤矿黏结式锚杆的受力特征分析还有待商榷。目前对于拉拔作用下锚杆的受力特征分析往往忽略了锚固剂抗剪强度的影响，选用的界面力学模型并不完全适用于煤矿锚杆支护，且对锚杆承载性能的深入解析也存在一定的不足。

（3）对于全长锚固系统而言，弄清锚杆的受力特征有助于更好地掌握锚杆的工作状态。有关锚杆-围岩相互作用下全长锚固锚杆受力特征的研究大多未充分考虑锚固围岩力学性质变化及锚固围岩状态变化对其受力特征的影响，导致理论研究与实际工程往往不能有效地对接。

因此，有必要在现有研究的基础上进一步对全长锚固系统的力学行为及承载特性进行研究，以期揭示锚固界面的承载特征和内在承载机制，掌握全长锚固锚杆的受力特征，为更好地实现全长锚固锚杆支护提供有益参考。

1.3 全长锚固系统研究内容及方法

本书聚焦于目前存在的主要不足，围绕“全长锚固系统力学行为及承载机理”这一研究主题，采用试验、理论和数值相结合的手段，以锚杆-锚固剂界面为主要研究对象，按照图 1-5 所示的技术路线，主要开展以下几个方面的研究，以期深入地了解全长锚固系统的承载机制和失效特征，为全长锚固锚杆支护的设计提供理论基础。

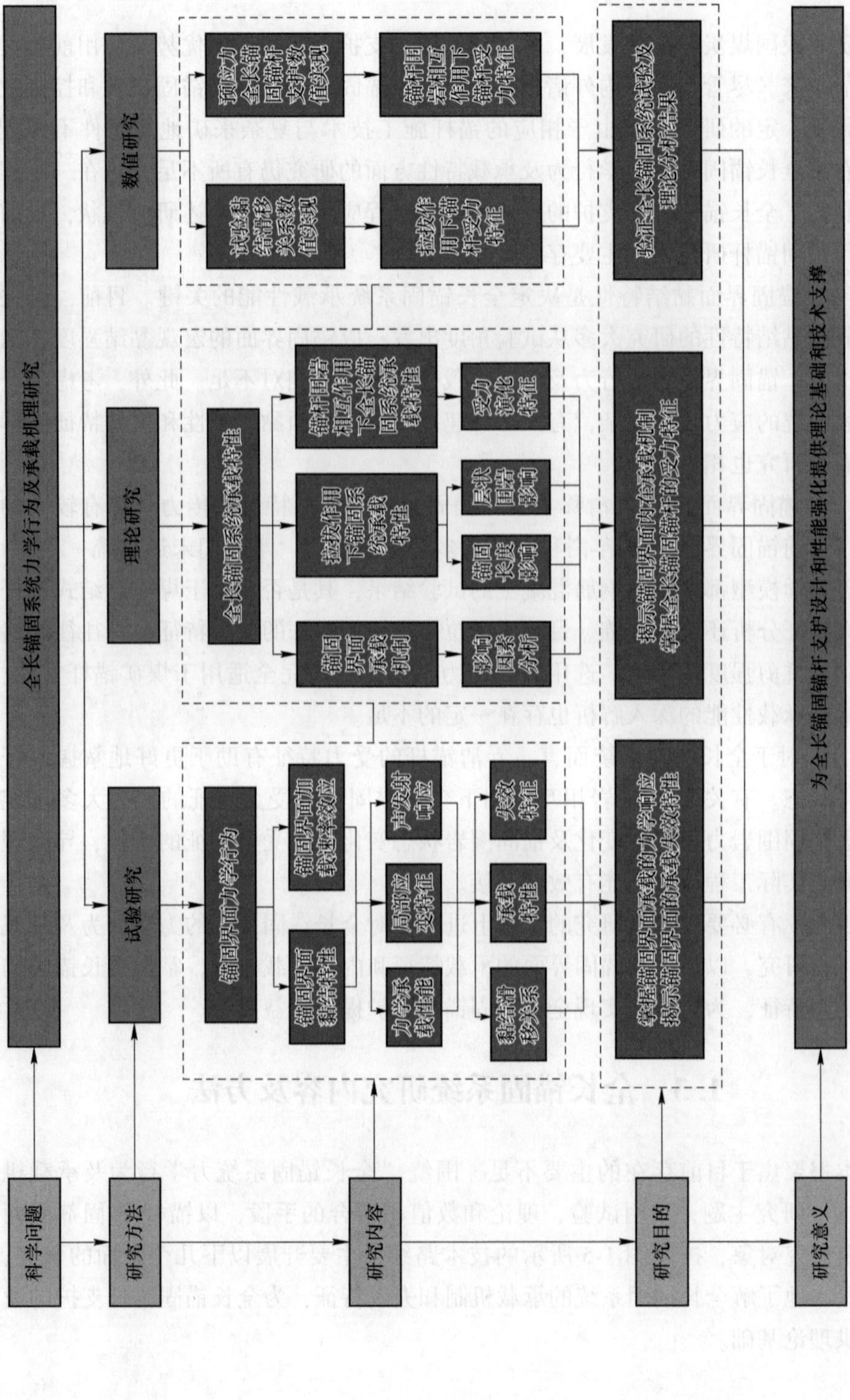

图1-5 全长锚固系统力学行为及承载机理研究技术路线图

（1）为更好地了解锚固界面的黏结特性，采用实验室试验的方法系统研究锚固界面黏结强度、应变和声发射响应的演化特征，阐明锚固界面的承载机制和失效特征。结合拉拔试验结果确定锚固界面的黏结-滑移关系，为后文全长锚固系统的承载特性分析提供理论基础。

（2）根据锚固系统的结构特征，构建力学模型分析锚固界面的力学承载机理，探讨相关因素对锚固界面黏结强度的影响。同时基于理论分析结果，提出采用钢纤维锚固剂增强锚固界面承载性能的方法，理论阐述钢纤维锚固剂的作用机制，并采用试验手段详细分析钢纤维锚固剂对锚固界面承载性能、声发射响应及失效特征的影响，验证钢纤维锚固剂的性能强化效果。

（3）考虑锚固系统的受载特征，采用实验室试验手段对不同加载速率条件下锚固界面的力学响应进行探究，综合研究加载速率对锚固界面承载性能和失效特征的影响，并分析加载速率对锚固界面承载性能和失效特征产生影响的内在机制，以期更好地掌握锚固系统的耐久性。

（4）根据试验得到的锚固界面黏结-滑移关系，系统分析锚固系统拉拔承载的渐进失效特征，得到锚杆拉拔承载的载荷-位移、轴力和剪应力的解析解，并探究锚固界面黏结参数、锚杆锚固长度、层状锚固条件对全长锚固锚杆承载过程、载荷特征及受力演化的影响，以期为锚杆支护设计提供有益参考。

（5）根据锚杆-围岩的相互作用机制，引入围岩变形的应变软化模型，分析全长锚固锚杆的锚固围岩状态特征，解析不同锚固围岩状态下全长锚固锚杆的受力特征，并探讨相关因素对全长锚固锚杆受力特征的影响。同时基于预应力全长锚固锚杆支护的特点，提出一种改进的数值实现方法，分析验证全长锚固锚杆的受力演化特征，以期为更好地实现数值分析与实际工程的对接提供支撑。

2 锚固界面力学行为试验研究

锚固系统的载荷传递和承载特性在很大程度上取决于锚固界面的力学行为[221]，更好地理解锚固界面的力学行为对锚杆支护设计具有重要意义。本章采用试验的手段系统研究锚杆-锚固剂界面承载的力学特性、声发射响应和失效特征，以期掌握锚杆-锚固剂界面的力学行为，为后续研究奠定基础。

2.1 锚固界面传力机制

对于黏结式锚杆，其由锚杆、锚固剂和围岩三种介质组成，如图 2-1 所示。锚杆通过锚固剂与围岩黏结起来，进而形成锚杆-锚固剂和锚固剂-围岩两个界面。图中，F 为锚杆轴力，N；τ_b 为锚杆-锚固剂界面的剪应力，Pa；τ_r 为沿锚杆径向半径为 r 处的剪应力，Pa。

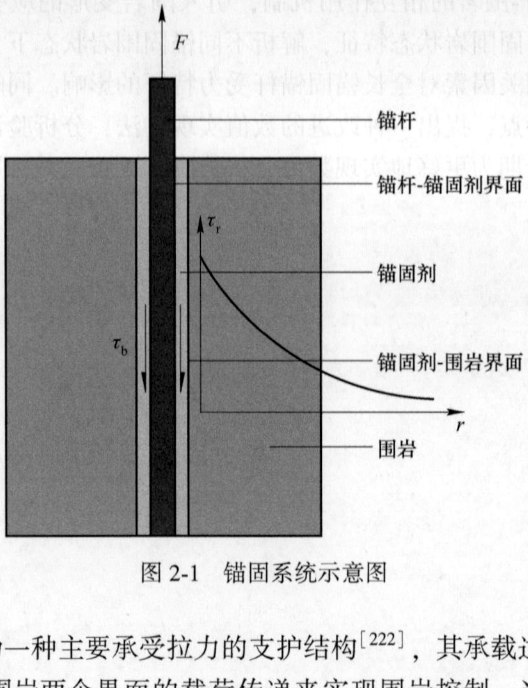

图 2-1 锚固系统示意图

锚杆支护作为一种主要承受拉力的支护结构[222]，其承载过程主要依靠锚杆-锚固剂和锚固剂-围岩两个界面的载荷传递来实现围岩控制。当锚杆承受拉拔载荷时，根据力的相互作用原理，锚杆杆体与周围的锚固剂会形成剪切效应，且这种剪切效应会沿锚固剂环厚度方向传递到围岩上，即锚杆会通过锚固剂间接地对围岩产生剪切作用。综上所述，全长锚固系统的传力规律为：锚杆承载受力时以锚固剂为中间介质，应力通过锚杆-锚固剂界面和锚固剂-围岩界面进行链式传递，如图 2-2 所示。考虑到锚杆-锚固剂界面和锚固剂-围岩界面的承载特性均以剪切摩擦为主，因此锚杆-锚固剂界面的力学行为在一定程度上可为锚固剂-围岩界面提供借鉴。

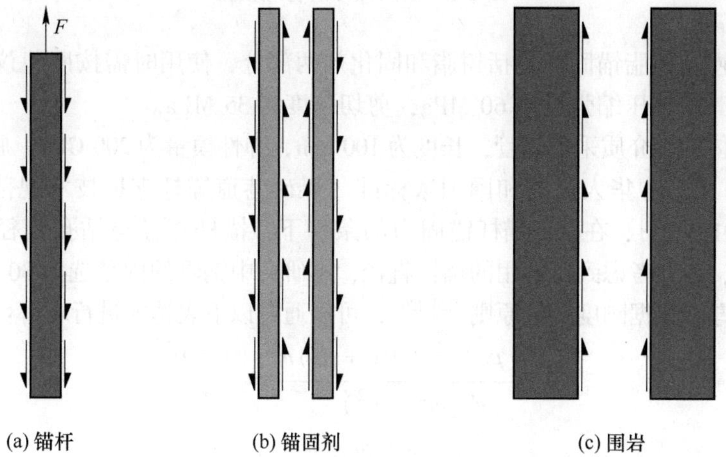

图 2-2　锚固系统载荷传递机制

2.2　试验材料及方案

目前对于锚固界面力学行为的试验研究，根据锚固体约束介质的不同，常用的方法有两种：一种是采用浇筑的圆柱体或立方体混凝土试件来作为锚固体的约束介质[223-224]；另一种是采用刚度等效的钢管来作为锚固体的约束介质[225]。本书采用短封装的钢管锚固试件进行拉拔试验来研究锚固界面的力学行为。

2.2.1　锚固试件准备

根据锚固系统的结构特点，试验所用的锚固试件的物理模型如图 2-3 所示。锚固试件的黏结长度设为 100 mm，因为较短的锚杆黏结长度更能真实地反映锚固界面的力学行为[226]。

试验所需的材料主要包括锚杆、锚固剂和钢管三部分。锚杆采用直径为 20 mm 的左旋无纵筋螺纹钢锚杆，长度为 200 mm，横肋高度为 1.22 mm，横肋间距为 11.05 mm，弹性模量为 200 GPa，泊松比为 0.25，屈服强度不低于 500 MPa。锚固剂采用慢速树脂锚固剂，初凝时间为 3~5 min，目的是保证锚固试件的浇筑时

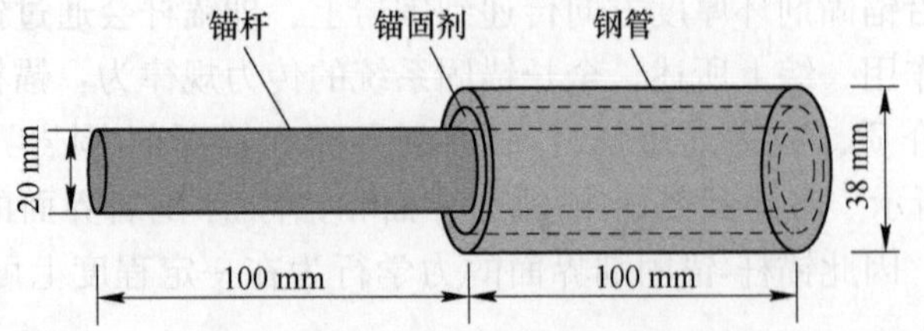

图 2-3　锚固试件的物理模型

间充足。慢速树脂锚固剂包括树脂和固化剂两部分，使用时需按照建议的配比进行配制，其单轴压缩强度为 60 MPa，剪切强度为 35 MPa。

锚固体约束介质采用钢管，长度为 100 mm，弹性模量为 200 GPa，屈服强度为 235 MPa。根据中华人民共和国国家标准《煤矿巷道锚杆支护技术规范》（GB/T 35056—2018）[227]，在保证锚杆锚固力的条件下，锚杆直径与钻孔直径之差应为 6~10 mm，因此考虑到所选用的锚杆直径，本研究中钢管的内径选为 30 mm。对于钢管的壁厚，根据刚度等效原则[228-229]，可以通过以下表达式进行求解：

$$\frac{(1-\mu_s)n^2+(1+\mu_s)m^2}{E_s(m^2-n^2)}=\frac{1+\mu_r}{E_r} \tag{2-1}$$

$$\Delta = m - n \tag{2-2}$$

式中，E_s 为钢管的弹性模量，Pa；μ_s 为钢管的泊松比；E_r 为岩石的弹性模量，Pa；μ_r 为岩石的泊松比；m 为钢管的外径，m；n 为钢管的内径，m；Δ 为钢管的壁厚，m。表 2-1 显示了本次研究中相应岩石与钢管的物理力学参数。根据式（2-1）和式（2-2），计算得到钢管的壁厚为 4 mm，外径为 38 mm。图 2-4 显示了拉拔试验中所需的材料及锚固试件。

表 2-1　岩石与钢管的物理力学参数

参数	E_r/GPa	μ_r	E_s/GPa	μ_s	Δ/mm
数值	52.40	0.20	200.00	0.27	4.00

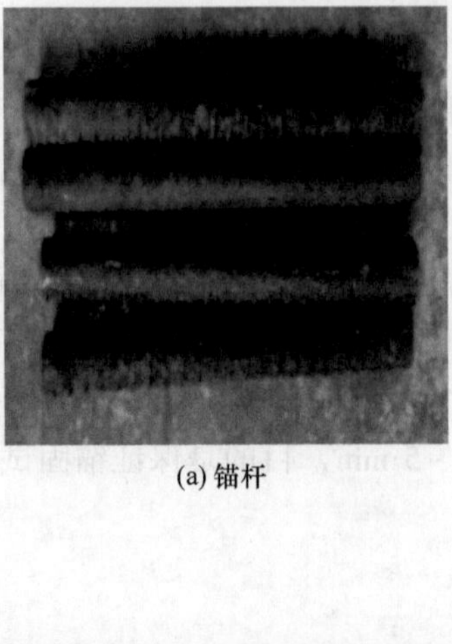
(a) 锚杆

(b) 树脂锚固剂

(c) 钢管　　(d) 锚固试件

扫码看彩图

图 2-4　试验材料及锚固试件

基于以上试验材料，锚固试件的制作过程主要可分为以下几个步骤：

（1）按建议的最佳比例配制慢速树脂锚固剂，并采用电钻充分搅拌以保证满足慢速树脂锚固剂的强度要求。

（2）将钢管与锚杆安装在带有定位孔的有机玻璃板上，以保证锚杆的居中度，并将慢速树脂锚固剂连续均匀地注入钢管内，如图 2-5 所示。

（3）将制作好的锚固试件置于室温下养护 3 天，然后再进行相应的拉拔试验。

需要说明的是，在向钢管内注入慢速树脂锚固剂的过程中，需不断敲击钢管表面以保证慢速树脂锚固剂充满整个钢管。

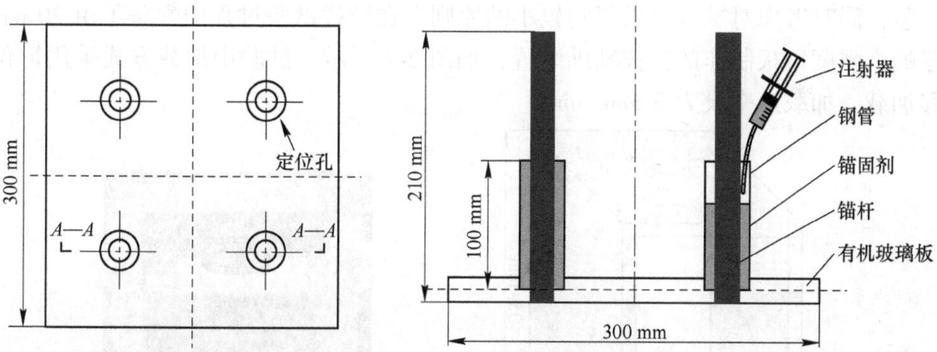

(a) 俯视图　　(b) 正视图

图 2-5　锚固试件的制作程序

2.2.2　试验系统及方案

试验所采用的系统主要包括三部分：拉拔测试系统、应变测试系统和声发射测试系统，如图 2-6 所示。下面将结合具体的仪器设备对试验系统的各部分逐一进行介绍。

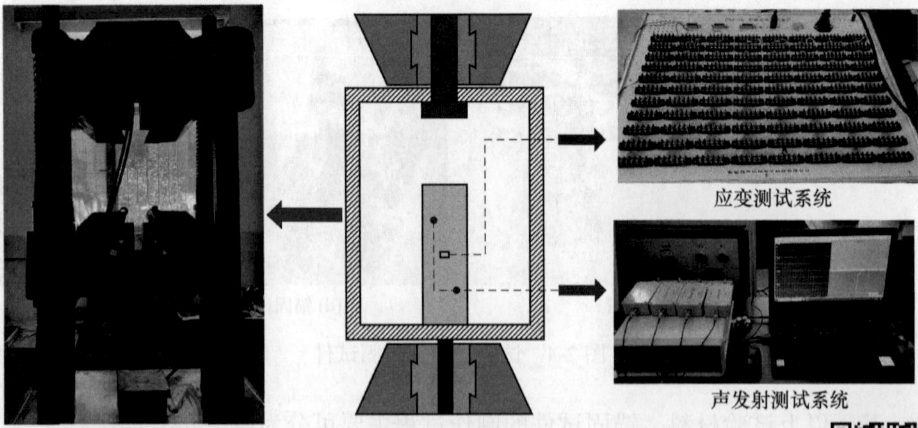

扫码看彩图

图 2-6　试验系统

2.2.2.1　拉拔测试系统

拉拔测试系统采用 AWA-1000 电液伺服控制万能试验机，最大拉拔载荷为 1000 kN，拉拔载荷的相对误差为±0.5%，最大拉拔位移为 250 mm，且拉拔位移的精度为 0.01 mm，加载方式可为恒力、恒位移和恒变形等多种方式，试件的夹紧方式为液压自动夹紧，试验数据的采集频率为每秒一个。为了便于锚固试件的安装，同时考虑对试验结果影响较小的原则，在拉拔试验过程中配备了由 20 mm 厚的高强度钢板制作的拉拔辅助装置，如图 2-7 所示。试验中加载方式采用恒位移加载，加载速率设为 3 mm/min。

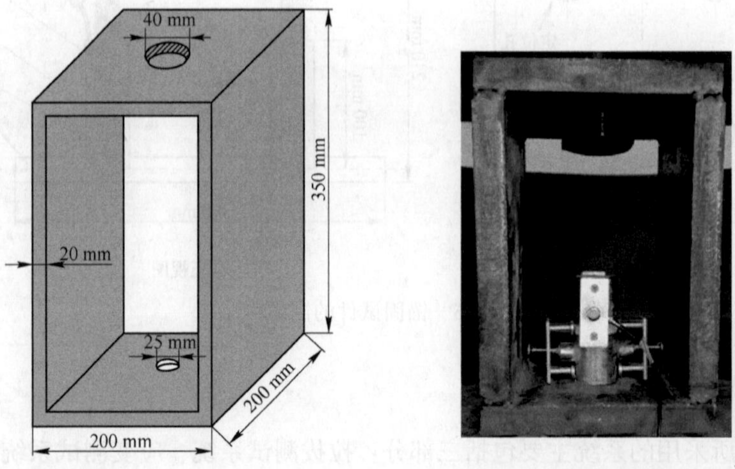

扫码看彩图

(a) 物理模型　　(b) 装置实物

图 2-7　拉拔辅助装置

2.2.2.2 声发射测试系统

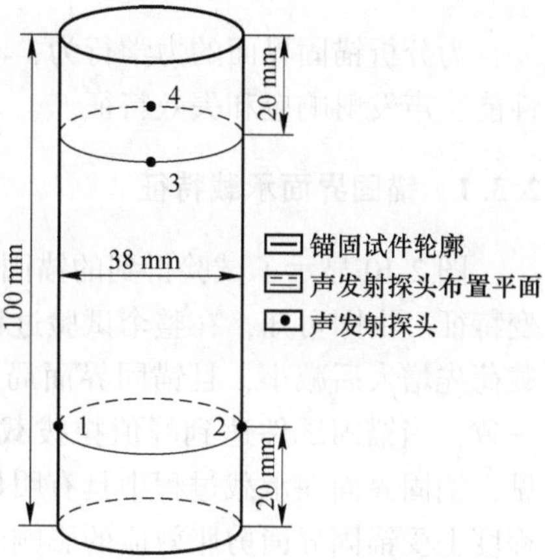

图 2-8 声发射传感器布置

声发射测试系统采用 DS2-8B 全信息声发射仪，监测并记录试验全过程的声信号。根据国际岩石力学与岩石工程协会对实验室声发射监测的建议[230]，在距锚固试件顶部和底部 20 mm 位置的表面分别布置四个直径为 18 mm 的声发射传感器，如图 2-8 所示，传感器 1 和传感器 2 的连线与传感器 3 和传感器 4 的连线相互垂直。声发射传感器采用磁性基座固定在锚固试件表面，并且以凡士林作为耦合剂来增强声发射传感器与锚固试件之间的连接，进而加强声信号的传递。在试验之前，采用断铅测试以确保每个声发射传感器具有较高的灵敏度和准确度。声发射仪的数据采集频率设为 2.5 MHz，幅度阈值设为 40 dB，以屏蔽外界噪声信号的干扰。

2.2.2.3 应变测试系统

应变测试系统采用 CM-2B 静态电阻应变仪，监测和记录试验全过程的应变特征。应变片采用电阻为 120 Ω 的应变片，并在试验之前采用万用表检查所用电阻应变片的灵敏度，如图 2-9 所示。电阻应变片通过硅橡胶粘贴在钢管外表面的中部位置，且沿钢管外表面环向布置。

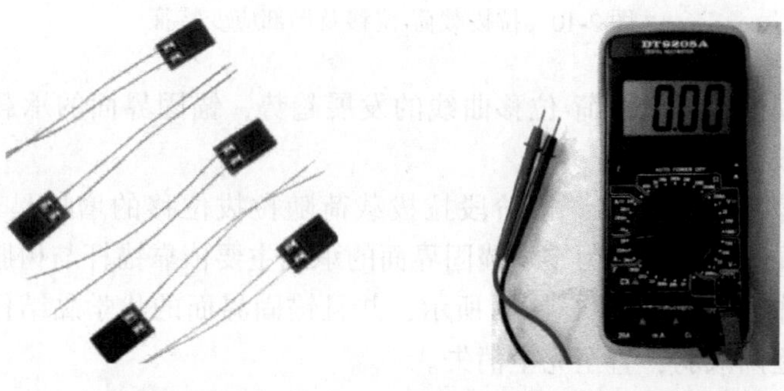

(a) 电阻应变片 (b) 万用表

扫码看彩图

图 2-9 电阻应变片及万用表

2.3　锚固界面承载力学响应

为分析锚固界面的力学行为，本节基于试验结果详细分析了锚固界面的承载性能、声发射响应和失效特征。

2.3.1　锚固界面承载特征

图 2-10 显示了试验得到的锚固试件拉拔载荷-位移曲线及锚固界面的局部应变特征。由图可知，在整个试验过程中，随着拉拔位移的增大，锚固试件的拉拔载荷先增大后减小，且锚固界面局部应变的演化趋势与拉拔载荷-位移曲线基本一致，当锚固试件达到峰值拉拔载荷时，锚固界面的局部应变也达到峰值。可见，锚固界面在承载过程中具有明显的剪胀效应，且锚固试件的承载性能在很大程度上受锚固界面剪胀效应的影响。

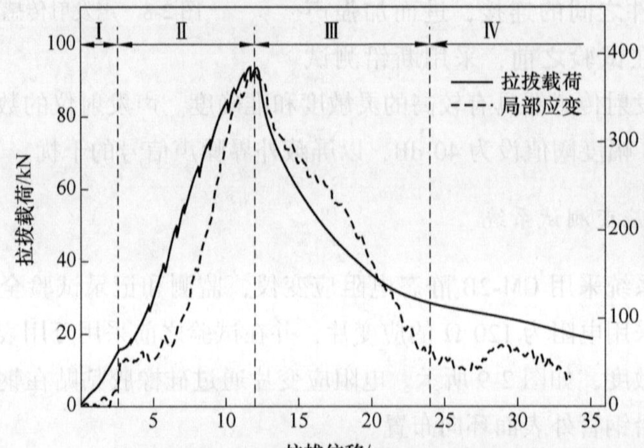

图 2-10　拉拔载荷-位移及局部应变特征

根据锚固试件拉拔载荷-位移曲线的发展趋势，锚固界面的承载过程基本可分为四个阶段[231]：

（1）化学脱黏阶段Ⅰ。该阶段拉拔载荷随拉拔位移的增加呈非线性增长，锚固界面的局部应变几乎为零。锚固界面的承载主要依靠锚杆与树脂锚固剂之间的化学黏结作用，如图 2-11（a）所示，并且锚固界面的化学黏结作用随拉拔位移的增大而逐渐减弱，直至完全消失。

（2）微裂纹发展阶段Ⅱ。该阶段拉拔载荷随拉拔位移的增加呈线性增长，锚固界面的局部应变快速增大，锚固界面的剪胀效应逐渐明显。锚固界面的承载主要取决于两个方面：一是嵌入锚杆肋间的树脂锚固剂与锚杆肋之间的机械连锁作用；二是锚固界面的剪胀作用，如图 2-11（b）所示。随着拉拔位移的增大，微裂纹逐渐在锚杆肋尖端产生并扩展。当拉拔载荷达到峰值时，微裂纹发展阶段结束，此时锚固界面的剪胀作用完全发挥，局部应变也达到峰值。

（3）剪切失效阶段Ⅲ。该阶段锚固界面的微裂纹快速贯通，导致嵌入锚杆肋间的树脂锚固剂与锚杆肋之间的机械连锁作用逐渐消失，锚固界面以剪切的形式失效，如图 2-11（c）所示。拉拔载荷及锚固界面的局部应变均随拉拔位移的增加而快速减小，此时锚固界面的剪胀作用逐渐减弱，当嵌入锚杆肋间的树脂锚固剂与锚杆肋之间的机械连锁作用完全消失时，剪切失效阶段结束。

（4）摩擦失效阶段Ⅳ。由于剪切失效面存在一定的粗糙度，该阶段锚固界面的承载主要依靠锚固界面的摩擦作用以及锚固界面的残余剪胀作用，如图 2-11（d）所示。随着剪切失效面粗糙度的逐渐降低，拉拔载荷及锚固界面的局部应变整体上随拉拔位移的增加而缓慢减小。

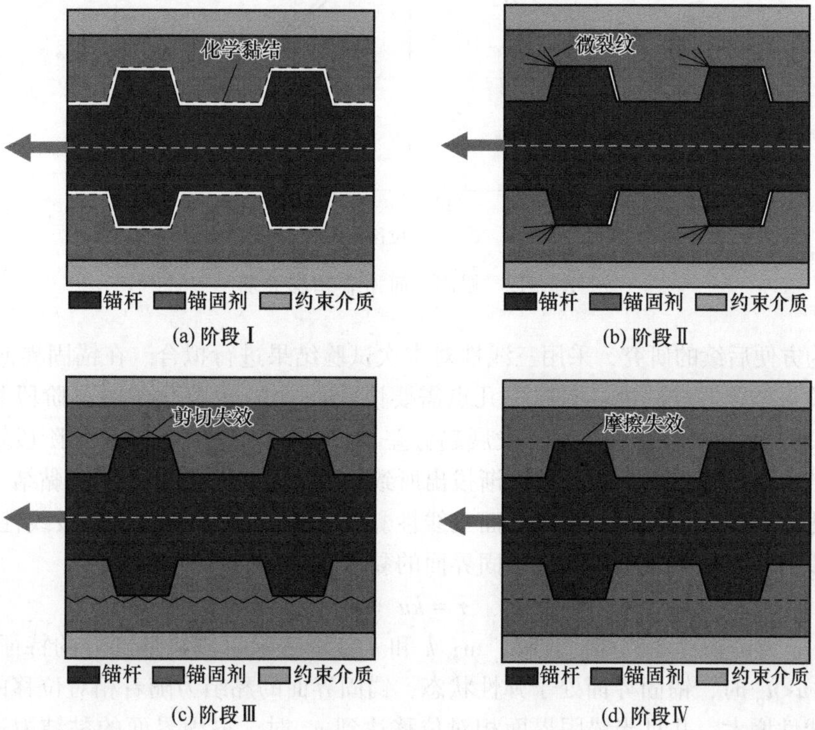

图 2-11 锚固界面的力学承载特性

锚固界面的黏结-滑移关系是影响锚固系统承载性能和载荷传递的关键因素之一[232]，尽管目前在锚固界面黏结-滑移关系方面已有一些力学模型，如剪滞模型[233]、双曲函数模型[234]、三线性模型[235]等，但绝大部分是基于自身试验分析得到的，学者们并未达成一致的认可。根据本次试验的结果，锚固界面的黏结-滑移关系可根据以下公式进行转换：

$$\tau = \frac{p}{\pi dl} \tag{2-3}$$

式中，τ 为锚固界面的黏结强度，Pa；p 为锚固试件的拉拔载荷，N；d 为锚杆直径，m；l 为锚杆黏结长度，m。

图 2-12 显示了试验和拟合得到的锚固界面黏结-滑移关系曲线。

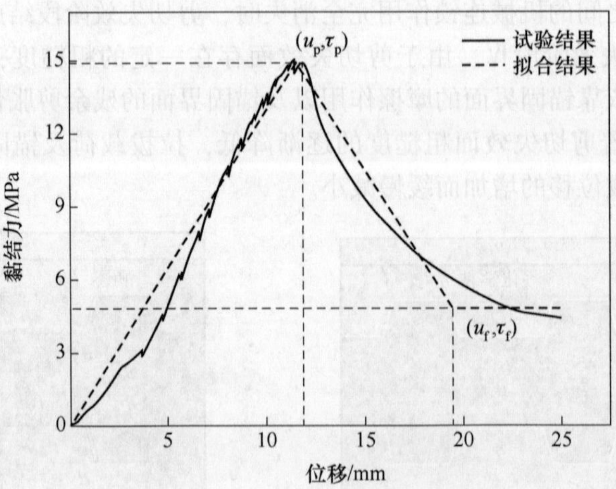

图 2-12 锚固界面黏结-滑移关系

为方便后续的研究，采用三线性对本次试验结果进行拟合。在锚固界面黏结-滑移关系拟合的过程中，有以下几点需要说明：（1）忽略化学脱黏阶段与微裂纹发展阶段黏结-滑移关系间的发展趋势差异；（2）考虑到摩擦失效阶段锚固界面黏结力逐渐降低是由锚杆被逐渐拔出所致，故忽略该阶段锚固界面黏结力的微小变化。对于拟合得到的锚固界面三线性黏结-滑移关系，其包括三段线性部分：弹性段、软化段和摩擦段，且锚固界面的黏结-滑移关系均可表示为：

$$\tau = ku + b \tag{2-4}$$

式中，u 为锚固界面的相对位移，m；k 和 b 分别表示每段线性部分的特征参数。当 $0 \leqslant u < u_p$ 时，锚固界面处于弹性状态，锚固界面的黏结力随着相对位移的增大而呈线性增大，并且当锚固界面相对位移达到 u_p 时，锚固界面的黏结力达到峰值 τ_p。锚固界面弹性段的特征参数 k 和 b 可表示为：

$$\begin{cases} k = k_1 = \dfrac{\tau_p}{u_p} \\ b = b_1 = 0 \end{cases} \tag{2-5}$$

当 $u_p \leqslant u < u_f$ 时，锚固界面处于软化状态，锚固界面的黏结力随着相对位移

的增大而呈线性减小，并且当锚固界面的相对位移达到 u_f 时，锚固界面的剪应力减小到 τ_f。锚固界面软化段的特征参数 k 和 b 可表示为：

$$\begin{cases} k = k_2 = -\dfrac{\tau_p - \tau_f}{u_f - u_p} \\ b = b_2 = \dfrac{\tau_p u_f - \tau_f u_p}{u_f - u_p} \end{cases} \tag{2-6}$$

当 $u \geqslant u_f$ 时，锚固界面处于摩擦状态，锚固界面的黏结力不再随着相对位移的变化而变化。锚固界面摩擦段的特征参数 k 和 b 可表示为：

$$\begin{cases} k = k_3 = 0 \\ b = b_3 = \tau_f \end{cases} \tag{2-7}$$

式（2-4）~式（2-7）即为锚固界面的黏结-滑移关系表达式，其对后文锚固系统的承载特性分析有着重要的理论意义。根据本次试验结果，相应的锚固界面黏结-滑移关系拟合参数如表 2-2 所示。

表 2-2 锚固界面黏结-滑移特征参数

参 数	单 位	数 值
u_p	mm	11.50
τ_p	MPa	15.00
u_f	mm	17.50
τ_f	MPa	5.50
k_1	MPa/mm	1.30
k_2	MPa/mm	-1.58
b_2	MPa	33.21

2.3.2 锚固界面声发射特征

声发射（AE）响应在一定程度上反映了锚固界面的细观承载特性[236-237]，分析锚固试件承载过程中的声发射响应特征有助于更好地理解锚固界面的力学行为。图 2-13 显示了锚固试件承载过程中的声发射响应特征。需要说明的是，图中的红色和绿色曲线分别代表声发射振铃计数和累积声发射振铃计数的特征，蓝色曲线代表声发射能量的特征。

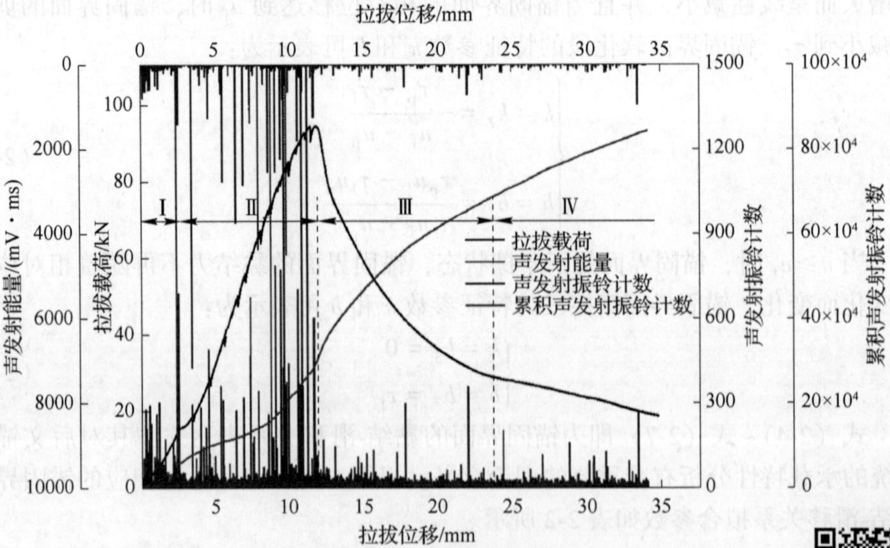

图 2-13　声发射响应特征

扫码看彩图

2.3.2.1　声发射活动演化特征

由图 2-13 可知，声发射活动在锚固界面各个承载阶段表现出明显的差异性，声发射振铃计数的发展趋势与声发射能量的发展趋势基本一致，均表现出先增强后减弱的特点。在化学脱黏阶段，锚固界面的承载主要以化学黏结作用为主，声发射振铃计数和能量普遍较小，累积声发射振铃计数缓慢增长，声发射活动处于相对静默期，如图 2-14（a）所示。当拉拔载荷达到峰值拉拔载荷的 15%～20%时，化学脱黏阶段结束，声发射活动逐渐变得活跃。

在微裂纹发展阶段，锚固界面微裂纹逐渐产生并扩展，声发射活动最为活跃，如图 2-14（b）所示，声发射振铃计数和能量快速增大，累积声发射振铃计数也快速增长。当拉拔载荷达到峰值拉拔载荷的 85%～90%时，声发射振铃计数和能量急剧增大，且一直持续到拉拔载荷达到峰值载荷为止。当拉拔载荷达到峰值后，微裂纹发展阶段结束，声发射活动开始减弱。在剪切失效阶段，锚固界面微裂纹快速贯通，声发射活动逐渐减弱，如图 2-14（c）所示，声发射振铃计数和能量减小，累计声发射振铃计数的增长速率也逐渐降低。当拉拔载荷降低到峰值拉拔载荷的 30%～35%时，剪切失效阶段结束，声发射活动逐渐趋于平稳。在摩擦失效阶段，锚固界面的承载主要以摩擦作用为主，声发射活动相对较弱，如图 2-14（d）所示，声发射振铃计数和能量均处于较低的水平，偶尔出现一定的波动，累积声发射振铃计数稳定增长。表 2-3 显示了锚固界面不同承载阶段的声发射参数特征。

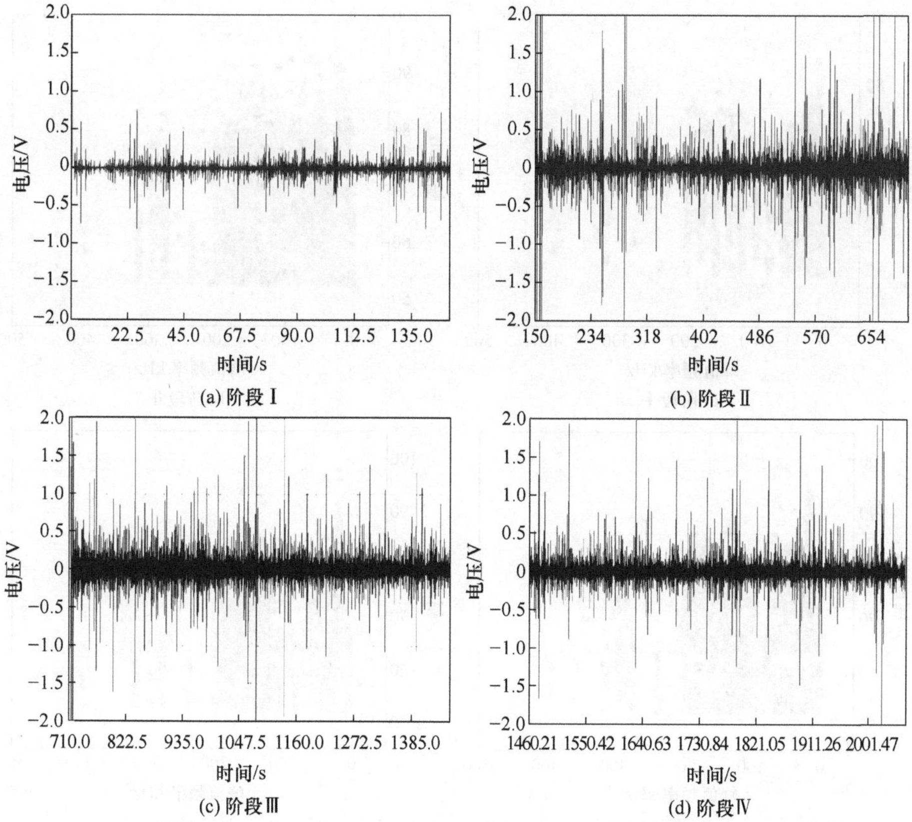

图 2-14 声发射信号特征

表 2-3 锚固界面不同承载阶段的声发射参数特征

参 数	阶 段			
	Ⅰ	Ⅱ	Ⅲ	Ⅳ
累积声发射振铃计数	3.92×10^4	24.12×10^4	41.13×10^4	14.86×10^4
累积声发射能量/(mV · ms)	8.10×10^4	38.04×10^4	24.63×10^4	8.98×10^4
累积声发射撞击数	0.15×10^7	16.56×10^7	273.92×10^7	206.07×10^7

2.3.2.2 声发射峰值频率与幅度特征

图 2-15 显示了锚固试件承载过程中锚固界面不同承载阶段的声发射峰值频率与幅度特征，图 2-16 显示了锚固试件承载过程中锚固界面不同承载阶段的声发射峰值频率分布特征。由图 2-15 和图 2-16 可知，声发射峰值频率与幅度在锚固界面不同承载阶段的特征呈现出较大的差异。整体而言，声发射事件峰值频率呈现出明显的分区集中分布特征，且主要分布在 0~200 kHz 和 250~350 kHz。

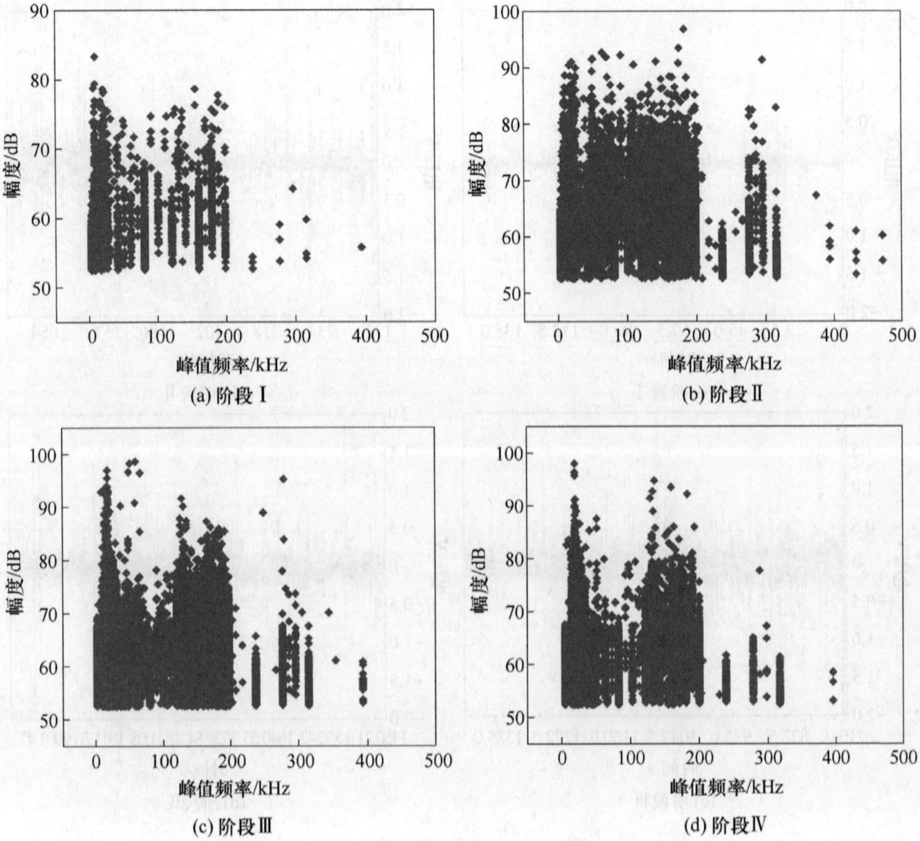

图 2-15　声发射峰值频率与幅度特征

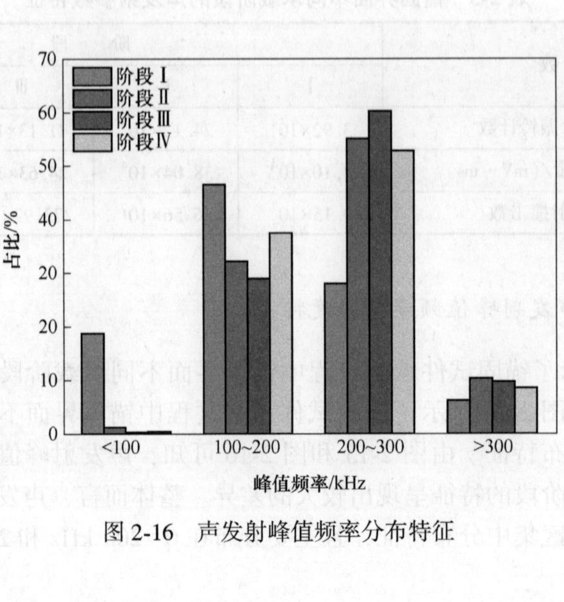

扫码看彩图

图 2-16　声发射峰值频率分布特征

在化学脱黏阶段，声发射事件的幅度主要集中在 50~80 dB，声发射事件峰值频率在小于 100 kHz 的占比为 18.77%，在 100~200 kHz 的占比为 46.83%，在 200~300 kHz 的占比为 28.19%，在大于 300 kHz 的占比为 6.21%，可见该阶段声发射事件峰值频率以低频为主。在微裂纹发展阶段，声发射事件峰值频率在小于 100 kHz 的占比为 1.38%，在 100~200 kHz 的占比为 32.44%，在 200~300 kHz 的占比为 55.46%，在大于 300 kHz 的占比为 10.72%，显然，峰值频率在 0~200 kHz 的声发射事件有所减少，峰值频率在 250~350 kHz 的声发射事件明显增多，且幅度在 80~90 dB 的声发射事件数也呈增多趋势，这主要与该阶段锚固界面微裂纹的大量发展有关。

在剪切失效阶段，声发射事件峰值频率在小于 100 kHz 的占比为 0.16%，在 100~200 kHz 的占比为 28.91%，在 200~300 kHz 的占比为 60.74%，在大于 300 kHz 的占比为 10.19%，该阶段峰值频率在 0~200 kHz 的声发射事件继续减少，峰值频率在 250~350 kHz 的声发射事件略微增多，幅度在 80~90 dB 的声发射事件也相对减少，这是由于锚固界面在快速剪切失效过程中产生的声信号强度较大。在摩擦失效阶段，声发射事件峰值频率在小于 100 kHz 的占比为 0.26%，在 100~200 kHz 的占比为 37.66%，在 200~300 kHz 的占比为 53.37%，在大于 300 kHz 的占比为 8.71%，该阶段峰值频率在 0~200 kHz 的声发射事件有所增多，峰值频率在 250~350 kHz 的声发射事件减少，这是由于锚固界面的力学行为以摩擦为主，声发射信号强度相对较低。

为进一步了解锚固界面各承载阶段的声发射响应特征，图 2-17 显示了声发射事件幅度与持续时间的关系。由图可知，锚固界面不同承载阶段的声发射事件幅度与持续时间的特征呈现出较大差异。在化学脱黏阶段，声发射事件的持续时

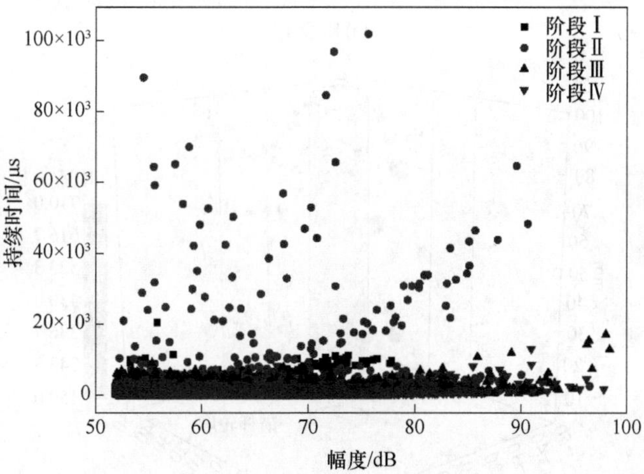

扫码看彩图

图 2-17 声发射幅度与持续时间的关系

间通常较短，仅在幅度为50~60 dB时有少量声发射事件的持续时间相对较长。在微裂纹发展阶段，声发射事件的持续时间发生明显变化，且持续时间表现出明显的幅度依赖性。当声发射事件的幅度在50~70 dB时，声发射事件的持续时间普遍延长，最高达105 μs以上；当声发射事件的幅度在70~90 dB时，声发射事件的持续时间随着幅度的增大而逐渐延长。在剪切失效阶段和摩擦失效阶段，声发射事件的持续时间整体上有一定的延长，且幅度大于80 dB的声发射事件的持续时间的增长趋势较为明显。

2.3.3　锚固界面失效特征

声发射事件能够较好地评估锚固界面的失效特征[238]，进而揭示锚固界面的力学承载特性。图2-18显示了锚固界面不同承载阶段的声发射事件三维分布特

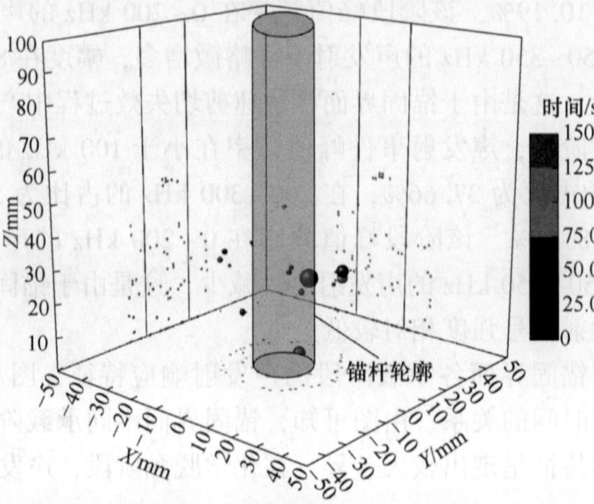

(a) 阶段Ⅰ

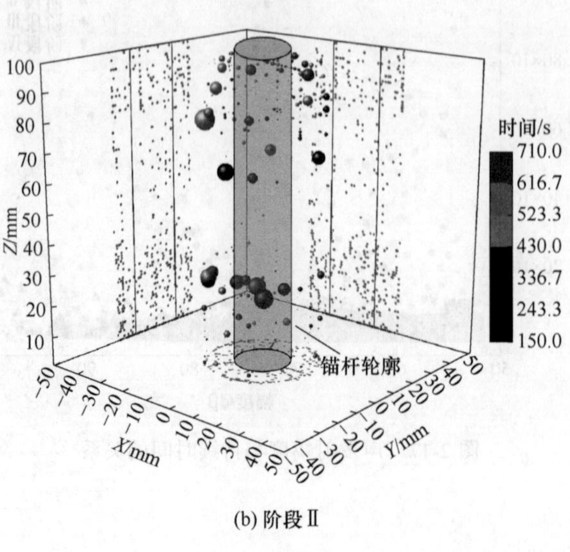

(b) 阶段Ⅱ

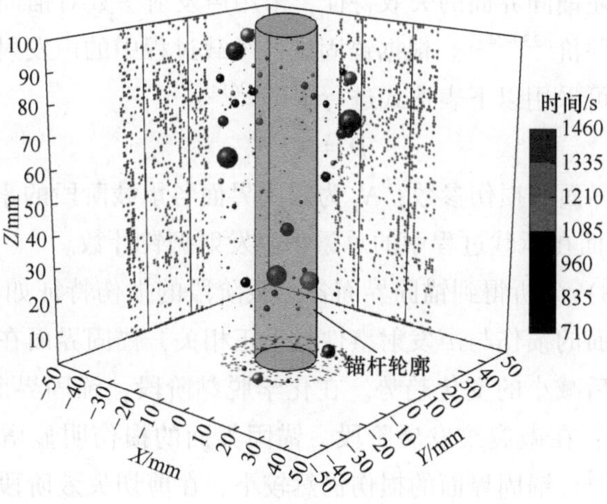

(c) 阶段Ⅲ

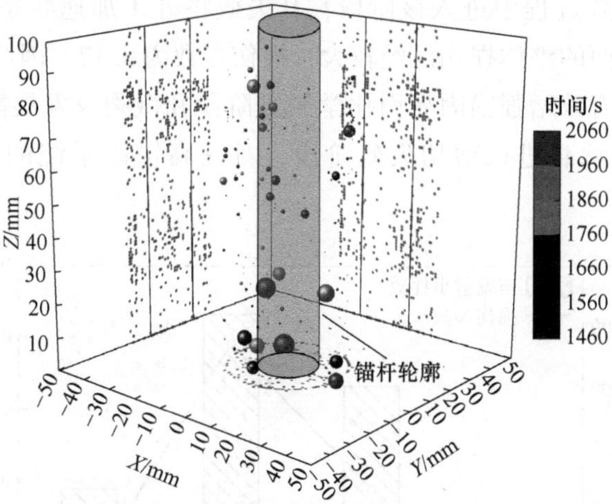

(d) 阶段Ⅳ

扫码看彩图

图 2-18 声发射事件的三维分布特征

征。需要说明的是，图中的球体代表声发射事件，球体的颜色代表声发射事件的出现时间，球体的大小代表声发射事件的强度。在化学脱黏阶段，声发射事件较少，声发射事件数为 133 个，且声发射事件的强度也较低。在微裂纹发展阶段，声发射事件明显增多，声发射事件数为 1006 个，声发射事件的强度也有所增大。在剪切失效阶段，声发射事件继续增加，声发射事件数为 1242 个，并且高能量声发射事件的占比大幅增加。在摩擦失效阶段，声发射事件及其强度均逐渐减小，声发射事件数为 672 个。可见锚固界面力学承载的活跃期主要集中在微裂纹发展阶段和剪切失效阶段，且锚固界面的失效特征存在明显的渐进特征。

为更好地描述锚固界面的失效特征，采用声发射参数对锚固界面各承载阶段的损伤特征进行评价[239-240]。根据锚固试件承载过程中的声发射响应特征，锚固界面的损伤参数可采用以下表达式进行求解[241]：

$$D = N_i / N_t \tag{2-8}$$

式中，D 为锚固界面的损伤参数；N_i 为锚固界面各承载阶段的累积声发射振铃计数；N_t 为锚固界面在承载过程中的总累积声发射振铃计数。

根据式（2-8）分析得到锚固界面各承载阶段的损伤特征如图 2-19 所示。由图可知，锚固界面的损伤与声发射事件数呈正相关，锚固界面在各承载阶段的损伤表现出先增大后减小的变化趋势。在化学脱黏阶段，锚固界面整体损伤较小，损伤参数为 0.05；在微裂纹发展阶段，锚固界面的损伤明显增加，损伤参数为 0.29，但总体来说，锚固界面的损伤仍然较小；在剪切失效阶段，锚固界面的损伤急剧增大，损伤参数为 0.49，表明剪切失效阶段是锚固界面的主要损伤阶段，一旦锚固界面承载过程中进入该阶段，其失效将处于加速状态；在摩擦失效阶段，由于锚固界面的整体损伤已经较大，损伤参数为 0.17。因此，从锚固系统承载的角度来看，有效增强锚固界面化学脱黏阶段和微裂纹发展阶段的力学行为，延缓锚固界面的承载进入剪切失效阶段，对提高锚固系统的承载性能有重要意义。

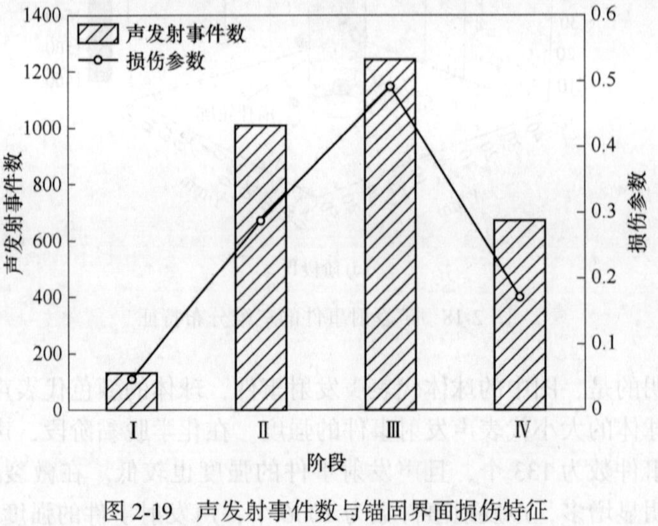

图 2-19　声发射事件数与锚固界面损伤特征

图 2-20 显示了拉拔试验中锚固界面的剪切失效特征。从图中可以看出，锚固界面的失效在形式上表现为平行剪切、间隔失效的模式，具体体现为嵌入锚杆肋间的树脂锚固剂与锚杆肋之间剪切失效。

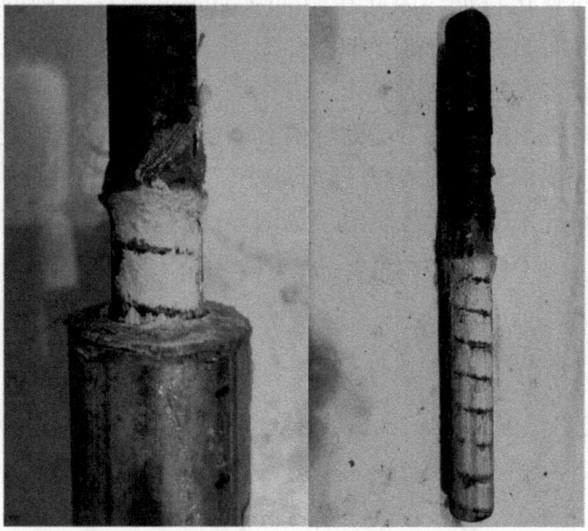

扫码看彩图

图 2-20 锚固界面剪切失效模式

2.3.4 锚固界面强度准则

基于锚固界面的剪切失效模式，假设锚固界面的失效满足 Mohr-Coulomb 强度准则[242]，则锚固界面的黏结力 τ 可表示为：

$$\tau = c + \sigma_n \tan\varphi \tag{2-9}$$

式中，c 为锚固界面的黏聚力，Pa；σ_n 为锚固界面所受的正应力，Pa；φ 为锚固界面的摩擦角，(°)。令 $F = \tau - \sigma_n \tan\varphi - c$，则在锚固界面的失效过程中，根据相关的塑性流动法则[243]：

$$\begin{cases} \partial\dot{\varepsilon}^{p} = \partial\dot{\lambda}\dfrac{\partial F}{\partial \sigma_n} \\ \partial\dot{\gamma}^{p} = \partial\dot{\lambda}\dfrac{\partial F}{\partial \tau} \end{cases} \tag{2-10}$$

式中，$\dot{\varepsilon}^{p}$ 为锚固界面的径向塑性线应变率；$\dot{\gamma}^{p}$ 为锚固界面的轴向塑性剪切应变率。则有：

$$\frac{\dot{\varepsilon}^{p}}{\dot{\gamma}^{p}} = \frac{\varepsilon^{p}}{\gamma^{p}} = -\tan\varphi \tag{2-11}$$

式中，ε^{p} 为锚固界面的径向塑性线应变；γ^{p} 为锚固界面的轴向塑性剪切应变。

可见锚固界面承载过程中的径向塑性线应变与轴向塑性剪切应变不正交，即锚固界面存在剪胀效应，这与图 2-10 中的试验结果一致。

根据 Mohr-Coulomb 强度准则，锚固界面的黏结力会随着正应力的增大而无限增大，这显然与锚固界面黏结力的变化趋势不符，图 2-12 中锚固界面的黏结力表现出了明显的软化特征。因此在 Mohr-Coulomb 强度准则的基础上引入帽盖模型来描述锚固界面的黏结特征，如图 2-21 所示。在锚固界面的弹性承载阶段，随着拉拔位移的增大，锚固界面的正应力也逐渐增大，因此锚固界面的黏结力也逐渐增大。当锚固界面的黏结力达到峰值后，锚固界面进入软化承载阶段，随着拉拔位移的增大，锚固界面黏结力逐渐减小，直至减小到锚固界面的残余黏结力。随后锚固界面进入摩擦承载阶段，锚固界面的黏结力不再随拉拔位移的变化而变化。

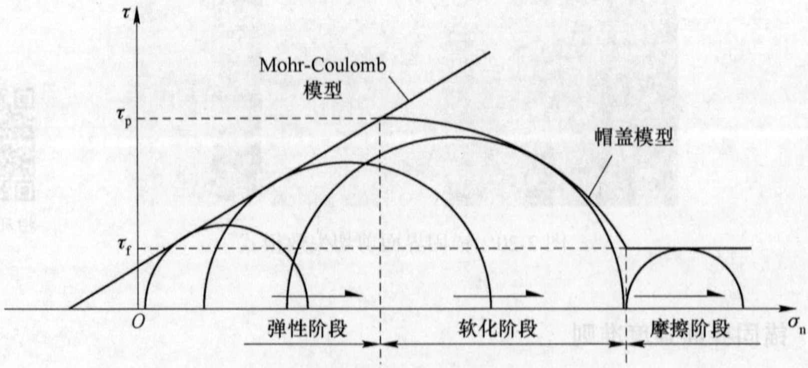

图 2-21　锚固界面承载过程的帽盖模型

2.4　本章小结

为更好地理解锚固界面的承载力学行为，本章采用实验室短封装钢管锚固试件的拉拔试验进行了系统研究，并详细分析了锚固界面承载过程中的力学性能、声发射响应和失效特征，主要结论如下：

(1) 锚固界面的承载过程可分为四个阶段：化学脱黏阶段、微裂纹发展阶段、剪切失效阶段和摩擦失效阶段。锚固界面的化学黏结作用、机械连锁作用、剪胀作用及摩擦作用对锚固界面的力学承载特性有较大影响。

(2) 试验结果表明锚固界面的黏结-滑移关系可较好地采用三线性模型来描述，且该模型将锚固界面的黏结-滑移关系分为弹性阶段、软化阶段和摩擦阶段三部分。

(3) 声发射响应特征能较好地反映锚固界面承载的细观特征。在锚固界面的承载过程中，声发射活动呈现出先增强后减弱的变化趋势。累积声发射振铃计数和累积声发射撞击数在剪切失效阶段最大，而累积声发射能量在微裂纹发展阶段最大，说明微裂纹发展阶段是锚固界面承载的主要环节，一旦进入剪切失效阶段，锚固界面的失效将会处于加速状态。

(4) 声发射事件的峰值频率呈现出明显的分区集中分布特征，峰值频率范围主要为0~200 kHz和250~350 kHz，声发射事件的幅度主要为50~80 dB。声发射事件的持续时间在微裂纹发展阶段显著延长，并表现出较强的峰值频率依赖性。锚固界面的损伤失效与声发射事件数呈正相关，且锚固界面的损伤失效主要发生在剪切失效阶段，因此有效增强锚固界面化学脱黏阶段和微裂纹发展阶段的力学行为，延缓锚固界面承载进入剪切失效阶段的进程，对提高锚固系统的承载性能有重要意义。

(5) 锚固界面的失效在形式上表现为平行剪切、间隔失效的模式，根据锚固界面黏结力的演化特征，采用Mohr-Coulomb帽盖强度准则较好地描述了锚固界面的失效机制。

3 锚固界面承载机制及其影响因素

由前述分析可知，锚固系统的承载能力主要取决于锚固界面的黏结强度，且锚固界面的载荷传递规律在很大程度上依赖锚固界面的剪切性能，因此有必要对锚固界面的黏结特性进行研究。本章基于锚固系统的结构特点，采用理论和试验相结合的手段，系统探究锚杆-锚固剂界面的承载机制，分析锚杆-锚固剂界面黏结特性的影响因素，并提出一种有效增强锚杆-锚固剂界面承载性能的方法，通过试验验证该方法的效果，以期更好地理解锚杆-锚固剂界面的力学承载机制，为锚杆支护设计提供有益参考。

3.1 锚固界面承载机理

根据锚固系统的结构特点，结合 Lame 理论[244] 建立如图 3-1 所示的厚壁圆环力学模型。图中，a 和 b 分别表示锚杆和锚固钻孔的半径，m；p_a 表示锚杆-锚固剂界面所受的正应力，Pa；p_b 表示约束围岩提供的正应力，Pa。

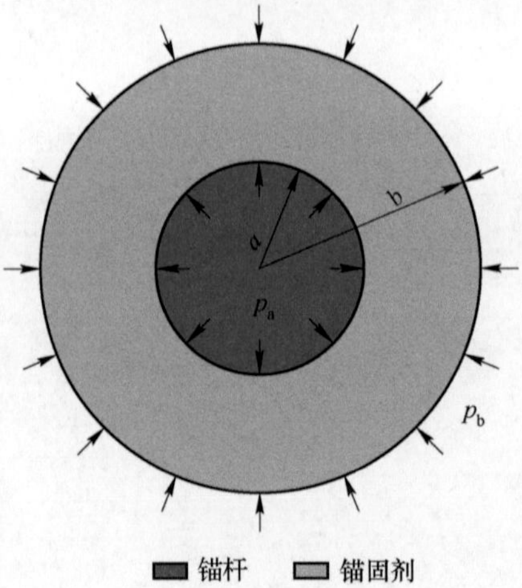

图 3-1 力学分析模型

基于厚壁圆环力学模型，锚固剂环内任一半径 r 处的径向应力 σ_r、切向应力 σ_t 和径向位移 u 可表示为：

$$\begin{cases}\sigma_r = \dfrac{p_a a^2 - p_b b^2}{b^2 - a^2} - \dfrac{(p_a - p_b)a^2 b^2}{b^2 - a^2}\dfrac{1}{r^2} \\ \sigma_t = \dfrac{p_a a^2 - p_b b^2}{b^2 - a^2} + \dfrac{(p_a - p_b)a^2 b^2}{b^2 - a^2}\dfrac{1}{r^2} \\ u = \dfrac{(1+\mu_g)(1-2\mu_g)}{E_g}\dfrac{p_a a^2 - p_b b^2}{b^2 - a^2}r + \dfrac{(1+\mu_g)}{E_g}\dfrac{(p_a - p_b)a^2 b^2}{b^2 - a^2}\dfrac{1}{r}\end{cases} \tag{3-1}$$

式中，E_g 表示锚固剂的弹性模量，Pa；μ_g 表示锚固剂的泊松比。则锚杆-锚固剂界面的径向位移 u_a 可表示为：

$$u_a = \frac{(1+\mu_g)(1-2\mu_g)}{E_g}\frac{(p_a a^2 - p_b b^2)a}{b^2 - a^2} + \frac{(1+\mu_g)}{E_g}\frac{m^2(p_a - p_b)ab^2}{b^2 - a^2} \tag{3-2}$$

同理，锚固剂-围岩界面的径向位移 u_b 可表示为：

$$u_b = \frac{(1+\mu_g)(1-2\mu_g)}{E_g}\frac{(p_a a^2 - p_b b^2)b}{b^2 - a^2} + \frac{(1+\mu_g)}{E_g}\frac{m^2(p_a - p_b)a^2 b}{b^2 - a^2} \tag{3-3}$$

考虑到锚固剂-围岩界面径向位移的连续性，锚固剂-围岩界面的径向位移 u_b 又可表示为[245]：

$$u_b = \frac{p_b b}{E_r}(1+\mu_r) \tag{3-4}$$

式中，E_r 表示围岩的弹性模量，Pa；μ_r 表示围岩的泊松比。联立式（3-3）和式（3-4）可得到锚杆-锚固剂界面的正应力为：

$$p_a = K_1 p_b \tag{3-5}$$

式中，K_1 为相关系数，且表达式为：

$$K_1 = \frac{(b^2 - a^2)(1+\mu_r)E_g + (1+\mu_g)[(1-2\mu_g)b^2 + a^2]E_r}{2(1+\mu_g)(1-\mu_g)a^2 E_r} \tag{3-6}$$

将式（3-5）代入式（3-2），可以得到锚杆-锚固剂界面径向位移 u_a 和径向应力 p_a 的关系表达式：

$$u_a = K_2 p_a \tag{3-7}$$

式中，K_2 为相关系数，且表达式为：

$$K_2 = \frac{(1+\mu_g)a}{(b^2 - a^2)E_g}\left[(1-2\mu_g)a^2 + \left(1 - \frac{2-2\mu_g}{K_1}\right)b^2\right] \tag{3-8}$$

在锚固系统承载过程中，锚杆-锚固剂界面存在明显的剪胀效应，如图 3-2 所示，并且剪胀效应是一个逐渐生效并最终消失的过程。因此，锚杆-锚固剂界面的径向位移 u_a 和轴向位移 u_z 可表示为[246]：

$$\tan\psi = \frac{du_a}{du_z} \tag{3-9}$$

式中，ψ 为锚杆-锚固剂界面的剪胀角，（°）。当锚杆-锚固剂界面的黏结力达到峰值时，径向位移 u_a 和轴向位移 u_z 也将分别达到其峰值 u_{am} 和 u_{zm}，此时对式（3-9）进行积分得到：

$$u_{am} = \int_0^{u_{zm}} \tan\psi \mathrm{d}u_z \tag{3-10}$$

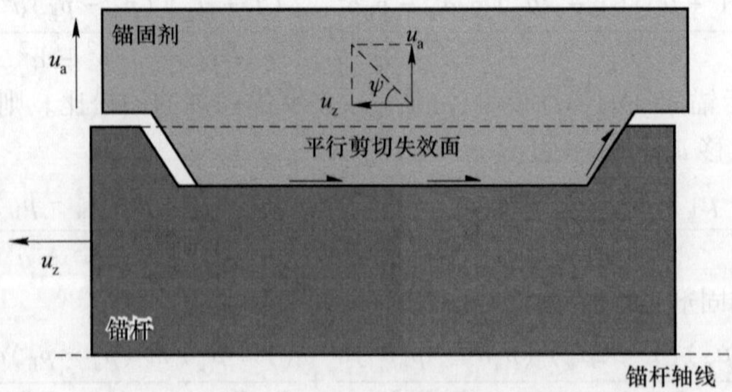

图 3-2　锚固界面承载过程中的剪胀效应

对于锚杆-锚固剂界面的剪胀效应，通常认为其剪胀系数 $\tan\psi$ 与轴向位移 u_z 呈正相关[247]，即 $\tan\psi = \xi u_z$，其中 ξ 为常系数。则当锚杆-锚固剂界面的剪胀角达到其峰值 ψ_m 时，有：

$$\tan\psi_m = \xi u_{zm} \tag{3-11}$$

将式（3-11）代入式（3-10）可以得到：

$$u_{am} = \int_0^{u_{zm}} \xi u_z \mathrm{d}u_z = \frac{1}{2}\xi u_{zm}^2 = \frac{1}{2}u_{zm}\tan\psi_m \tag{3-12}$$

将式（3-12）代入式（3-7），得到锚杆-锚固剂界面的峰值正应力 p_{am} 可表示为：

$$p_{am} = \frac{u_{am}}{K_2} = \frac{u_{zm}\tan\psi_m}{2K_2} \tag{3-13}$$

由于锚杆-锚固剂界面失效行为满足 Mohr-Coulomb 强度准则，且失效模式表现为锚固剂的剪切失效，则锚杆-锚固剂界面的峰值黏结力 τ_m 可表示为：

$$\tau_m = c_g + \frac{u_{zm}\tan\psi_m}{2K_2}\tan\varphi_g \tag{3-14}$$

式（3-14）即为锚杆-锚固剂界面峰值黏结力的控制方程。由式（3-14）可知，锚杆-锚固剂界面的峰值黏结力与锚固介质的力学性质和界面的剪胀特征有关。当锚固参数一定时，界面的剪胀效应是影响锚杆-锚固剂界面峰值黏结力的关键因素之一。

3.2 锚固界面承载性能影响因素分析

为更好地理解锚固界面的承载机制，基于控制变量法，探究了围岩弹性模量 E_r、锚固剂弹性模量 E_g、锚固界面峰值轴向位移 u_{zm} 和锚固界面峰值剪胀角 ψ_m 对锚固界面峰值黏结力的影响规律。根据式（3-14）得到的锚杆-锚固剂界面峰值黏结力控制方程，具体分析参数选取如表 3-1 所示。

表 3-1 相关分析参数值

参 数	符号	单位	数 值
锚杆半径	a	mm	10.0
锚固钻孔半径	b	mm	15.0
围岩弹性模量	E_r	GPa	10，20，30，40，50
围岩泊松比	μ_r	—	0.25
锚固剂弹性模量	E_g	GPa	15，20，25，30，35
锚固剂泊松比	μ_g	—	0.30
锚固剂黏聚力	c_g	MPa	13.5
锚固剂内摩擦角	φ_g	(°)	25.0
峰值剪胀角	ψ_m	(°)	4，6，8，10，12
峰值轴向位移	u_{zm}	mm	0.05，0.10，0.15，0.20，0.25

3.2.1 锚固剂弹性模量对峰值黏结力的影响

图 3-3 显示了不同围岩弹性模量条件下锚固剂弹性模量对锚固界面峰值黏结力的影响规律。

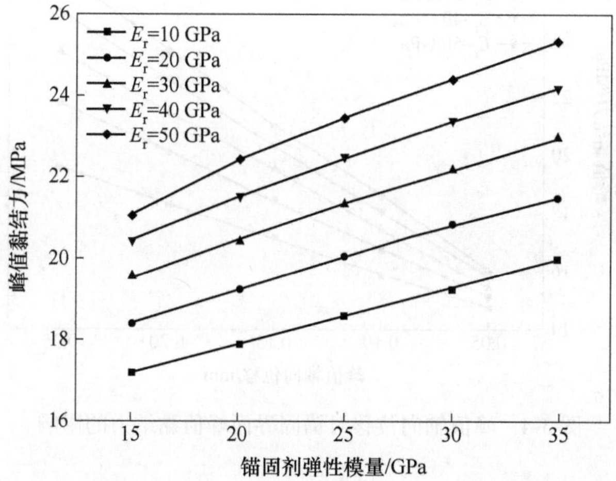

图 3-3 锚固剂弹性模量对锚固界面峰值黏结力的影响

由图 3-3 可知，当锚固剂弹性模量一定时，锚固界面峰值黏结力随着围岩弹性模量的增大而增大，并且锚固剂弹性模量越大，围岩弹性模量对锚固界面峰值黏结力的影响越大。当锚固剂弹性模量为 15 GPa 时，围岩弹性模量为 10 GPa 时所对应的锚固界面峰值黏结力为 17. 14 MPa，围岩弹性模量为 50 GPa 时所对应的锚固界面峰值黏结力为 21. 10 MPa，增长幅度为 23. 10%；而当锚固剂弹性模量为 35 GPa 时，围岩弹性模量为 10 GPa 时所对应的锚固界面峰值黏结力为 19. 93 MPa，围岩弹性模量为 50 GPa 时所对应的锚固界面峰值黏结力为 25. 40 MPa，增长幅度为 27. 45%。此外，当围岩弹性模量一定时，锚固界面峰值黏结力随着锚固剂弹性模量的增大而增大，并且围岩弹性模量越大，锚固剂弹性模量对锚固界面峰值黏结力的影响越大。当围岩弹性模量为 10 GPa 时，锚固剂弹性模量为 20 GPa 时所对应的锚固界面峰值黏结力为 17. 86 MPa，锚固剂弹性模量为 30 GPa 时所对应的锚固界面峰值黏结力为 19. 25 MPa，增长幅度为 7. 78%；而当围岩弹性模量为 50 GPa 时，锚固剂弹性模量为 20 GPa 时所对应的锚固界面峰值黏结力为 22. 38 MPa，锚固剂弹性模量为 30 GPa 时所对应的锚固界面峰值黏结力为 24. 48 MPa，增长幅度为 9. 38%。结果表明，增大围岩和锚固剂的弹性模量能有效提高锚固界面的峰值黏结力。

3. 2. 2　峰值轴向位移对峰值黏结力的影响

图 3-4 显示了不同围岩弹性模量条件下锚固界面峰值轴向位移对锚固界面峰值黏结力的影响规律。

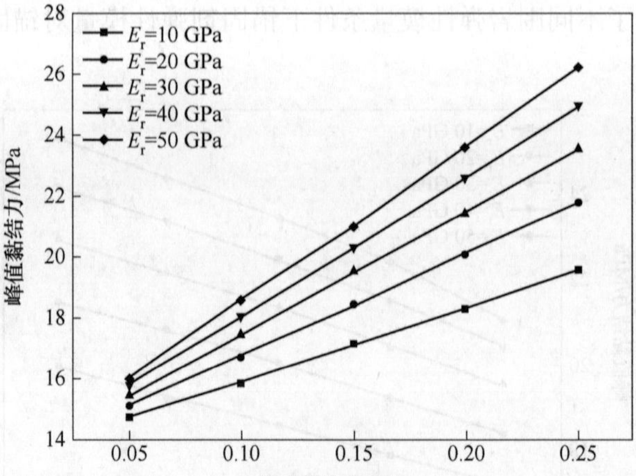

图 3-4　峰值轴向位移对锚固界面峰值黏结力的影响

由图 3-4 可知，当锚固界面峰值轴向位移一定时，锚固界面峰值黏结力随着围岩弹性模量的增大而增大，并且峰值轴向位移越大，围岩弹性模量对锚固界面峰值黏结力的影响越大。当峰值轴向位移为 0.05 mm 时，围岩弹性模量为 10 GPa 时所对应的锚固界面峰值黏结力为 14.71 MPa，围岩弹性模量为 50 GPa 时所对应的锚固界面峰值黏结力为 16.03 MPa，增长幅度为 8.97%；而当峰值轴向位移为 0.25 mm 时，围岩弹性模量为 10 GPa 时所对应的锚固界面峰值黏结力为 19.57 MPa，围岩弹性模量为 50 GPa 时所对应的锚固界面峰值黏结力为 26.16 MPa，增长幅度为 33.67%。此外，当围岩弹性模量一定时，锚固界面峰值黏结力随着峰值轴向位移的增大而增大，并且围岩弹性模量越大，峰值轴向位移对锚固界面峰值黏结力的影响越大。当围岩弹性模量为 10 GPa 时，峰值轴向位移为 0.10 mm 时所对应的锚固界面峰值黏结力为 15.93 MPa，峰值轴向位移为 0.20 mm 时所对应的锚固界面峰值黏结力为 18.35 MPa，增长幅度为 15.19%；而当围岩弹性模量为 50 GPa 时，峰值轴向位移为 0.10 mm 时所对应的锚固界面峰值黏结力为 18.56 MPa，峰值轴向位移为 0.20 mm 时所对应的锚固界面峰值黏结力为 23.63 MPa，增长幅度为 27.32%。结果表明，提高锚固界面的峰值轴向位移有利于增大锚固界面的峰值黏结力。

3.2.3　峰值剪胀角对峰值黏结力的影响

图 3-5 显示了不同围岩弹性模量条件下锚固界面峰值剪胀角对锚固界面峰值黏结力的影响规律。

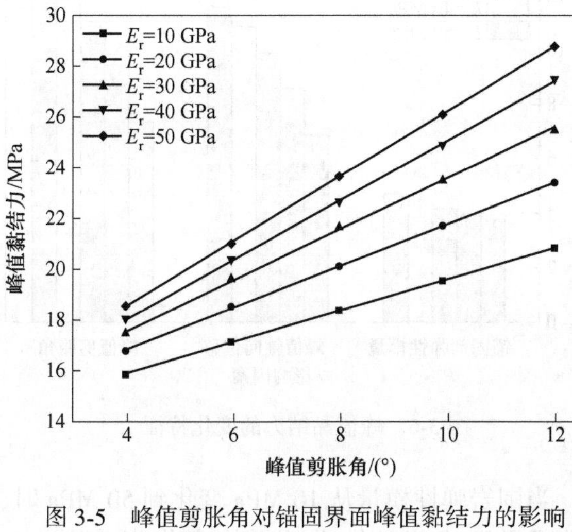

图 3-5　峰值剪胀角对锚固界面峰值黏结力的影响

由图 3-5 可知，当锚固界面峰值剪胀角一定时，锚固界面峰值黏结力随着围岩弹性模量的增大而增大，并且峰值剪胀角越大，围岩弹性模量对锚固界面峰值黏结力的影响越大。当峰值剪胀角为 4°时，围岩弹性模量为 10 GPa 时所对应的锚固界面峰值黏结力为 15.92 MPa，围岩弹性模量为 50 GPa 时所对应的锚固界面峰值黏结力为 18.55 MPa，增长幅度为 16.52%；而当峰值剪胀角为12°时，围岩弹性模量为 10 GPa 时所对应的锚固界面峰值黏结力为 20.83 MPa，围岩弹性模量为 50 GPa 时所对应的锚固界面峰值黏结力为 28.79 MPa，增长幅度为 38.21%。此外，当围岩弹性模量一定时，锚固界面峰值黏结力随着峰值剪胀角的增大而增大，并且围岩弹性模量越大，峰值轴向位移对锚固界面峰值黏结力的影响越大。当围岩弹性模量为 10 GPa 时，峰值剪胀角为 6°时所对应的锚固界面峰值黏结力为 17.14 MPa，峰值剪胀角为 10°时所对应的锚固界面峰值黏结力为 19.57 MPa，增长幅度为 14.18%；而当围岩弹性模量为 50 GPa 时，峰值剪胀角为 6°时所对应的锚固界面峰值黏结力为 21.10 MPa，峰值剪胀角为 10°时所对应的锚固界面峰值黏结力为 26.17 MPa，增长幅度为 24.03%。结果表明，增大锚固界面的峰值剪胀角能有效提高锚固界面的峰值黏结力。

3.2.4　影响因素敏感度分析

为进一步分析围岩和锚固剂的弹性模量、锚固界面峰值轴向位移和峰值剪胀角对锚固界面峰值黏结力的影响规律，图 3-6 显示了不同影响因素条件下锚固界面峰值黏结力的变化特征。

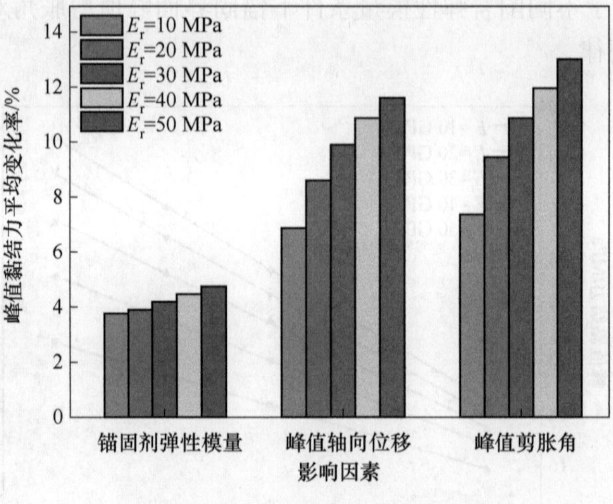

扫码看彩图

图 3-6　峰值黏结力的变化特征

由图 3-6 可知，当围岩弹性模量从 10 MPa 变化到 50 MPa 时，锚固剂弹性模量变化而引起的锚固界面峰值黏结力的平均变化率分别为 3.84%、3.92%、4.15%、4.44%和 4.76%，锚固界面峰值轴向位移变化而引起的锚固界面峰值黏结力的平均变化率分别为 6.94%、8.71%、9.96%、10.89%和 11.62%，锚固界面峰值剪胀角变化而引起的锚固界面峰值黏结力的平均变化率分别为 7.39%、9.45%、10.96%、12.12%和 13.04%。整体来看，锚固界面峰值轴向位移和峰值剪胀角对锚固界面峰值黏结力的影响较为显著，而锚固剂弹性模量对锚固界面峰值黏结力的影响则相对较小，并且锚固剂弹性模量、锚固界面峰值轴向位移和峰值剪胀角对锚固界面峰值黏结力的影响随围岩弹性模量的增大而增大。可见提高锚固界面承载过程中的峰值轴向位移和峰值剪胀角更有利于提高锚固系统的承载性能。

因此在实际工程中，提高围岩和锚固剂的弹性模量、锚固界面峰值轴向位移和峰值剪胀角均能有效增强锚固界面的黏结强度，进而提高整个锚固系统的承载性能。对于围岩弹性模量而言，受开挖和采掘扰动的影响，其力学性质必然会减弱，可通过注浆等手段提高锚固围岩的完整性，降低围岩的劣化程度，一方面有利于提高锚固性能的发挥，另一方面也有助于提高约束围岩的刚度，增强锚固界面的剪胀效应，从而改善围岩控制效果；对于锚固剂弹性模量而言，锚固剂作为黏结锚杆与围岩的中间介质，提高锚固剂的力学性质或改善锚固界面的作用机制，增强锚固界面的剪胀效应，有助于提高锚固系统的承载能力。

3.3 锚固界面承载性能强化

对于锚固系统而言，如何有效地提高其承载性能一直是大家关注的焦点之一。根据前述有关锚固界面力学承载机制的研究，本节从增强锚固界面力学行为的角度出发，提出采用钢纤维锚固剂来增强锚固界面力学行为的方法，进而实现锚固系统承载性能的提高，同时利用试验详细探究了钢纤维锚固剂对锚固界面承载性能的强化机制和强化效果。

3.3.1 钢纤维锚固剂作用机理

前述有关研究结果表明，锚固界面的化学黏结作用、机械连锁作用、剪胀作用和摩擦作用会在很大程度上影响锚固界面的力学特性，进而影响锚固系统的承载性能。锚固界面的化学黏结是一种细微观作用机制，主要取决于锚杆与锚固剂之间的毛细管力或分子力[248]，而锚固界面的机械连锁、剪胀和摩擦是一种宏观作用机制，主要取决于锚杆与锚固剂的物理力学性质。相比于增强锚固界面的化学黏结作用而言，增强锚固界面的机械连锁作用、剪胀作用和摩擦作用要更容易实现，且对锚固系统承载性能的提高会更可行有效。鉴于此，结合钢纤维混凝土的思想[249]，提出了采用钢纤维锚固剂来增强锚固界面力学行为的方法，具体作用机制如图 3-7 所示。

钢纤维锚固剂是在普通锚固剂内掺入乱向分布的短钢纤维的一种多相复合材料，这些乱向分布的钢纤维能够有效地强化锚固界面的机械连锁作用，改善锚固剂的抗剪、抗拉和抗压等力学性能，提高锚固界面的剪胀作用和摩擦作用，进而

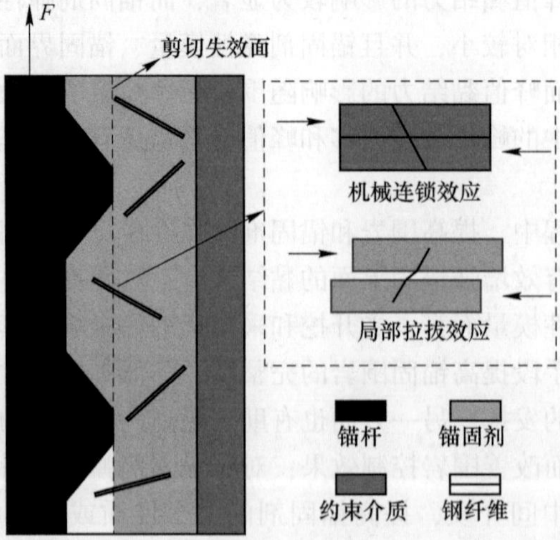

图 3-7　钢纤维锚固剂的作用机制

实现增益锚固系统承载性能的效果。具体而言，钢纤维锚固剂对锚固界面承载性能的增益效果主要体现在以下几个方面。

（1）当锚杆安装到锚固钻孔内时，锚杆肋与嵌入锚杆肋间的锚固剂会形成机械连锁，即键控效应，钢纤维锚固剂内乱向分布的钢纤维会有效增强这种键控效应，如图 3-7 所示；另外，在锚固界面失效的过程中，这些钢纤维会连接失效面两侧，形成局部的拉拔作用，以阻碍和延缓锚固界面裂纹的扩展。

（2）锚固剂，作为黏结锚杆与围岩的中间介质，其力学特性直接决定了锚固系统的载荷传递规律和承载性能[250]。图 3-8 显示了本研究中所使用的钢纤维

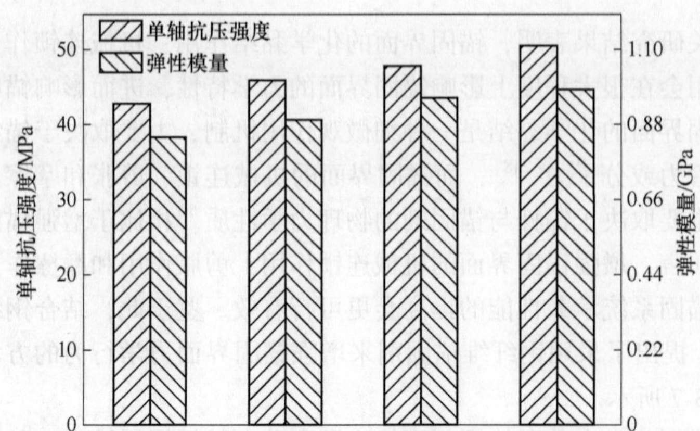

图 3-8　钢纤维锚固剂力学参数特征

锚固剂的单轴抗压强度和弹性模量特征。图中锚固剂试件的编号设为“G-钢纤维直径”的形式，分别为G-0、G-0.5、G-1.0和G-1.5，其中钢纤维直径为0表示树脂锚固剂中不加入钢纤维。相比于普通锚固剂，钢纤维锚固剂的弹性模量和抗压强度均有所提高，这将更有利于锚固界面剪胀效应的发挥[251]。

（3）由于钢纤维锚固剂对锚固界面机械连锁作用和剪胀作用的增强，锚固界面在失效过程中极易形成褶皱的剪切失效面，使得剪切失效面的粗糙程度增大，锚固界面的摩擦作用增强。另外，锚固界面局部拉拔作用的钢纤维也会在拔出后于剪切失效面形成一定的摩擦效应。

3.3.2　试验材料及方案

为分析钢纤维锚固剂对锚固界面承载特性的影响，本节采用试验手段进行了系统探究，以期更好地弄清钢纤维锚固剂对锚固界面承载性能的强化机制和强化效果。

本次试验仍采用短封装钢管锚固试件来进行研究，且试验所需的材料、设备均与2.2节相同，这里不再进行赘述。为探究钢纤维锚固剂对锚固界面承载特性的影响，选择了三种不同直径的钢纤维材料作为锚固剂的添加剂，其直径分别为0.5 mm、1.0 mm和1.5 mm，如图3-9所示，钢纤维材料的弹性模量为206 GPa，抗拉强度为1.25 GPa，延伸率为3.8%。考虑到锚固剂环厚度和锚杆肋高度的影响，钢纤维材料的长度统一设为3 mm。为了形成对比效应，试验中准备两种类型的锚固试件，一种是含钢纤维的锚固试件，另一种是不含钢纤维的锚固试件，具体制作过程也与2.2节相同。需要说明的是，在锚固试件的制作过程中，锚固剂中钢纤维的含量设为0.6%，这是因为锚固剂中钢纤维含量为0.6%时，其力学性能的增益效果最为明显[252]。

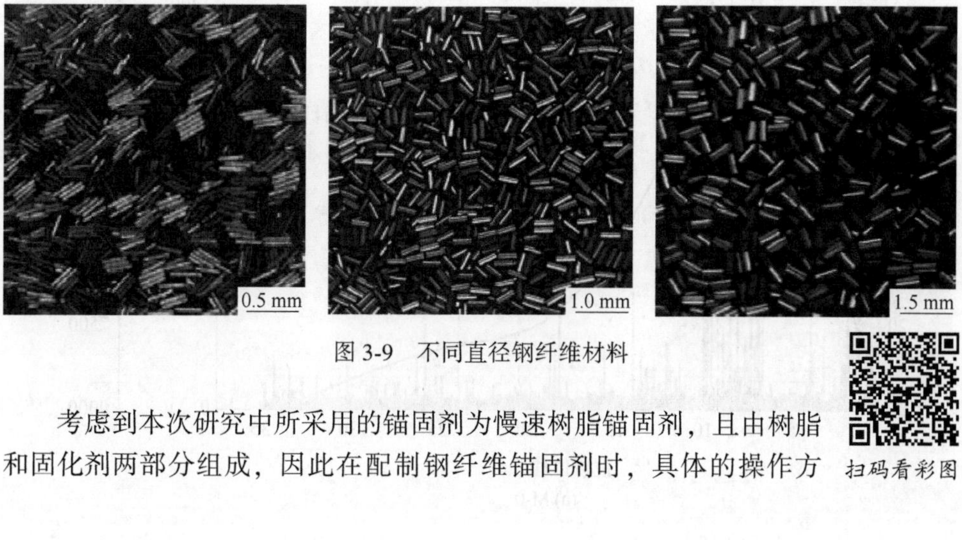

图3-9　不同直径钢纤维材料

扫码看彩图

考虑到本次研究中所采用的锚固剂为慢速树脂锚固剂，且由树脂和固化剂两部分组成，因此在配制钢纤维锚固剂时，具体的操作方法为：

(1) 先按慢速树脂锚固剂的最优配比称取树脂和固化剂两种材料。

(2) 根据所使用的树脂和固化剂两种材料的总质量，称取锚固剂中所需加入的钢纤维材料，并将其加入到树脂中均匀搅拌。

(3) 将固化剂加入到混合好的含钢纤维树脂中，再进行充分的搅拌，即可用于锚固试件的制作。

为便于后文分析中的描述，根据锚固剂中钢纤维直径的不同，锚固试件的编号设为“M-钢纤维直径”的形式，分别为 M-0、M-0.5、M-1.0 和 M-1.5，其中钢纤维直径为 0 表示树脂锚固剂中不加入钢纤维。将制作好的锚固试件置于室温下养护 3 天，然后进行拉拔试验，试验中拉拔加载速率设为 3 mm/min。

3.3.3　钢纤维锚固剂对锚固界面力学特性的影响

3.3.3.1　钢纤维锚固剂对锚固界面承载性能的影响

图 3-10 中的黑色曲线显示了不同钢纤维锚固剂的锚固试件的拉拔承载性能，表 3-2 显示了不同钢纤维锚固剂的锚固试件的力学性能参数特征。

不难发现，在拉拔载荷作用下，锚固试件的拉拔载荷-位移曲线的变化趋势基本一致，钢纤维锚固剂对锚固试件的承载性能有较大影响，具体影响主要体现在以下几个方面。

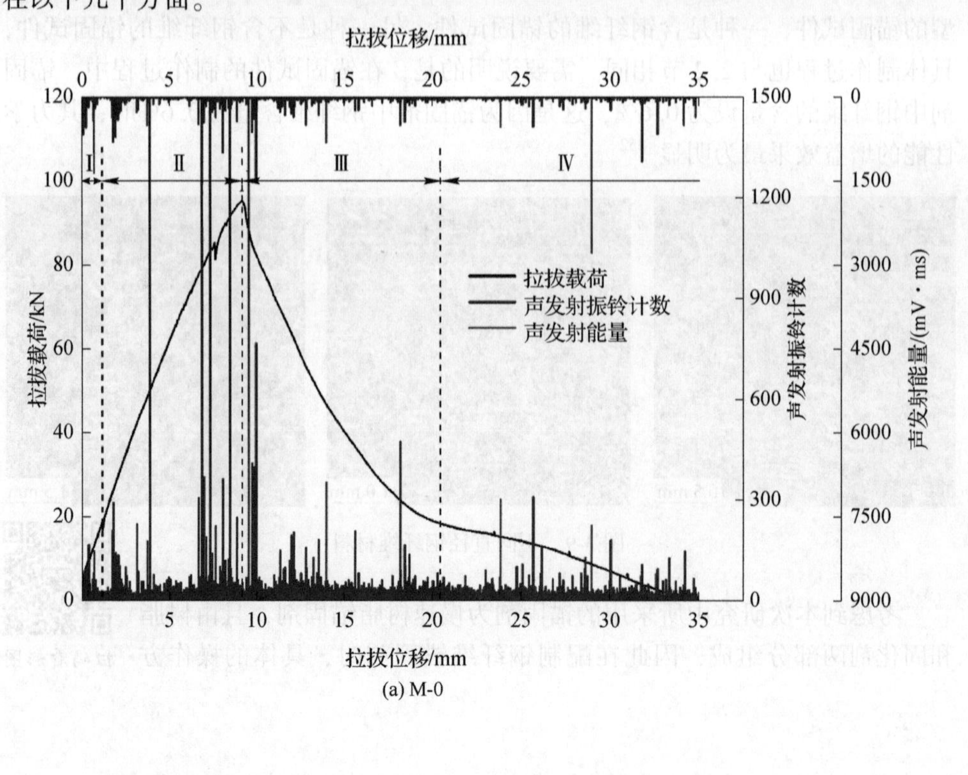

(a) M-0

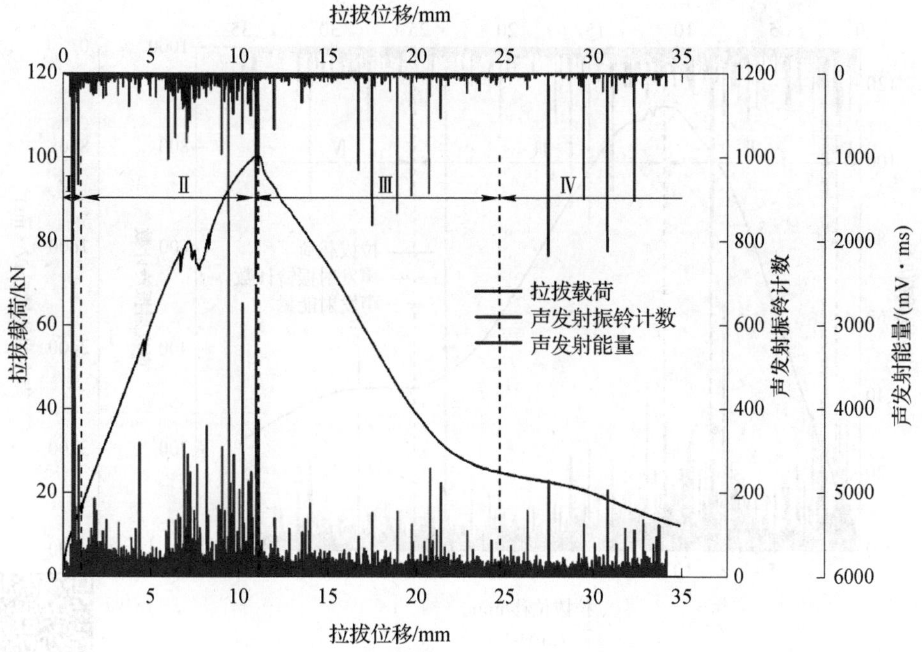
拉拔位移/mm
拉拔载荷/kN
声发射振铃计数
声发射能量/(mV · ms)
拉拔载荷
声发射振铃计数
声发射能量
Ⅰ
Ⅱ
Ⅲ
Ⅳ

(b) M-0.5

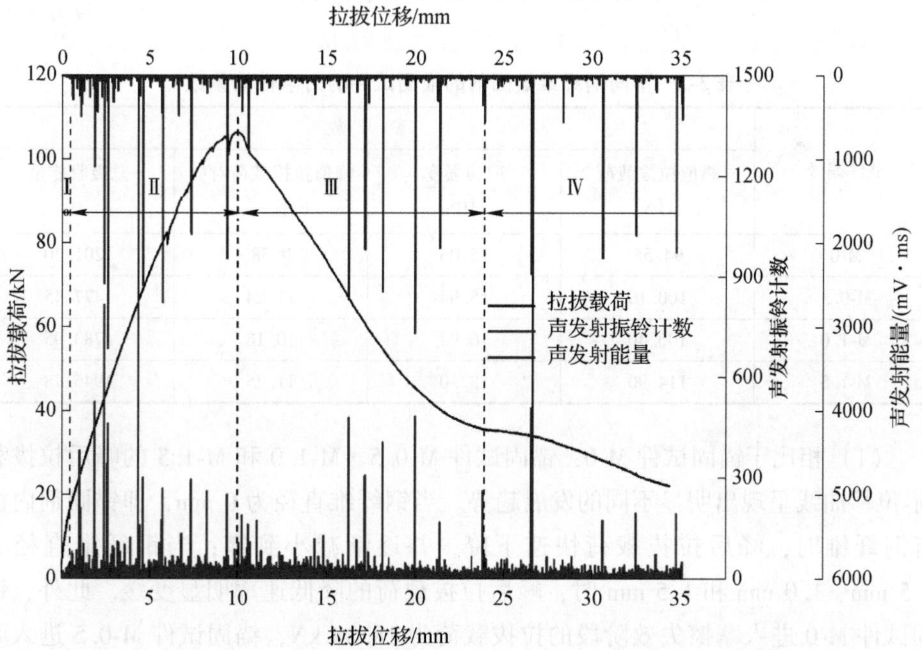
拉拔位移/mm
拉拔载荷/kN
声发射振铃计数
声发射能量/(mV · ms)
拉拔载荷
声发射振铃计数
声发射能量
Ⅰ
Ⅱ
Ⅲ
Ⅳ

(c) M-1.0

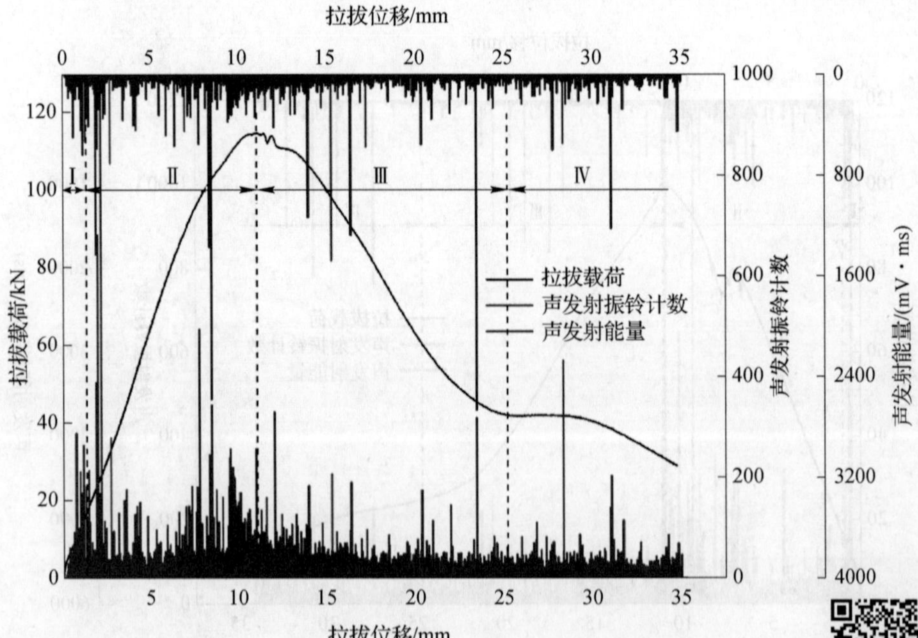

(d) M-1.5

图 3-10　不同钢纤维锚固剂的锚固试件承载特性及声发射特征

扫码看彩图

表 3-2　不同钢纤维锚固剂的锚固试件的力学性能参数

试件编号	参数			
	峰值拉拔载荷/kN	剪切强度/MPa	峰值拉拔载荷对应位移/mm	总吸收能量/J
M-0	94.55	15.06	9.38	1201.70
M-0.5	100.10	15.94	11.24	1477.45
M-1.0	106.40	16.94	10.18	1783.95
M-1.5	114.90	18.30	11.25	1945.78

（1）相比于锚固试件 M-0，锚固试件 M-0.5、M-1.0 和 M-1.5 的峰后拉拔载荷-位移曲线呈现出明显不同的发展趋势。当钢纤维直径为 0 mm，即锚固剂内没有钢纤维时，峰后拉拔载荷快速下降，并逐渐减小到零；当钢纤维直径为 0.5 mm、1.0 mm 和 1.5 mm 时，峰后拉拔载荷的降低速率明显变缓。此外，锚固试件 M-0 进入摩擦失效阶段的拉拔载荷为 18.38 kN，锚固试件 M-0.5 进入摩擦失效阶段的拉拔载荷为 24.79 kN，锚固试件 M-1.0 进入摩擦失效阶段的拉拔载荷为 35.79 kN，锚固试件 M-1.5 进入摩擦失效阶段的拉拔载荷为 42.10 kN，可

见钢纤维锚固剂有效增强了锚固试件的峰后承载特性，使得锚固试件具有相对较高的残余承载能力。这是由于在锚固试件的承载过程中，锚固剂内的钢纤维增强了锚固界面的机械连锁效应，锚固界面的破坏需要克服更大的剪力，在一定程度上抑制或延缓了锚固界面的剪切失效，另外锚固剂内的钢纤维还增强了破坏界面的粗糙度，强化了失效界面的摩擦效应。

（2）图 3-11 显示了不同钢纤维锚固剂的锚固试件的力学性能参数特征。由于锚固剂内钢纤维的加入，锚固试件的峰值拉拔载荷、锚固界面剪切强度、峰值拉拔载荷对应位移以及总吸收能量均有所增大。结合表 3-2 可知，相比于锚固试件 M-0，锚固试件 M-0.5、M-1.0 和 M-1.5 的峰值拉拔载荷的增长率分别为

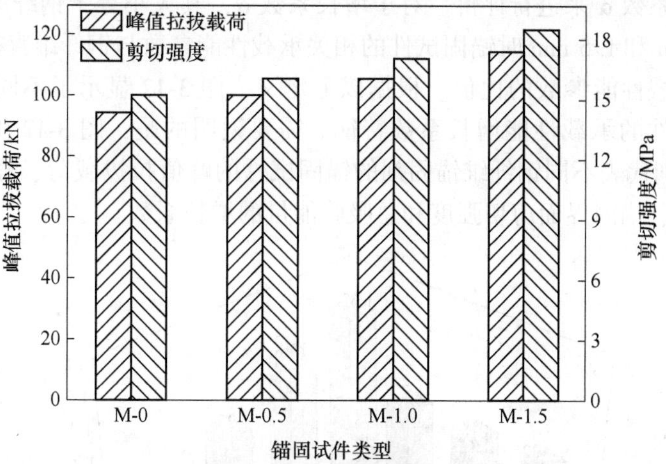

(a) 峰值拉拔载荷和剪切强度特征

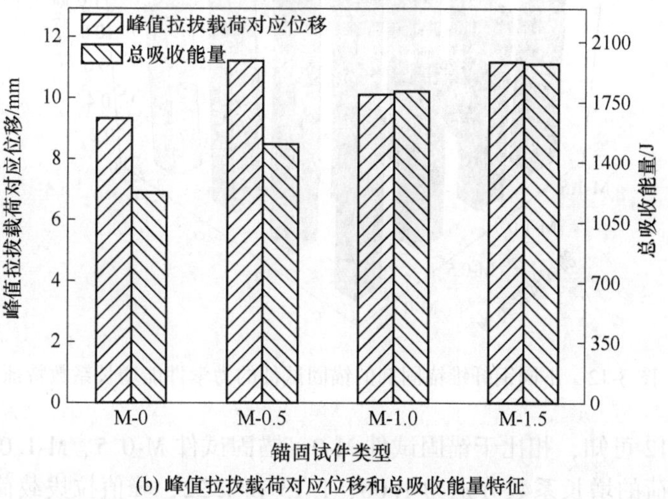

(b) 峰值拉拔载荷对应位移和总吸收能量特征

图 3-11 不同钢纤维锚固剂的锚固试件承载性能参数特征

5.87%、12.53%和21.52%，剪切强度的增长率分别为5.84%、12.48%和21.51%，峰值拉拔载荷对应位移的增长率分别为19.83%、8.53%和19.94%，总吸收能量的增长率分别为22.95%、48.45%和61.92%。可见钢纤维锚固剂显著增强了锚固界面的承载特性，并且锚固界面的承载特性表现出明显的钢纤维直径依赖性[253]。这是因为钢纤维直径的增大一方面增强了锚固界面抵抗剪切破坏的能力，提高了锚固界面的抗剪强度；另一方面增大了钢纤维与锚固剂之间的黏结面积，提高了钢纤维的局部拉拔力，有效地抑制或延迟了锚固界面微裂纹的发展。

为更好地揭示钢纤维锚固剂对锚固试件承载性能的影响，引入相关承载性能参数的增长系数 α 来进行评价。对于增长系数 α，其大小等于钢纤维直径为0.5 mm、1.0 mm和1.5 mm时锚固试件的相关承载性能参数与钢纤维直径为0 mm时所对应的承载性能参数的比值。根据以上定义，图3-12显示了不同钢纤维锚固剂的锚固试件的承载性能增长系数特征。需要说明的是，图3-12中的 α_1、α_2、α_3 和 α_4 分别代表不同钢纤维锚固剂的锚固试件的峰值拉拔载荷、峰值拉拔载荷对应的位移、锚固界面剪切强度和总吸收能量的增长系数。

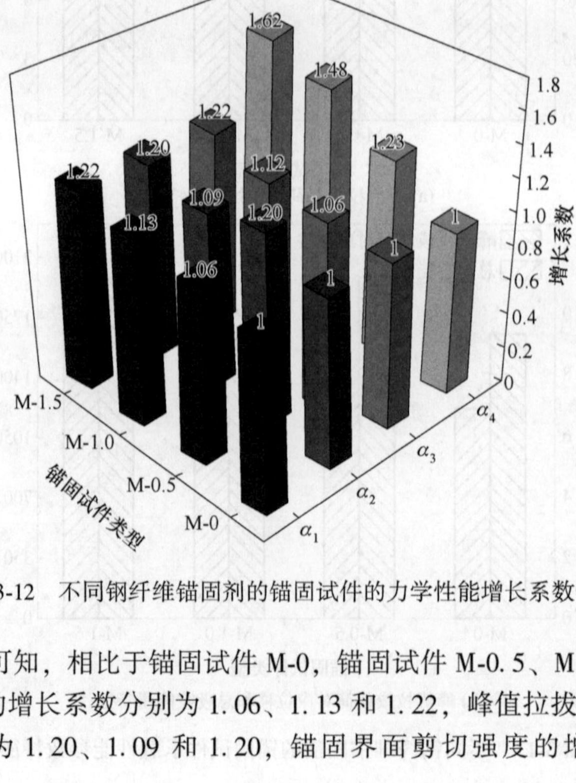

图3-12 不同钢纤维锚固剂的锚固试件的力学性能增长系数特征

由图3-12可知，相比于锚固试件M-0，锚固试件M-0.5、M-1.0和M-1.5的峰值拉拔载荷的增长系数分别为1.06、1.13和1.22，峰值拉拔载荷对应位移的增长系数分别为1.20、1.09和1.20，锚固界面剪切强度的增长系数分别为

1.06、1.12 和 1.22，总吸收能量的增长系数分别为 1.23、1.48 和 1.62。可见钢纤维锚固剂能有效提高锚固试件的承载性能，增强锚固试件抵抗失效的能力。

3.3.3.2 钢纤维锚固剂对锚固界面局部应变的影响

图 3-13 显示了不同钢纤维锚固剂的锚固试件锚固界面的局部应变特征。由图可知，当钢纤维的直径为 0 mm、0.5 mm、1.0 mm 和 1.5 mm 时，锚固界面的峰值局部应变分别约为 72 με、136 με、143 με 和 174 με。显然钢纤维锚固剂增强了锚固界面的局部应变，且锚固界面的局部应变呈现出随钢纤维直径增大而增大的趋势。随着钢纤维直径的增大，锚固剂的单轴抗压强度和弹性模量增大，因而锚固界面的剪胀效应也逐渐明显。为进一步分析钢纤维锚固剂对锚固界面剪胀效应的影响，理论分析得到锚固试件 M-0、M-0.5、M-1.0 和 M-1.5 在承载过程中锚固界面的峰值剪胀角分别为 5.83°、7.95°、8.66°和 10.70°，可见钢纤维锚固剂有效增强了锚固界面的剪胀效应，使得锚固试件的承载性能提高。

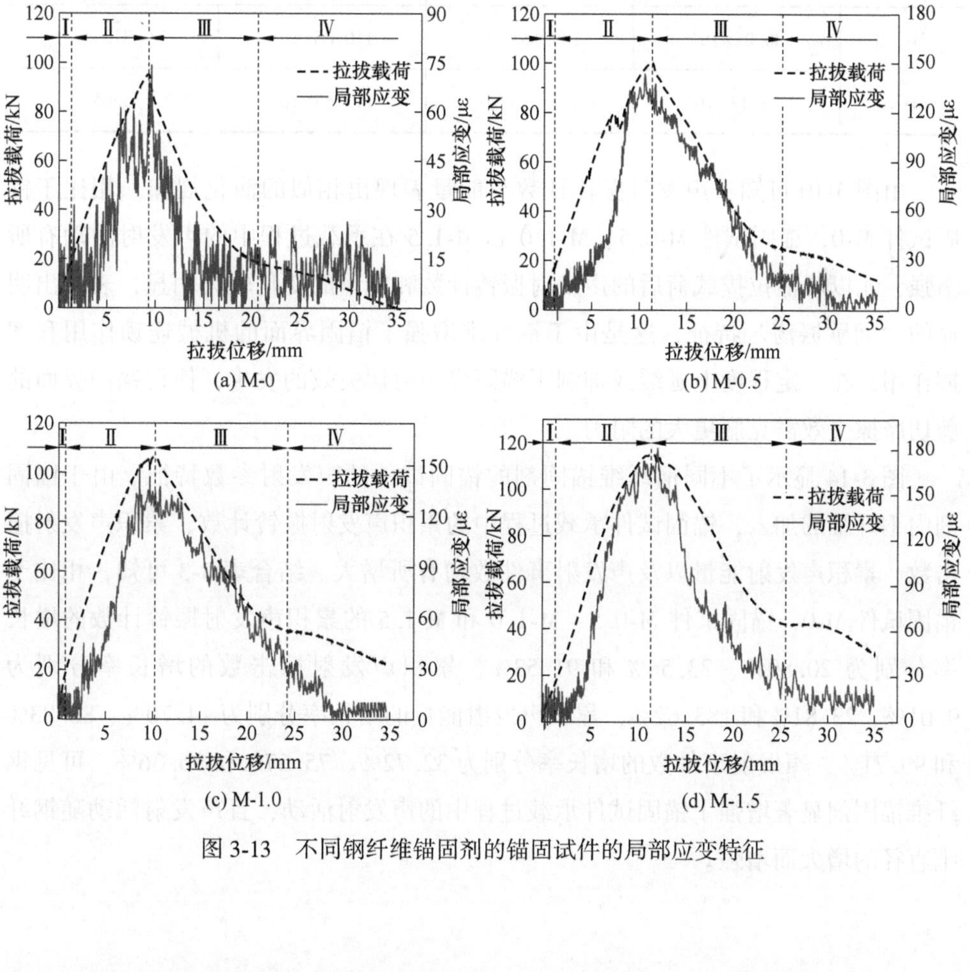

图 3-13 不同钢纤维锚固剂的锚固试件的局部应变特征

3.3.4　钢纤维锚固剂对锚固界面声发射响应的影响

图 3-10 中的红色和蓝色曲线分别显示了不同钢纤维锚固剂的锚固试件的声发射振铃计数和能量的特征。表 3-3 显示了不同钢纤维锚固剂的锚固试件的声发射参数特征。

表 3-3　不同钢纤维锚固剂的锚固试件的声发射参数

试件编号	参　数			
	累积声发射振铃计数	累积声发射撞击数	累积声发射能量/(mV·ms)	声发射事件数
M-0	64.81×10^4	151.97×10^7	58.91×10^4	1785
M-0.5	78.35×10^4	165.67×10^7	67.57×10^4	2369
M-1.0	80.08×10^4	188.16×10^7	110.06×10^4	3134
M-1.5	124.13×10^4	431.01×10^7	117.65×10^4	3505

由图 3-10 可知，声发射振铃计数与能量表现出相似的演化规律。相比于锚固试件 M-0，锚固试件 M-0.5、M-1.0 和 M-1.5 在承载过程中的声发射活动有所增强，尤以峰值拉拔载荷后的声发射振铃计数和能量的变化较为明显，表现出明显的“间歇振荡”特征，这是由于钢纤维增强了锚固界面的机械连锁作用和摩擦作用，在一定程度上延缓或抑制了锚固界面剪切失效的发生，使得锚固界面的剪切摩擦失效需克服更大的阻力。

图 3-14 显示了不同钢纤维锚固剂的锚固试件的声发射参数特征。由于锚固剂内钢纤维的加入，锚固试件承载过程中的累积声发射振铃计数、累积声发射撞击数、累积声发射能量以及声发射事件数均有所增大。结合表 3-3 可知，相比于锚固试件 M-0，锚固试件 M-0.5、M-1.0 和 M-1.5 的累积声发射振铃计数的增长率分别为 20.89%、23.56% 和 91.53%，累积声发射撞击数的增长率分别为 9.01%、23.81%和 183.62%，累积声发射能量的增长率分别为 14.70%、86.83% 和 99.71%，声发射事件数的增长率分别为 32.72%、75.57%和 96.36%。可见钢纤维锚固剂显著增强了锚固试件承载过程中的声发射活动，且声发射活动随钢纤维直径的增大而增强。

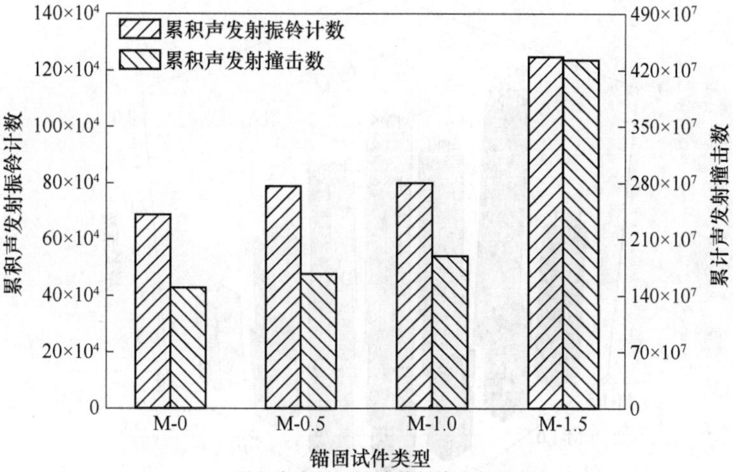

(a) 累积声发射振铃计数与撞击数特征

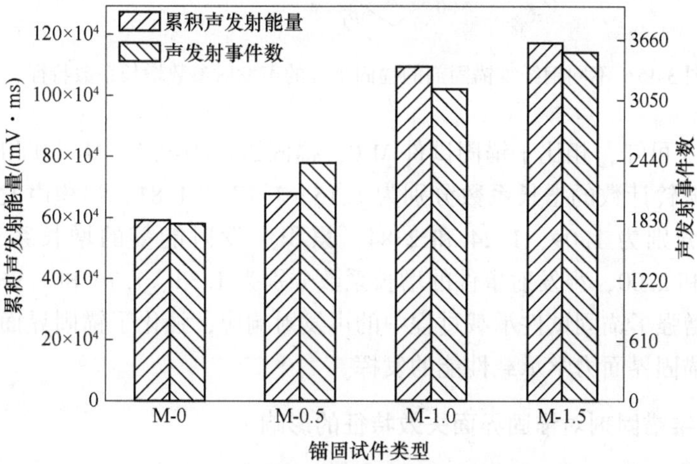

(b) 累积声发射能量与事件数特征

图 3-14 不同钢纤维锚固剂的锚固试件的声发射参数特征

同样，为更好地揭示钢纤维锚固剂对锚固试件声发射响应特征的影响，引入相关声发射参数的增长系数 β 来进行评价。对于增长系数 β，其大小等于钢纤维直径为 0.5 mm、1.0 mm 和 1.5 mm 时锚固试件的相关声发射参数与钢纤维直径为 0 mm 时所对应的声发射参数的比值。根据以上定义，图 3-15 显示了不同钢纤维锚固剂的锚固试件的声发射参数增长系数特征。需要说明的是，图 3-15 中的 β_1、β_2、β_3 和 β_4 分别代表不同钢纤维锚固剂的锚固试件的累积声发射振铃计数、累积声发射撞击数、累积声发射能量和声发射事件数的增长系数。

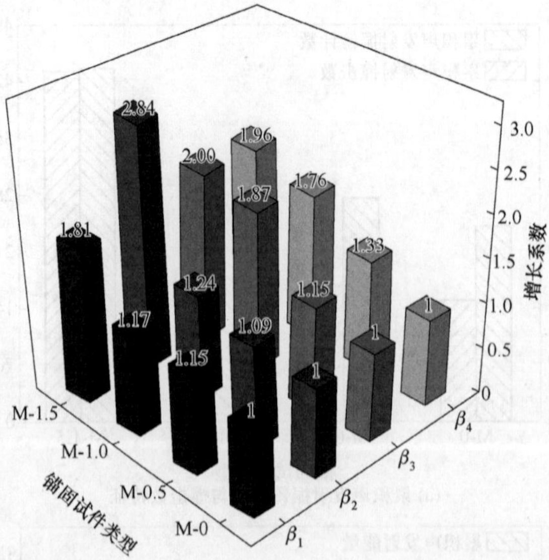

图 3-15　不同钢纤维锚固剂的锚固试件的声发射参数增长系数特征

由图 3-15 可知，相比于锚固试件 M-0，锚固试件 M-0. 5、M-1. 0 和 M-1. 5 的累积声发射振铃计数的增长系数分别为 1. 15、1. 17 和 1. 81，累积声发射撞击数的增长系数分别为 1. 09、1. 24 和 2. 84，累积声发射能量的增长系数分别为 1. 15、1. 87 和 2. 00，声发射事件的增长系数分别为 1. 33、1. 76 和 1. 96。可见钢纤维锚固剂增强了锚固试件承载过程中的声发射响应，强化了锚固界面的力学行为，促进了锚固界面力学承载性能的发挥。

3. 3. 5　钢纤维锚固剂对锚固界面失效特征的影响

图 3-16 显示了不同钢纤维锚固剂的锚固试件承载过程中的声发射事件三维

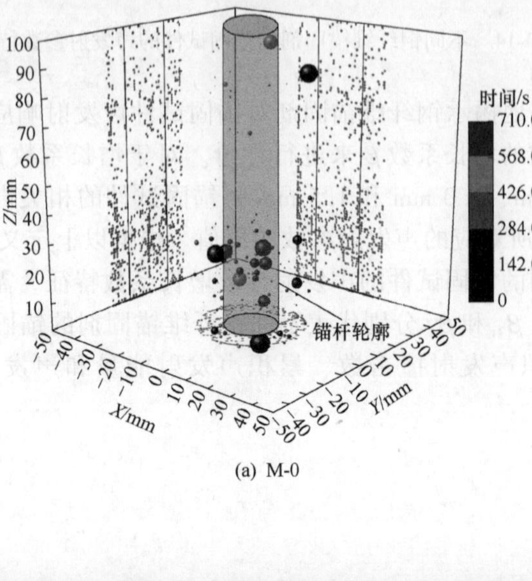

(a) M-0

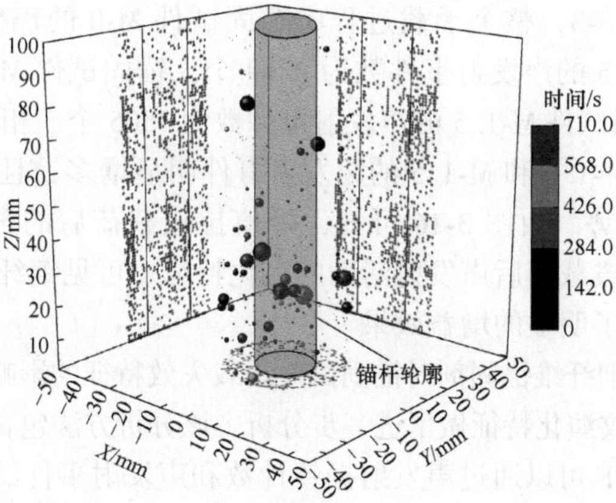

(b) M-0.5

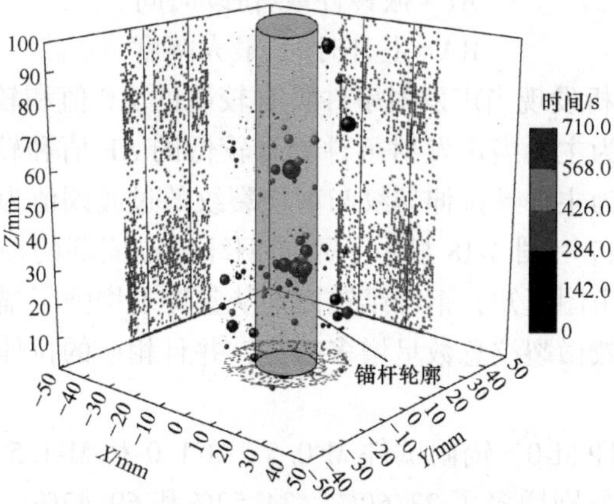

(c) M-1.0

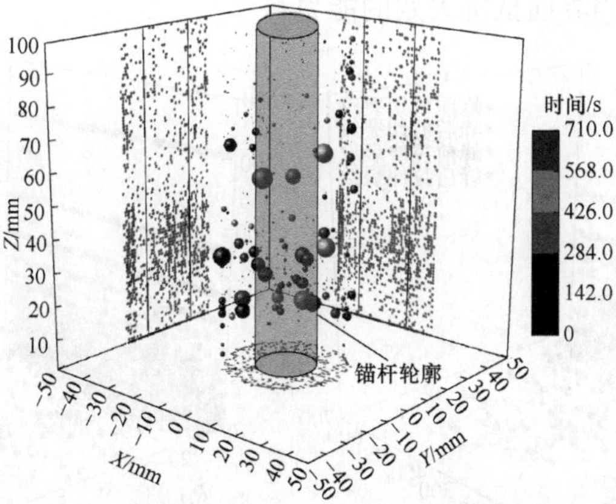

(d) M-1.5

扫码看彩图

图 3-16 不同钢纤维锚固剂的锚固试件的声发射事件三维分布特征

分布特征。结合表 3-3，整个承载过程中锚固试件 M-0 的声发射事件数为 1785 个，锚固试件 M-0. 5 的声发射事件数为 2369 个，锚固试件 M-1. 0 的声发射事件数为 3134 个，锚固试件 M-1. 5 的声发射事件数为 3505 个。相比于锚固试件 M-0，锚固试件 M-0. 5、M-1. 0 和 M-1. 5 的声发射事件明显增多，且高强度声发射事件的占比也呈增加趋势。由图 3-16 可知，峰值拉拔载荷后的声发射事件数增多，这也验证了峰值拉拔载荷后声发射活动的演化特征。可见钢纤维锚固剂对锚固界面的力学行为起到了明显的增益效果。

为更好地揭示钢纤维锚固剂对锚固试件承载失效特征的影响，结合声发射参数对锚固界面的微裂纹演化特征做了进一步分析。该分析方法包含两个参数[254]：AF 和 RA。其中参数 AF 可以通过声发射振铃计数和声发射事件的持续时间得到，参数 RA 可以通过声发射事件的上升时间和幅度得到，具体可以表示为：

$$\mathrm{AF}=\text{振铃计数}/\text{持续时间} \tag{3-15}$$

$$\mathrm{RA}=\text{上升时间}/\text{最大幅度} \tag{3-16}$$

Ohno 等[255]分析发现当声发射事件具有较高的 AF 值和较低的 RA 值时，失效形式以拉伸裂纹为主，当声发射事件具有较低的 AF 值和较高的 RA 值时，失效形式以剪切裂纹为主，且拉伸裂纹与剪切裂纹的过渡阈值为 RA∶AF=1∶200。基于该方法，图 3-17 和图 3-18 显示了不同钢纤维锚固剂的锚固试件承载过程中的裂纹演化特征。由图可知，钢纤维锚固剂从整体上增强了锚固界面失效过程中微裂纹的发展，失效微裂纹总数呈增多趋势，并且相应的拉伸裂纹和剪切裂纹数也增多。

相比于锚固试件 M-0，锚固试件 M-0. 5、M-1. 0 和 M-1. 5 在承载过程中锚固界面的拉伸裂纹数分别增多了 23. 60%、34. 52% 和 69. 42%，剪切裂纹分别增多了 20. 22%、26. 97% 和 134. 27%。可见钢纤维锚固剂效增强了锚固界面的力学承载特性，提高了锚固界面抵抗失效的能力。

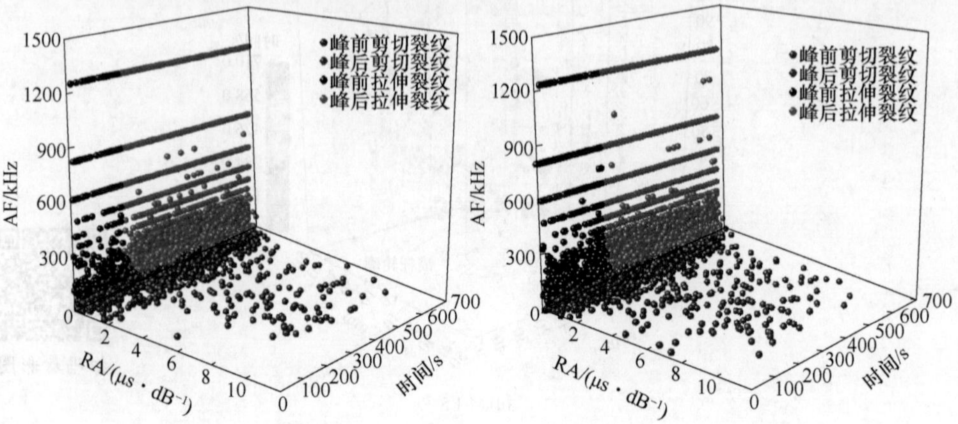

(a) M-0　　(b) M-0.5

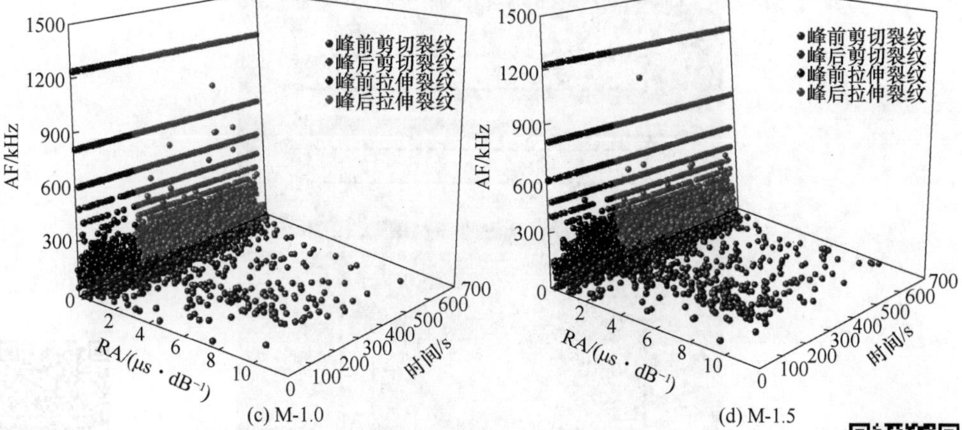

图 3-17 不同钢纤维锚固剂的锚固试件的裂纹演化特征

扫码看彩图

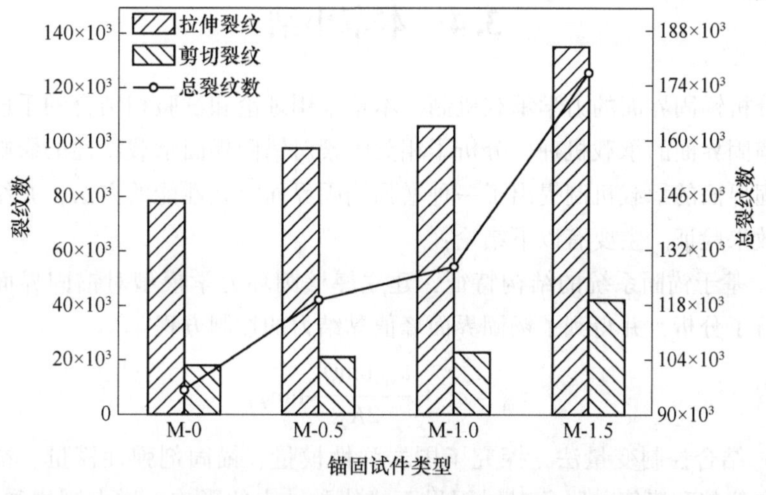

图 3-18 不同钢纤维锚固剂的锚固体试件的裂纹特征

图 3-19 显示了锚固界面的失效特征。由图可以清晰地看到，钢纤维锚固剂对锚固界面的失效有显著影响。对于锚固试件的失效表面，存在明显的划痕，这是由于锚固剂内钢纤维的存在，锚固试件失效面的粗糙度会有所增加，使得锚固试件在失效过程中要克服更多的摩擦力，图 3-10 中峰值拉拔载荷后的声发射活动大幅波动也证明了这一点。可见钢纤维锚固剂有效增强了锚固界面的摩擦效应。

扫码看彩图

图 3-19　锚固界面失效特征

3.4　本章小结

为分析锚固界面的力学承载机制，本章采用理论和试验相结合的手段，系统研究了锚固界面的承载机理，分析了相关因素对锚固界面承载特性的影响，同时基于锚固界面的承载机制提出了一种增强锚固界面承载性能的方法，并结合试验进行了效果验证。主要有以下结论：

（1）基于锚固系统的结构特征，建立厚壁圆环力学模型对锚固界面的承载机理进行了分析，并得到了锚固界面峰值黏结力的控制方程：

$$\tau_{\mathrm{m}} = c_{\mathrm{g}} + \frac{u_{\mathrm{zm}}\tan\psi_{\mathrm{m}}}{2K_2}\tan\varphi_{\mathrm{g}}$$

（2）结合控制变量法，探究了围岩弹性模量、锚固剂弹性模量、锚固界面峰值轴向位移和峰值剪胀角对锚固界面峰值黏结力的影响。增大围岩弹性模量、锚固剂弹性模量、锚固界面峰值轴向位移和峰值剪胀角均能有效提高锚固界面的峰值黏结力。同时锚固界面的峰值黏结力受上述因素的影响程度大小依次为：锚固界面峰值剪胀角>锚固界面峰值轴向位移>锚固剂弹性模量，并且影响程度具有明显的围岩弹性模量依赖性。

（3）根据锚固界面的力学承载机制，提出了采用钢纤维锚固剂来增强锚固界面力学行为的方法，钢纤维能够有效地强化锚固界面的机械连锁作用，改善锚固剂的抗剪、抗拉和抗压等力学性能，提高锚固界面的剪胀作用和摩擦作用，进而实现锚固系统承载性能的提高。

（4）通过对不同钢纤维锚固剂的锚固试件进行拉拔试验，验证了钢纤维锚固剂对锚固界面承载性能的强化机制和强化效果。试验结果表明钢纤维锚固剂会显著影响锚固试件的承载性能、声发射响应和失效特征，并且能有效提高锚固试件的承载性能，增强锚固试件抵抗失效的能力。

4　不同加载速率下锚固界面力学响应特征

受采掘活动的影响，巷道围岩会经历多重扰动阶段，并表现出不同的变形特征。通常锚杆是随巷道的掘进及时支护的，因此锚杆在支护的全过程中，会承受不同的应力扰动[256-258]，进而影响其承载性能和失效特征。本章结合巷道围岩的变形规律，拟从试验的角度探究不同加载速率下锚杆-锚固剂界面的力学响应特征，分析加载速率对锚杆-锚固剂界面承载性能和失效特征的影响，以期更好地理解锚固系统的承载特性。

4.1　试验设计思路及方案

4.1.1　试验设计思路

煤矿巷道在其整个服务期内，由于围岩应力重新分布，围岩的变形规律会不断变化。以相邻工作面的回风巷道为例，如图 4-1 所示，受掘进和开采扰动的影

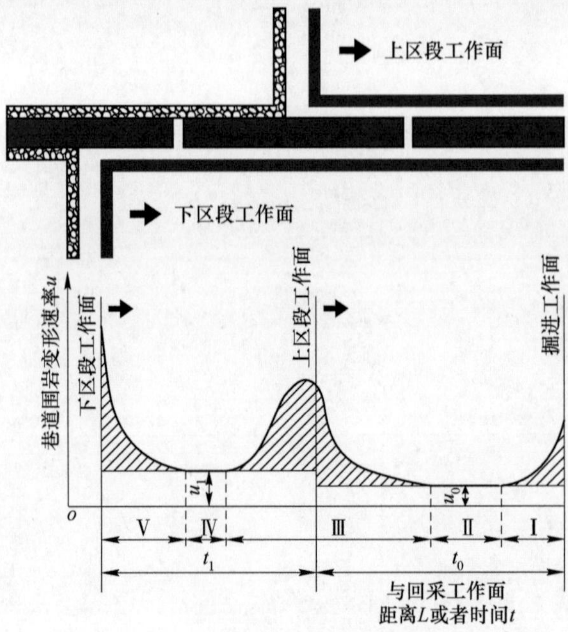

图 4-1　巷道围岩变形特征

响，巷道围岩变形主要会经历五个阶段[259]，即掘进影响阶段Ⅰ、掘进影响稳定阶段Ⅱ、采动影响阶段Ⅲ、采动影响稳定阶段Ⅳ和二次采动影响阶段Ⅴ，每个阶段由于受巷道围岩应力、围岩性质、掘进及回采速度和顶板来压强度等因素的影响，巷道围岩会处于不断变化的变形速率之中。

近年来，国内外学者对不同加载速率下煤岩体的力学响应和失效特征进行了大量研究[260-269]，且有一些比较有意义的发现，如力学性质、承载性能、失效形式、失效面特征、能量演化和声发射响应等方面都在很大程度上受加载速率的影响。然而锚固系统在不同加载速率下的承载性能和失效特征究竟如何，是否也存在着与煤岩体不同加载速率下的力学响应和失效特征类似的规律，目前这方面的研究仍存在一定的不足[270]。锚固系统作为一种连续机械耦合式支护系统，其承载性能和失效特征必然会受巷道围岩变形速率的影响。因此，有必要对锚固系统在不同加载速率下的力学响应特征进行研究，从而更好地掌握锚固界面的承载特性和失效特征。

4.1.2 试验方案

为分析不同加载速率对锚固界面承载特性和失效特征的影响，采用实验室试验的方法来进行系统探究，试验所需的材料、设备以及锚固试件的制备过程均与2.2节相同，这里不再进行赘述。结合已有文献中煤岩体的压缩加载速率，本次试验选取五种拉拔加载速率，分别为1 mm/min、3 mm/min、5 mm/min、7 mm/min和9 mm/min。在试验过程中，实时监测并记录相应的拉拔载荷-位移特征、锚固界面的局部应变特征和声发射响应特征，用于后续分析不同加载速率下锚固界面的力学响应特征。

4.2 加载速率对锚固界面力学特性的影响

4.2.1 锚固界面承载性能特征

图4-2~图4-6中的黑色曲线分别显示了不同加载速率下锚固试件承载的力-声特征。图4-7显示了锚固试件力学承载性能参数与加载速率的关系。由图可知，随着加载速率的增大，锚固试件在承载过程中的力学性能具有较大的差异，具体影响主要体现在以下几个方面：

（1）在拉拔载荷作用下，锚固试件的拉拔载荷-时间曲线的演化趋势基本相同，且可分为化学脱黏阶段、微裂纹发展阶段、剪切失效阶段和摩擦失效阶段。随着加载速率的增大，峰值拉拔载荷前的拉拔载荷-时间曲线的上升趋势逐渐变得陡峭，当加载速率从 1 mm/min 增大到 9 mm/min 时，峰值拉拔载荷对应的时间分别为 712. 50 s、180. 30 s、130. 65 s、98. 40 s 和 61. 04 s，这是由于随着加载速率的增加，锚固界面需要更快地产生力学响应以平衡加载速率增加所带来的应力增量。

(2) 随着加载速率的增大，锚固试件的峰值拉拔载荷增大，但峰值拉拔载荷所对应的时间却大幅度缩短。当加载速率从 1 mm/min 增大到 9 mm/min 时，峰值拉拔载荷分别为 92. 73 kN、93. 64 kN、95. 54 kN、97. 21 kN 和 102. 45 kN。加载速率的增加导致锚固界面积累的能量没有充分的时间释放，锚固界面的微裂纹发展在一定程度上被抑制，锚固剂材料的应变强化特性表现得更加明显。尽管锚固试件在承载能力上呈现出增强的“假象”，但相比于峰值拉拔载荷所对应的时间大幅降低的特征而言，锚固试件的整体耐久性仍处于减弱趋势。

(3) 随着加载速率的增大，峰值拉拔载荷所对应的位移减小，锚固界面的剪切刚度增加。当加载速率从 1 mm/min 增大到 9 mm/min 时，峰值拉拔载荷所对应的位移分别为 12. 82 mm、10. 84 mm、10. 82 mm、9. 46 mm 和 9. 10 mm，锚固界面剪切刚度分别为 1. 15 MPa/mm、1. 26 MPa/mm、1. 40 MPa/mm、1. 64 MPa/mm 和 1. 81 MPa/mm。表明加载速率的增大，锚固试件抵抗失效的能力减弱，锚固界面的力学行为表现出明显的加载速率依赖性和剪切强化性。

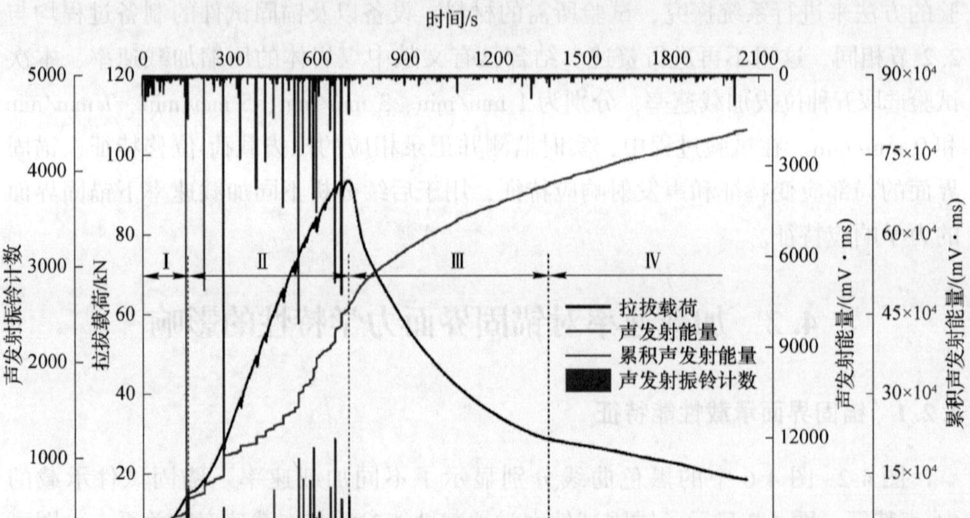

图 4-2 加载速率为 1 mm/min 时锚固试件承载的力-声曲线特征

扫码看彩图

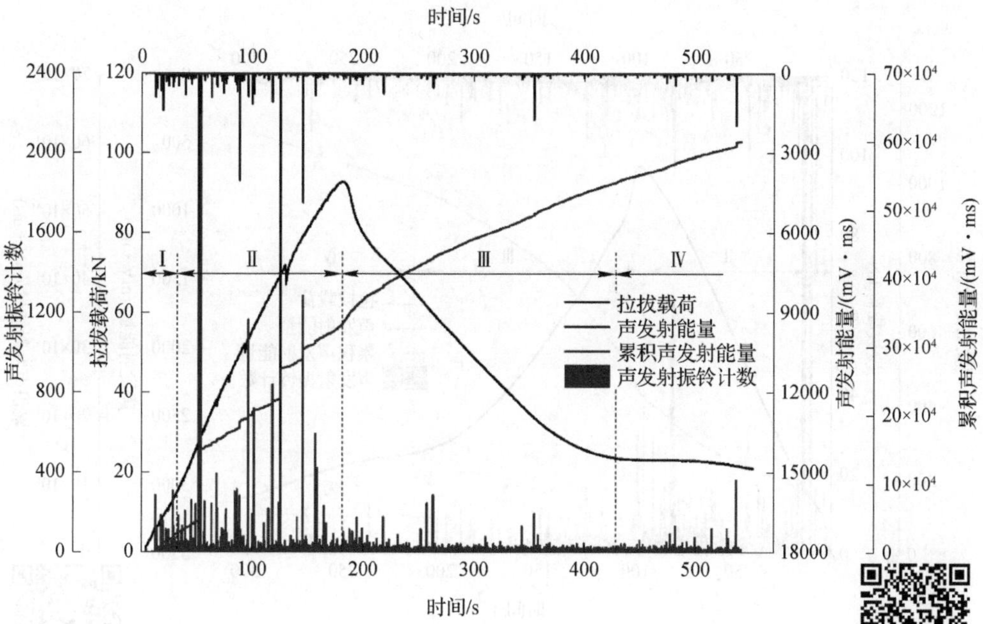

图 4-3　加载速率为 3 mm/min 时锚固试件承载的力-声曲线特征

扫码看彩图

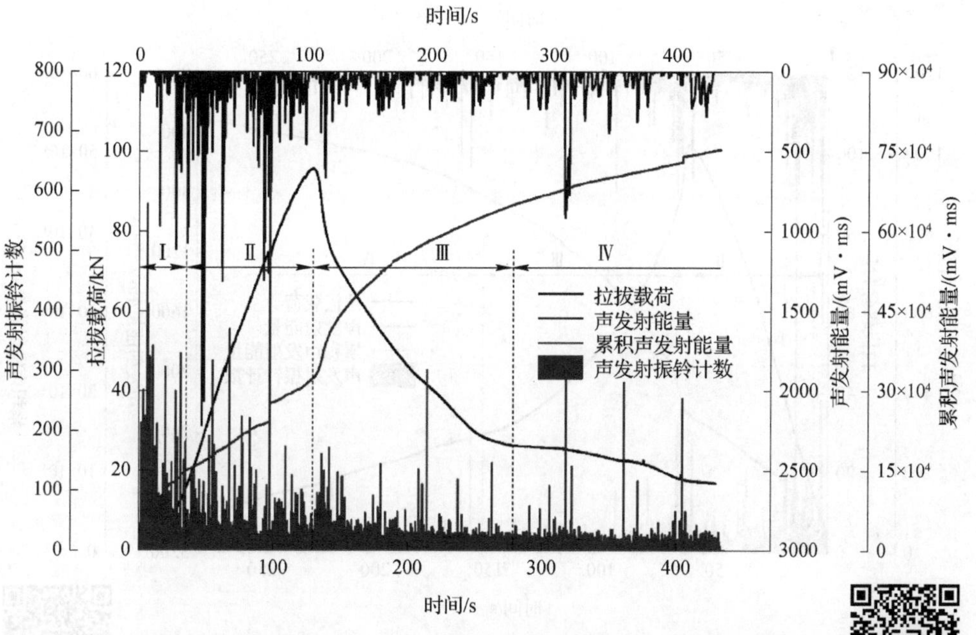

图 4-4　加载速率为 5 mm/min 时锚固试件承载的力-声曲线特征

扫码看彩图

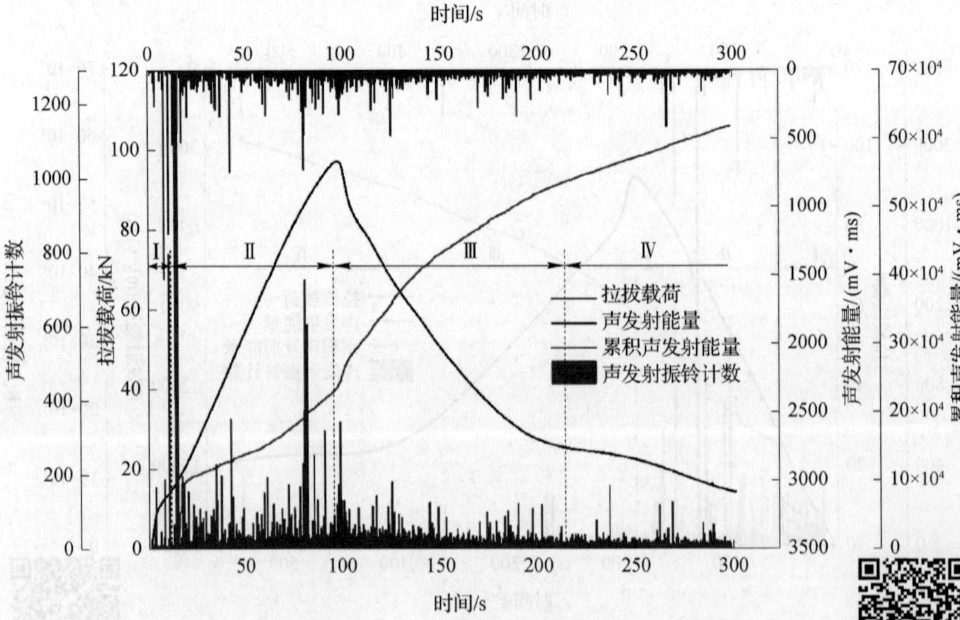

图 4-5 加载速率为 7 mm/min 时锚固试件承载的力-声曲线特征

扫码看彩图

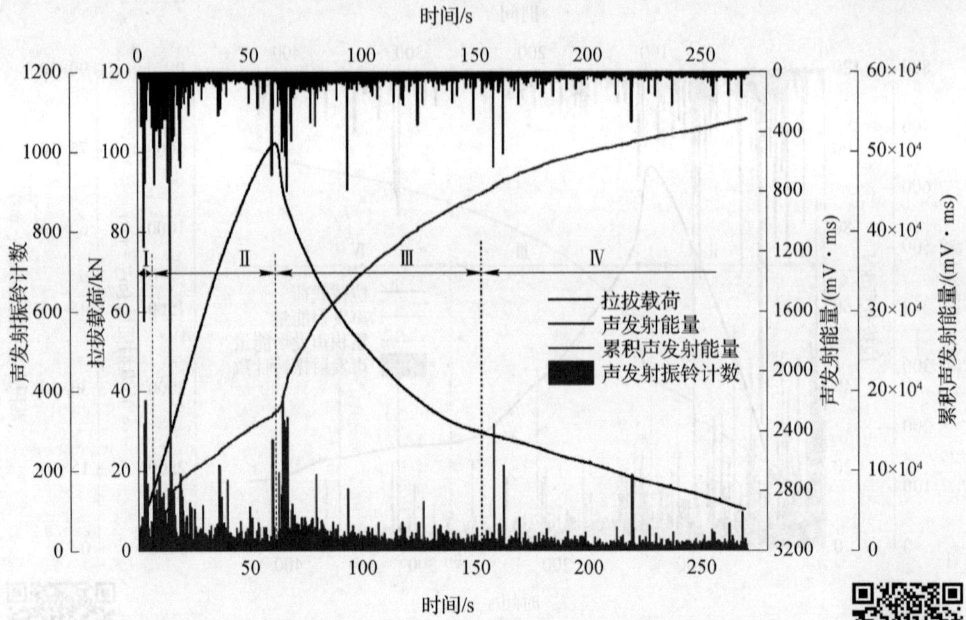

图 4-6 加载速率为 9 mm/min 时锚固试件承载的力-声曲线特征

扫码看彩图

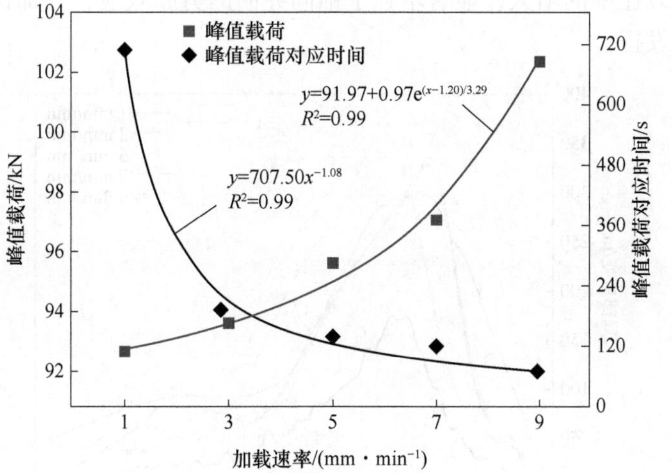

(a) 峰值载荷及对应时间特征

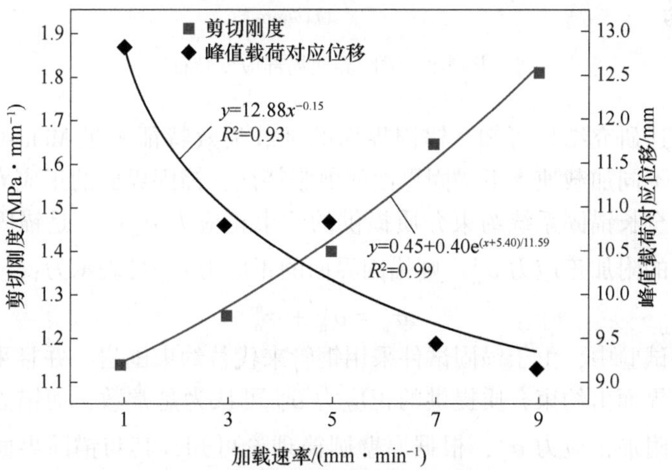

(b) 剪切刚度及峰值载荷对应位移特征

图 4-7　锚固试件承载性能参数与加载速率的关系

4.2.2　锚固界面局部应变特征

图 4-8 显示了不同加载速率下锚固界面的局部应变特征。由图可知，锚固试件在整个承载过程中，锚固界面的局部应变均呈现出先增大后减小的演化趋势。随着加载速率的增大，锚固界面的局部应变显著增大。当加载速率从 1 mm/min 增大到 9 mm/min 时，锚固界面的峰值局部应变分别为 173.08 με、298.05 με、327.78 με、333.66 με 和 355.03 με。此外，随着加载速率的增大，锚固界面局部应变的上升和下降趋势均逐渐变得陡峭，且锚固界面的残余局部应变也有所增

大。表明加载速率的增大，显著增强了锚固界面的剪胀效应，并加快了锚固界面剪胀效应的发挥。

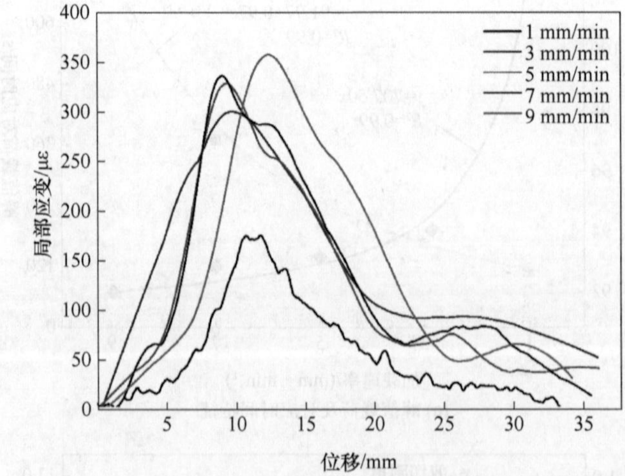

扫码看彩图

图 4-8　锚固界面局部应变特征

根据前述研究结果可知，锚固界面的承载失效特征满足 Mohr-Coulomb 强度准则。结合不同加载速率下锚固界面的剪胀特征，锚固界面的正应力主要包含两部分：一是全长锚固系统约束介质提供的约束正应力 σ_n^c；二是锚固界面因剪胀效应而引起的附加正应力 σ_n^a。则锚固界面的正应力 σ_n 可表示为：

$$\sigma_n = \sigma_n^c + \sigma_n^a \tag{4-1}$$

在本次试验中，由于锚固试件采用钢管来代替约束围岩，并且采用同一方法制作，锚固界面由约束介质提供的正应力 σ_n^c 可认为是常数，而锚固界面由剪胀效应引起的附加正应力 σ_n^a，根据厚壁圆筒理论可知，其与锚固界面的环向应变呈正相关，即：

$$\sigma_n^a = K\varepsilon \tag{4-2}$$

式中，K 为锚固体约束介质的环向刚度，Pa/m，$K = \dfrac{E_c}{b(1+\mu_c)}$；$E_c$ 为锚固体约束介质的弹性模量，Pa；μ_c 为锚固体约束介质的泊松比；b 为锚固孔的半径，m。根据锚固界面局部应变在拉拔过程中的变化特征，当锚固界面的环向应变达到峰值 ε_m 时，锚固界面由剪胀效应引起的附加正应力也达到其峰值 σ_{nm}^a，即 $\sigma_{nm}^a = K\varepsilon_m$，此时结合式（2-9）、式（4-1）和式（4-2），锚固界面的峰值黏结力 τ_m 可表示为：

$$\tau_m = c + (\sigma_n^c + K\varepsilon_m)\tan\varphi \tag{4-3}$$

根据拉拔试验结果，锚固界面的峰值黏结力 τ_m 可表示为：

$$\tau_{m} = \frac{p_{m}}{\pi dl} \tag{4-4}$$

式中，p_{m} 为锚固试件的峰值拉拔载荷，N；d 为锚杆直径，m；l 为锚杆黏结长度，m。联立式（4-3）和式（4-4）得到，锚固试件的峰值拉拔载荷 p_{m} 可表示为：

$$p_{m} = \pi dl[c + (\sigma_{n}^{c} + K\varepsilon_{m})\tan\varphi] \tag{4-5}$$

式（4-5）即为锚固试件峰值拉拔载荷的预测表达式。由式（4-5）可知，锚固试件的峰值拉拔载荷与锚杆直径、锚杆黏结长度、约束围岩刚度、锚固界面黏聚力和内摩擦角、锚固界面的正应力及锚固界面的环向应变有关。当锚固试件的相关参数一定时，锚固界面的环向应变，即剪胀效应，直接决定了锚固试件的承载能力。因此，随着加载速率的增大，锚固界面的局部应变增大，锚固试件的峰值拉拔载荷也增大。然而，加载速率的增加引起锚固界面的附加正应力增加，也会造成锚固剂和约束介质承受较高的应力。对于软弱围岩巷道的全长锚固系统而言，锚固围岩极易因较大的变形速率被压裂破碎，使得锚固围岩的可锚性降低，全长锚固系统的支护性能得不到充分发挥，在这种情况下可以采取有效措施（如注浆等）来增强锚固围岩的力学性能，从而减小全长锚固系统承载性能的降低幅度，更好地发挥其支护效果。

4.3 加载速率对锚固界面声发射响应的影响

4.3.1 声发射振铃计数特征

声发射振铃计数反映了声发射活动的活跃程度，图 4-2~图 4-6 中的红色曲线分别显示了不同加载速率下锚固试件的声发射振铃计数特征。由图可知，加载速率对锚固界面的声发射响应特征有显著影响。

在化学脱黏阶段，声发射振铃计数相对较少，声发射活动处于静默期。然而，由于加载速率的增大，锚固界面的化学黏结作用快速失效，导致声发射振铃计数出现一定的波动。在微裂纹发展阶段，由于锚固界面微裂纹的产生与发展，声发射活动较为强烈，声发射振铃计数普遍增大，并且在微裂纹发展阶段的开始和结束时刻附近，声发射振铃计数会出现明显的增大趋势，这种现象对应着锚固界面的微裂纹开始产生和微裂纹已趋于发育完全两种状态，其可为锚固系统的承载性能监测提供一定的指导。在剪切失效阶段，由于锚固界面微裂纹的发展已基本趋于完全，声发射活动开始减弱，声发射振铃计数也逐渐减少。对比微裂纹发展阶段和剪切失效阶段，随着加载速率的增大，微裂纹发展阶段的声发射振铃计数逐渐减少，而剪切失效阶段的声发射振铃计数逐渐增多，这是由于加载速率的增加导致锚固界面积累的能量没有充足的时间释放，进而减弱了锚固界面微裂纹的发展。在摩擦失效阶段，声发射活动处于一个相对稳定的状态，声发射振铃计数不再明显变化。

图 4-9 显示了累积声发射振铃计数和平均声发射振铃计数与加载速率的关系。由图可知，随着加载速率的增大，累积声发射振铃计数逐渐减少。当加载速率从 1 mm/min 增大到 9 mm/min 时，锚固试件的累积声发射振铃计数分别为 84.03×10^4、70.34×10^4、61.23×10^4、58.80×10^4 和 54.05×10^4。当加载速率较小时，锚固界面承载过程中所积累的能量有充足的时间释放，锚固界面的微裂纹可以充分地发展；而当加载速率较大时，锚固界面承载过程中所积累的能量无法及时释放，导致锚固界面的微裂纹不能充分发展。

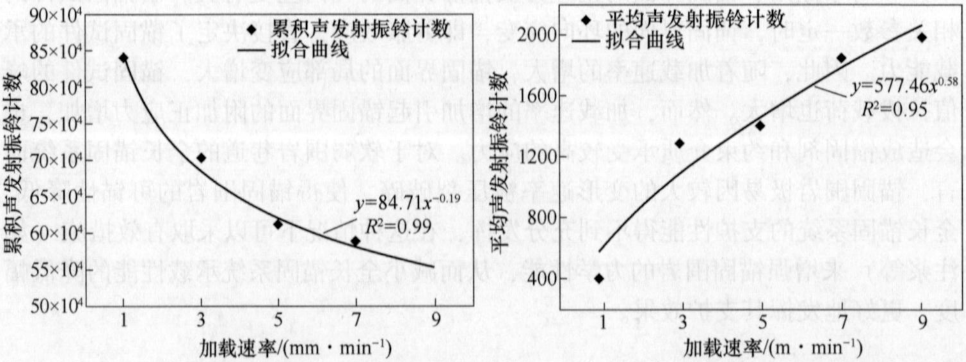

(a) 累积声发射振铃计数特征 (b) 平均声发射振铃计数特征

图 4-9 声发射振铃计数与加载速率的关系

平均声发射振铃计数在一定程度上反映了锚固界面失效的剧烈程度。随着加载速率的增大，平均声发射振铃计数逐渐增多。当加载速率从 1 mm/min 增大到 9 mm/min 时，锚固试件的平均声发射振铃计数分别为 407.91、1290.64、1401.14、1849.06 和 1987.13。表明加载速率的增加会减弱锚固界面的声发射响应，加速锚固界面的失效过程，降低锚固系统承载的耐久性。

4.3.2 声发射能量特征

声发射能量是声发射活动强弱的体现，在一定程度上反映了试件抵抗失效的能力[271-272]。图 4-2~图 4-6 中的蓝色和绿色曲线分别显示了不同加载速率下锚固试件的声发射能量和累积声发射能量特征。由图可知，锚固试件在承载过程中声发射能量的演化规律与声发射振铃计数的变化趋势基本相似。在化学脱黏阶段，声发射能量相对较小，累积声发射能量缓慢增长。在微裂纹发展阶段，声发射能量逐渐增大，且累积声发射能量呈非线性快速增长。在剪切失效阶段，声发射能量逐渐减小，累积声发射能量继续增加，但其增长速率却逐渐减小。在摩擦失效阶段，声发射能量处于一个相对较低的水平，累积声发射能量稳定增加。

图 4-10 显示了声发射能量与加载速率的关系。由图可知，累计声发射能量随加载速率的增大而逐渐减小。当加载速率从 1 mm/min 增大到 9 mm/min 时，锚固试件的累积声发射能量分别为 79.75×10^4 mV · ms、75.22×10^4 mV · ms、61.82×10^4 mV · ms、60.03×10^4 mV · ms 和 54.26×10^4 mV · ms。此外，随着加载速率的增大，峰值拉拔载荷之前的累积声发射能量逐渐减小，峰值拉拔载荷之后的累积声发射能量基本不变。当加载速率从 1 mm/min 增大到 9 mm/min 时，峰值拉拔载荷之前的累积声发射能量分别为 48.19×10^4 mV · ms、39.49×10^4 mV · ms、26.92×10^4 mV · ms、23.23×10^4 mV · ms 和 16.28×10^4 mV · ms，峰值拉拔载荷之后的累积声发射能量分别为 31.55×10^4 mV · ms、37.73×10^4 mV · ms、34.90×10^4 mV · ms、36.80×10^4 mV · ms 和 37.65×10^4 mV · ms。

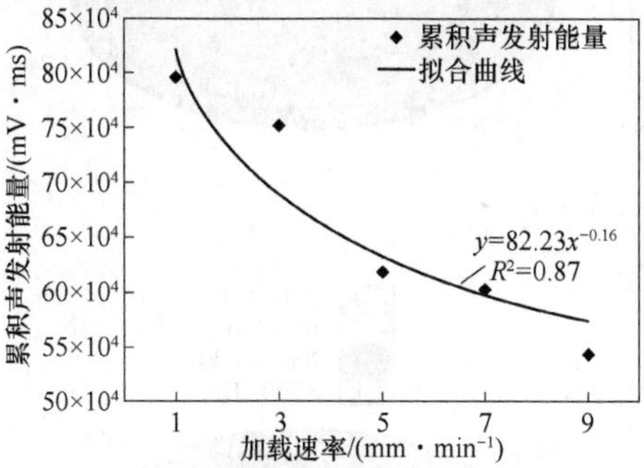

(a) 累积声发射能量与加载速率的关系

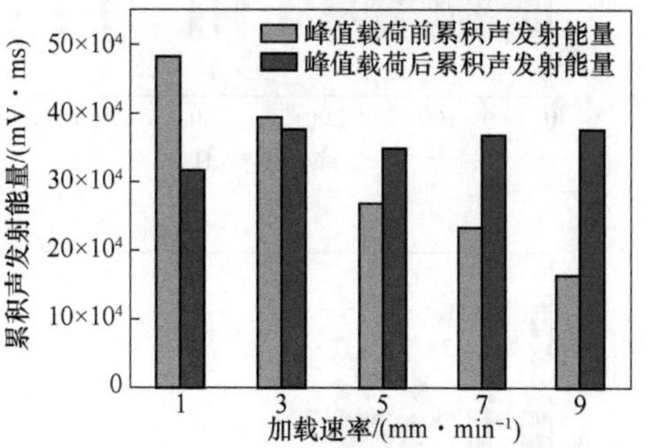

(b) 累积声发射能量的峰前后特征

图 4-10 声发射能量与加载速率的关系

为更好地评估加载速率对锚固界面抵抗失效能力的影响，引入失效抵抗因子 η 来进行分析。定义失效抵抗因子 η 为峰值拉拔载荷之前的累积声发射能量 E_{pb} 与总累积声发射能量 E_t 之间的比值，即：

$$\eta = \frac{E_{pb}}{E_t} \tag{4-6}$$

表 4-1 显示了根据式（4-6）计算得到的锚固界面失效抵抗因子。由表可知，随着加载速率的增大，锚固试件的失效抵抗因子显著降低，表明加载速率的增大会降低锚固试件抵抗失效的能力。

表 4-1 不同加载速率下锚固试件的失效抵抗因子

加载速率/(mm · min^{-1})	1	3	5	7	9
失效抵抗因子	0.60	0.52	0.44	0.39	0.30

4.3.3 声发射峰值频率与幅度特征

图 4-11 显示了不同加载速率下声发射事件峰值频率与幅度的特征。由图可知，声发射事件的峰值频率呈现出明显的分区集中分布特征，且主要分布在 0~

200 kHz 和 250~350 kHz。声发射事件的幅度主要集中在 50~80 dB。通常，声发射事件的峰值频率会在峰值拉拔载荷附近增大[273]，故高峰值频率声发射事件主要出现在峰值拉拔载荷附近。

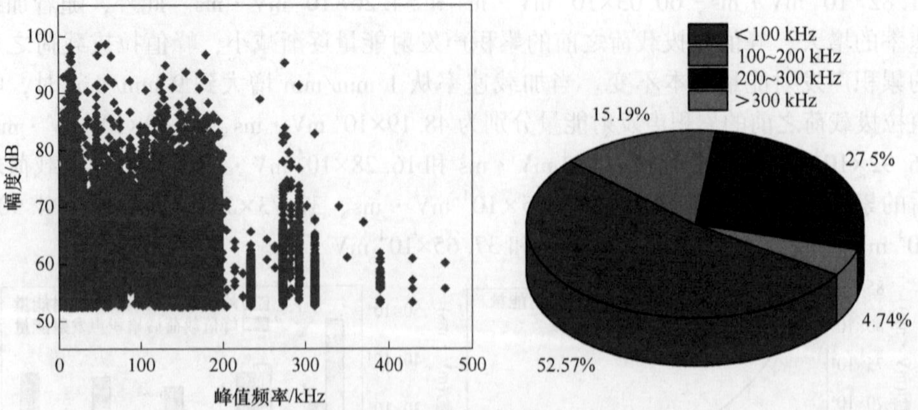

(a) 1 mm/min

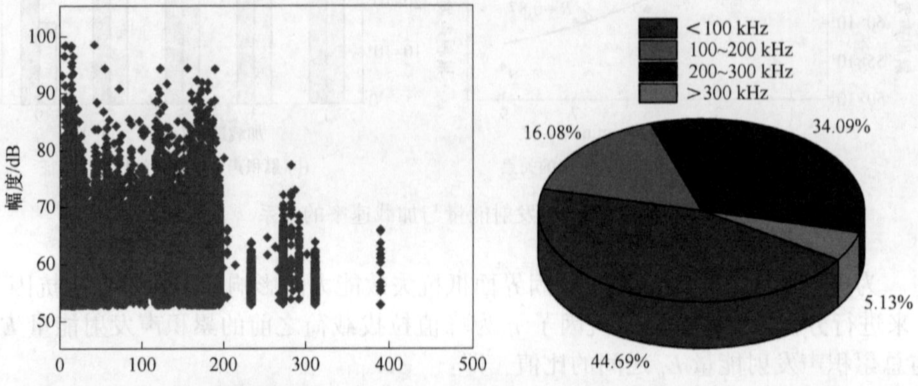

(b) 3 mm/min

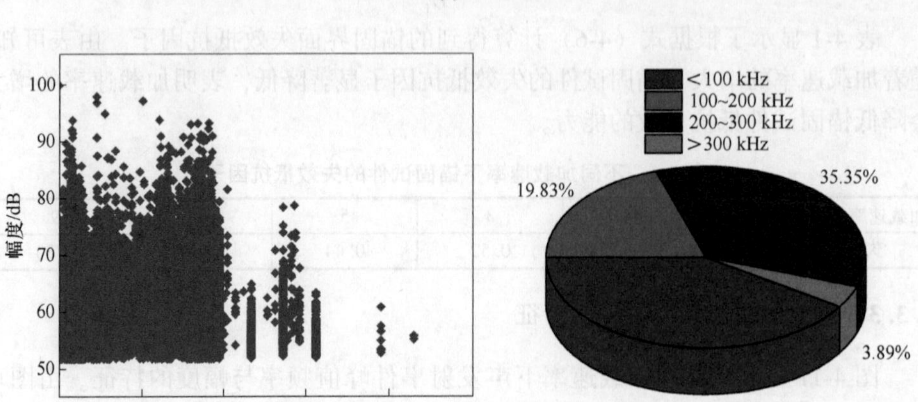

(c) 5 mm/min

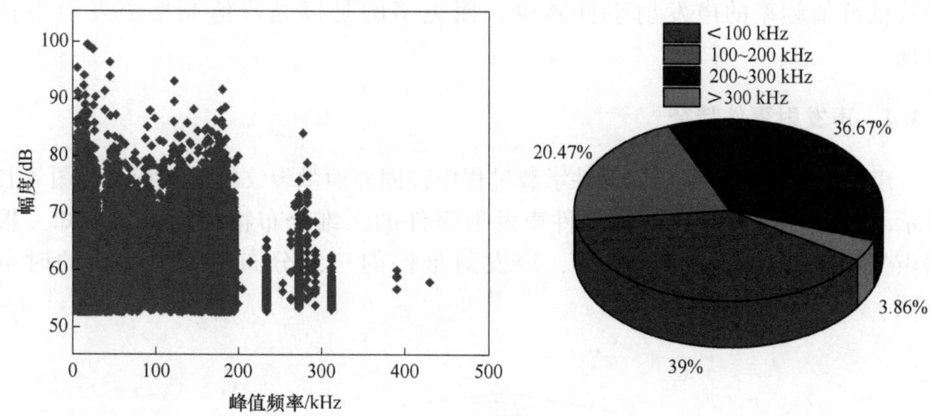

(d) 7 mm/min

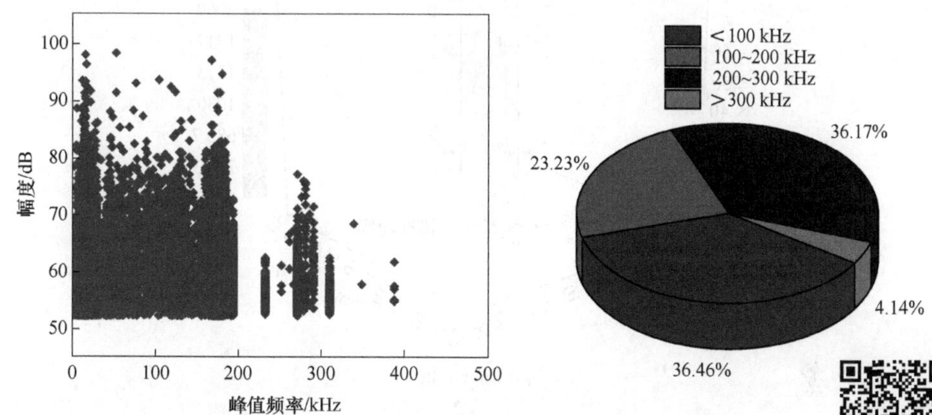

(e) 9 mm/min

图 4-11 不同加载速率下的声发射峰值频率与振幅特征

扫码看彩图

随着加载速率的增大，峰值频率处于 0~100 kHz 的声发射事件的占比逐渐减少，峰值频率处于 100~200 kHz 和 200~300 kHz 的声发射事件的占比有增多的趋势，峰值频率大于 300 kHz 的声发射事件的占比基本没有变化。当加载速率从 1 mm/min 增大到 9 mm/min 时，峰值频率处于 0~100 kHz 的声发射事件的占比分别为 52.57%、44.69%、40.93%、39%和 36.46%，峰值频率处于 100~200 kHz 的声发射事件的占比分别为 15.19%、16.08%、19.83%、20.47%和 23.23%，峰值频率处于 200~300 kHz 的声发射事件的占比分别为 27.5%、34.09%、35.35%、36.67%和 36.17%，峰值频率大于 300 kHz 的声发射事件的占比分别为 4.74%、5.13%、3.89%、3.86%和 4.14%。可见加载速率的增大，锚固界面承载过程中积累的能量无法及时释放，锚固界面微裂纹无法充分发展，导致低峰值频率的声发射事件减少，而更多的是以高峰值频率声发射事件出现。

4.3.4　声发射事件特征

声发射事件反映了锚固试件承载过程中锚固界面微裂纹的发展特征。图 4-12 显示了不同加载速率下锚固试件声发射事件的三维分布特征。由图可知，根据声发射事件出现的时间特点，声发射事件的三维分布呈现出明显的时空特征。

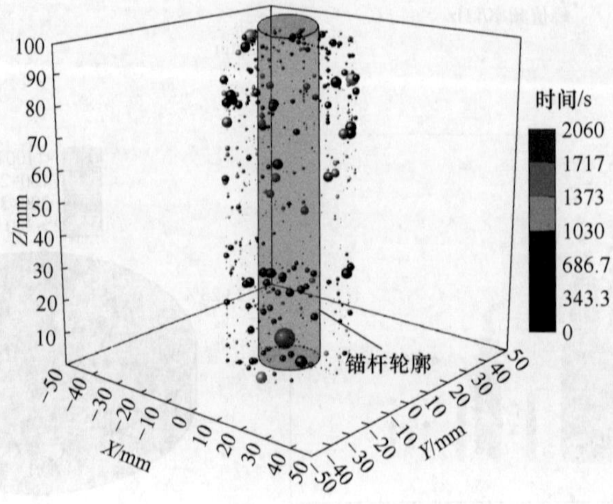

(a) 1 mm/min

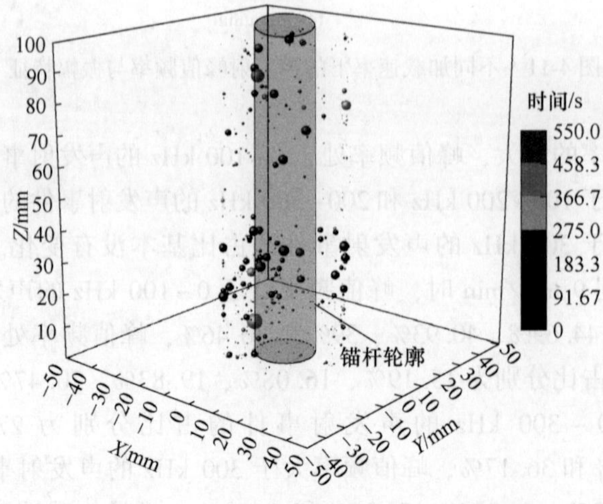

(b) 3 mm/min

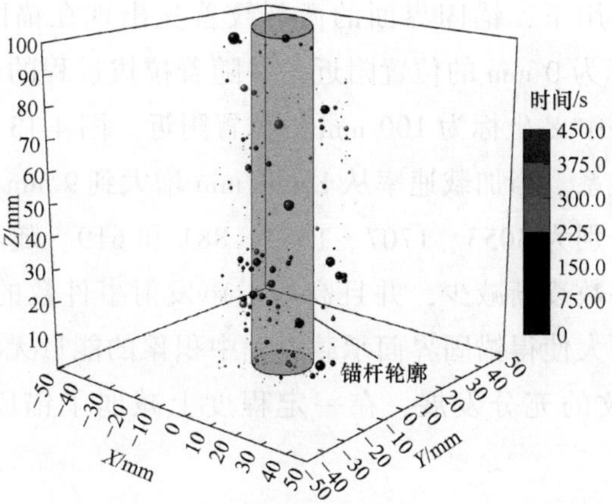

(c) 5 mm/min

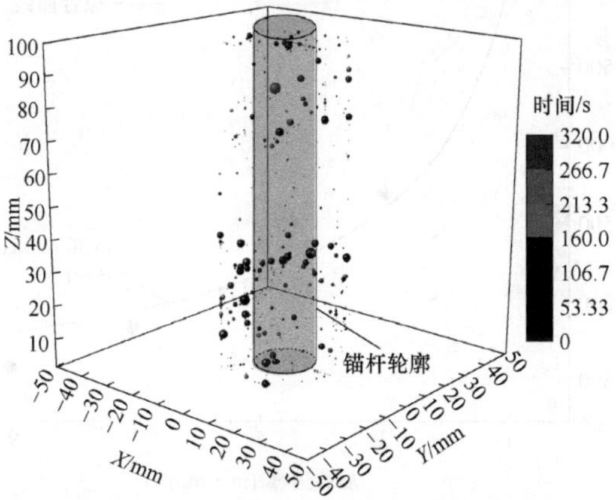

(d) 7 mm/min

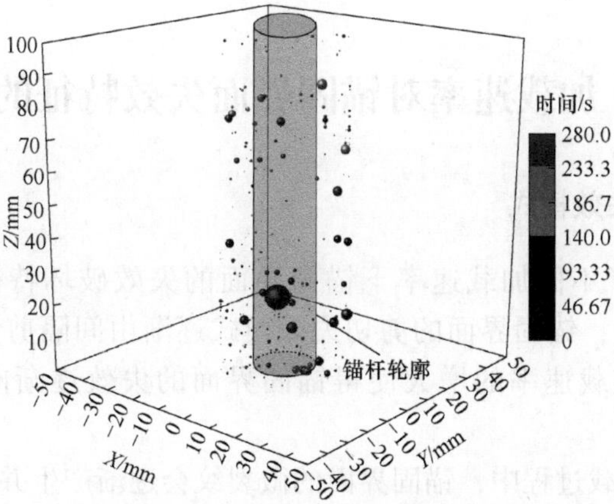

(e) 9 mm/min

扫码看彩图

图 4-12 声发射事件的三维分布特征

在拉拔载荷作用下，锚固界面的微裂纹首先出现在锚固试件的加载端附近，即图中 Z 坐标为 0 mm 的位置附近，并随着拉拔过程的进行逐渐向锚固试件尾部扩展，即图中 Z 坐标为 100 mm 的位置附近。图 4-13 显示了声发射事件数与加载速率的关系。当加载速率从 1 mm/min 增大到 9 mm/min 时，锚固试件的声发射事件数分别为 3053、1707、1385、881 和 619。随着拉拔加载速率的增大，声发射事件数逐渐减少，并且高能量声发射事件数的占比呈增加趋势。可见加载速率的增大使得锚固界面承载过程中积累的能量无法及时释放，抑制了锚固界面微裂纹的充分发展，在一定程度上减弱了锚固界面承载性能的发挥。

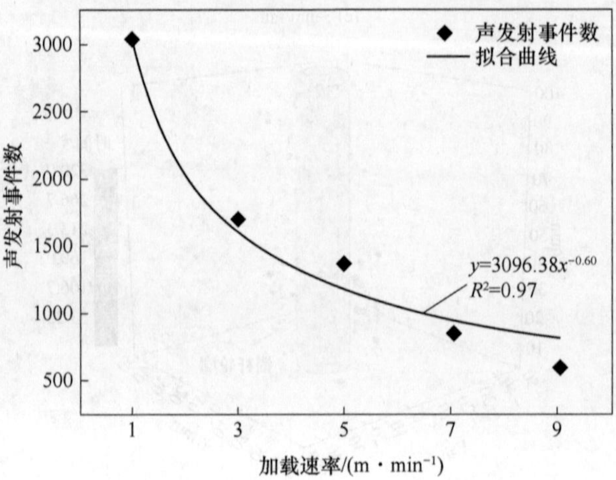

图 4-13 声发射事件与加载速率的关系

4.4 加载速率对锚固界面失效特征的影响

4.4.1 锚固界面失效模式

图 4-14 显示了不同加载速率下锚固界面的失效破坏特征。由图可知，随着加载速率的增大，锚固界面的剪切失效模式逐渐由间隔剪切失效演化为整体剪切失效，表明加载速率的增大使得锚固界面的失效逐渐向树脂锚固剂内部延伸。

锚固系统在承载过程中，锚固界面的微裂纹会逐渐产生并扩展，微裂纹的扩展程度决定了锚固界面的剪切失效模式。基于不同加载速率下锚固界面的失效模式，建立如图 4-15 所示的力学分析模型图。

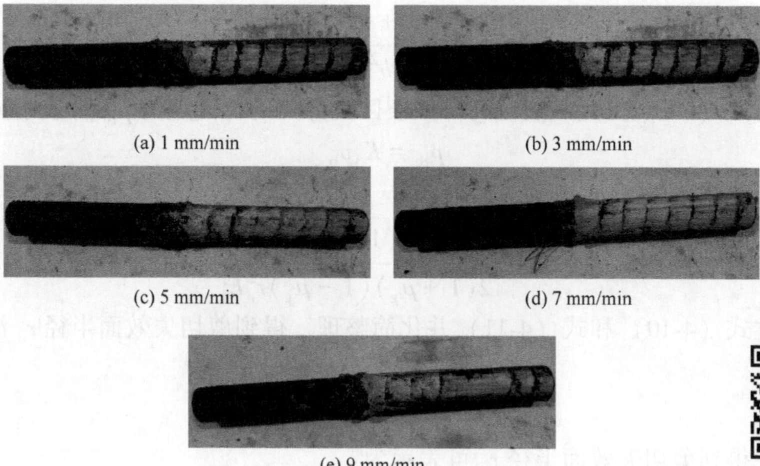
(a) 1 mm/min　(b) 3 mm/min　(c) 5 mm/min　(d) 7 mm/min　(e) 9 mm/min

扫码看彩图

图 4-14　不同加载速率下锚固界面的破坏特征

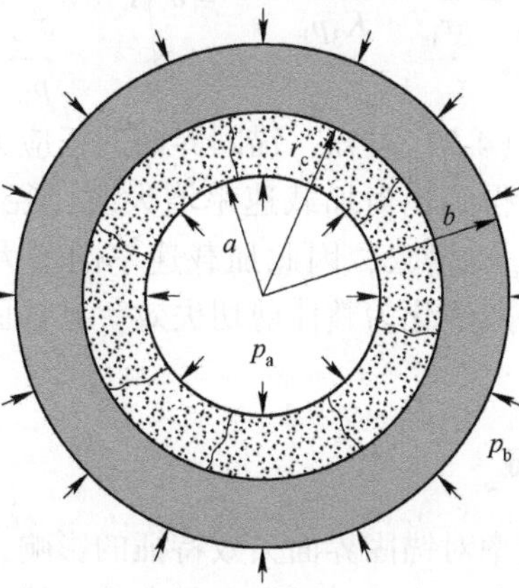

图 4-15　锚固界面微裂纹扩展力学模型

在图 4-15 中，r_c 为剪切失效面的半径，m。根据该力学模型，整个锚固剂环被分成两部分：一部分是厚度为（r_c-a）的破裂区，另一部分是厚度为（$b-r_c$）的非破裂区。对于破裂区而言，锚固剂材料中的切向应力满足 $\sigma_t=0$，且破裂区的径向应力满足：

$$2\pi a \cdot p_a = 2\pi r_c \cdot p_{rc} \tag{4-7}$$

式中，p_{rc} 为破裂区与非破裂区交界处的径向应力，Pa。对于非破裂区而言，锚固剂中的应力状态可采用式（3-1）进行解析。当锚固界面微裂纹扩展时，锚固剂材料中的切向应力 σ_t 应达到其抗拉强度 σ_{tg}，即：

$$\sigma_t = \sigma_{tg} \tag{4-8}$$

根据式（3-1）得到，当剪切失效面的半径为 r_c 时，假设该界面处于微裂纹扩展的临界状态，此时该界面处切向应力状态应满足：

$$\sigma_{tg} = \frac{p_{rc}(r_c^2 + b^2) - 2p_b b^2}{b^2 - r_c^2} \tag{4-9}$$

类比式（3-5）得到破裂区与非破裂区交界处的径向应力 p_{rc} 可表示为：

$$p_{rc} = K_3 p_b \tag{4-10}$$

式中，K_3 为相关系数，且表达式为：

$$K_3 = \frac{(b^2 - r_c^2)(1 + \mu_r)E_g + (1 + \mu_g)[(1 - 2\mu_g)b^2 + r_c^2]E_r}{2(1 + \mu_g)(1 - \mu_g)r_c^2 E_r} \tag{4-11}$$

联立式（4-10）和式（4-11）并化简整理，得到剪切失效面半径 r_c 满足：

$$r_c^2 = \frac{b^2[\sigma_{tg} + (2 - K_3)p_b]}{\sigma_{tg} + K_3 p_b} \tag{4-12}$$

因此得到剪切失效面半径 r_c 可表示为：

$$r_c = b\sqrt{\frac{\sigma_{tg} + (2 - K_3)p_b}{\sigma_{tg} + K_3 p_b}} = b\sqrt{1 + \frac{2(1 - K_3)}{\dfrac{\sigma_{tg}}{p_b} + K_3}} \tag{4-13}$$

结合式（4-1）和式（4-2）可知，锚固界面的正应力是随着加载速率增大而增大的。分析式（4-13）得到，当加载速率增大时，径向应力 p_b 增大，则锚固试件的剪切失效面半径 r_c 也增大，因此加载速率的增大会使锚固界面的剪切失效模式逐渐由间隔剪切失效演化为整体剪切失效，且锚固界面的失效逐渐向树脂锚固剂内部延伸。

4.4.2 锚固界面损伤特征

为更好地理解加载速率对锚固界面失效特征的影响，考虑到声发射监测能够实时地反映锚固试件的承载响应，基于声发射参数对锚固界面的失效特征进行了评价。声发射振铃计数是反映声发射活动强弱的关键参数之一，其可被用来评价锚固界面承载过程中的损伤特性。基于累积声发射振铃计数，锚固界面的损伤参数 D 可表示为：

$$D = N_S / N_t \tag{4-14}$$

式中，N_S 为拉拔位移为某一特定值 S 时的累积声发射振铃计数；N_t 为锚固试件完全失效时的总累积声发射振铃计数。通过分析锚固试件拉拔试验过程中的累积声发射振铃计数 N 与拉拔位移 S 之间的变化关系，其可采用 Boltzmann 函数（S 形增长函数）来表示，即[274]：

$$N = A_2 + \frac{A_1 - A_2}{1 + \mathrm{EXP}[(S - B)/C]} \tag{4-15}$$

式中，A_1、A_2、B 和 C 为相应常数，且可根据试验结果确定。对于某一特定的锚固试件，当其完全失效时的总累积声发射振铃计数可被认为是一常数，因此，锚

固界面的损伤参数 D 可表示为：

$$D = M_2 + \frac{M_1 - M_2}{1 + \exp[(S - B)/C]} \tag{4-16}$$

式（4-16）为锚固界面损伤参数与拉拔位移之间的关系表达式。其中 M_1 和 M_2 为相关常数。图 4-16 显示了不同加载速率下锚固界面的损伤参数演化特征。

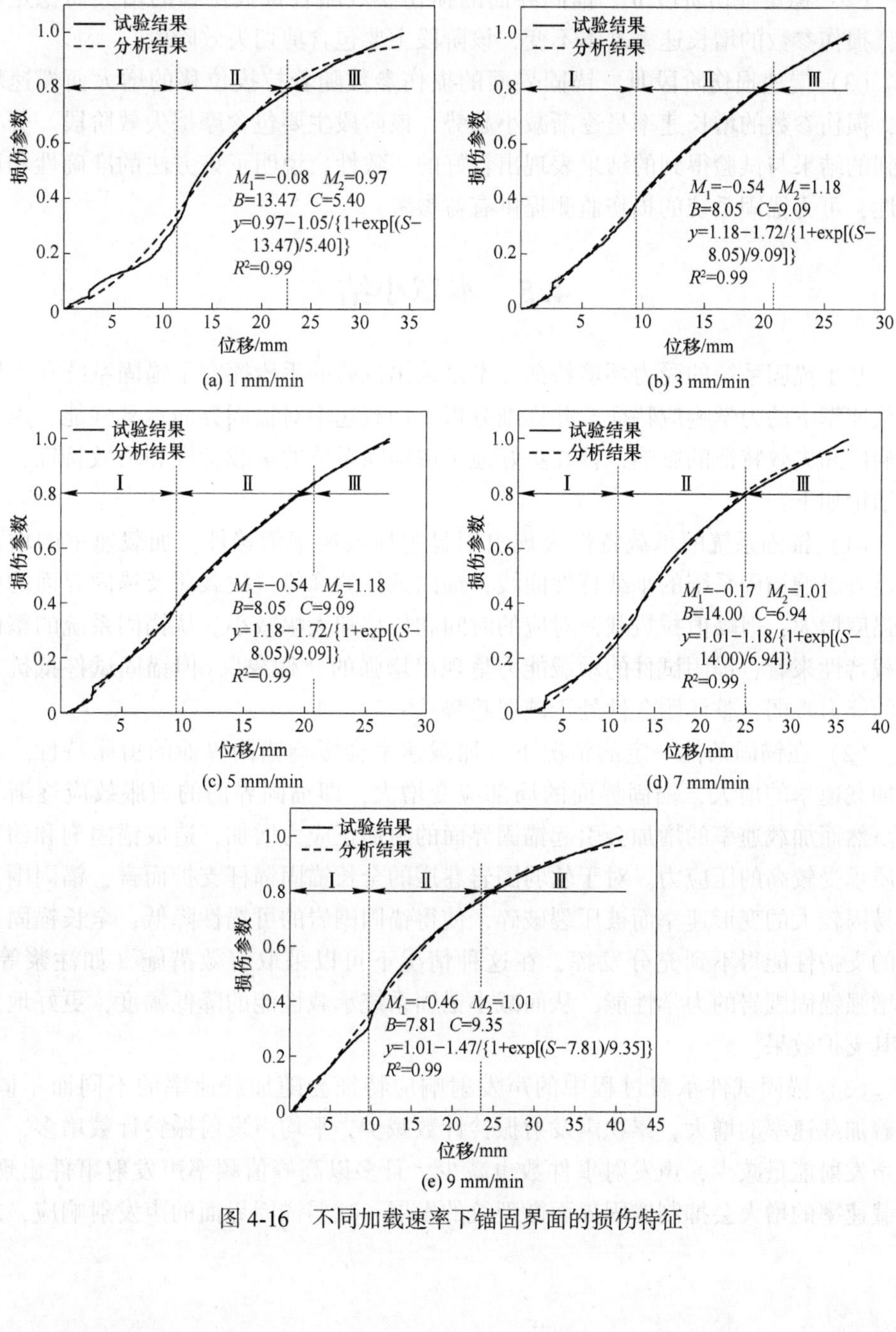

图 4-16 不同加载速率下锚固界面的损伤特征

由图可知，拉拔载荷作用下，锚固界面的损伤随拉拔位移的增大而逐渐增加，并且损伤过程大致可分为三个阶段：

(1) 快速损伤阶段Ⅰ，锚固界面的损伤参数随拉拔位移的增大而快速增长，损伤参数的增长速率呈逐渐增大趋势，该阶段主要包含化学脱黏阶段和微裂纹发展阶段；

(2) 稳定损伤阶段Ⅱ，锚固界面的损伤参数随着拉拔位移的增大而稳定增长，损伤参数的增长速率基本不变，该阶段主要包含剪切失效阶段；

(3) 慢速损伤阶段Ⅲ，锚固界面的损伤参数随着拉拔位移的增大而慢速增长，损伤参数的增长速率呈逐渐减小趋势，该阶段主要包含摩擦失效阶段。分析得到的结果与试验得到的结果表现出较好的一致性，说明了该方法的准确性和适用性，可为锚固系统的损伤监测提供有益参考。

4.5 本章小结

基于锚固系统的受力环境特征，本章采用试验的手段探究了锚固系统在不同加载速率下的力学响应特征，并详细分析了加载速率对锚固界面承载性能、声发射响应和失效特征的影响，旨在更好地了解锚固系统的承载特性和失效特征，主要结论如下：

(1) 锚固系统的承载特性表现出明显的加载速率依赖性。加载速率的增加会显著影响锚固系统的承载特性曲线，锚固试件的峰值拉拔载荷及锚固界面的剪切强度增大，但峰值拉拔载荷对应的时间和位移却大幅减小。从锚固系统的整体承载特性来看，锚固试件的承载能力呈现出增强的“假象”，但锚固试件抵抗失效的能力减弱，整体耐久性处于减弱趋势。

(2) 在锚固条件一定的情况下，加载速率会影响锚固界面的剪胀特性。随着加载速率的增大，锚固界面的局部应变增大，即锚固界面的剪胀效应逐渐增强。然而加载速率的增加会引起锚固界面的附加正应力增加，造成锚固剂和约束介质承受较高的压应力。对于软弱围岩巷道的全长锚固锚杆支护而言，锚固围岩极易因较大的变形速率而被压裂破碎，使得锚固围岩的可锚性降低，全长锚固系统的支护性能得不到充分发挥，在这种情况下可以采取有效措施（如注浆等）来增强锚固围岩的力学性能，从而减小锚固系统承载性能的降低幅度，更好地发挥其支护效果。

(3) 锚固试件承载过程中的声发射响应特征会随加载速率的不同而不同。随着加载速率的增大，累积声发射振铃计数减少，平均声发射振铃计数增多，累积声发射能量减少，声发射事件数也减少，且多以高峰值频率声发射事件出现。加载速率的增大会抑制锚固界面微裂纹的发展，减弱锚固界面的声发射响应，加速锚固界面的失效过程，降低锚固系统承载的耐久性。

(4) 加载速率会改变锚固界面的剪切失效模式。随着加载速率的增大，锚固界面的剪切失效模式逐渐由间隔剪切失效演化为整体剪切失效，且锚固界面的失效逐渐向树脂锚固剂内部延伸。通过建立锚固界面微裂纹扩展的力学模型，分析了锚固界面剪切失效模式随加载速率变化而变化的内在原因，分析结果较好地验证了试验结果。

(5) 基于锚固试件承载过程中的声发射振铃计数特征，采用累积声发射振铃计数对锚固界面的承载损伤特征进行了评价。锚固界面的损伤过程大致可分为三个阶段：快速损伤阶段、稳定损伤阶段和慢速损伤阶段，并且分析结果与试验结果表现出较好的一致性。

5 不同锚固界面黏结参数下全长锚固锚杆承载特性

全长锚固系统是典型的连续机械耦合（CMC）系统，其承载性能取决于锚固界面的黏结特性[275-276]。因此，确定锚固界面黏结强度参数是锚杆支护设计的关键，更好地理解锚固界面黏结参数对全长锚固锚杆承载性能的影响规律至关重要。本章根据前文提出的锚固界面三线性黏结滑移模型，利用 $FLAC^{3D}$ 建立全长锚固锚杆数值模型，采用控制变量法详细研究锚固界面黏结参数对全长锚固锚杆承载性能、能量耗散和应力演化规律的影响，以期更好地为全长锚固锚杆支护设计提供理论指导。

5.1 数值建模

在实际工程中，通常采用拉拔试验来获取锚固界面的黏结参数，且全长锚固锚杆的承载力表示为：

$$p_m = \pi d L \tau_p \tag{5-1}$$

式中，τ_p 为锚固界面峰值剪应力，Pa；d 为锚杆直径，m；L 为锚杆黏结长度，m。

对于锚固界面的三线性黏结滑移模型而言，决定锚固界面黏结特性的参数包括峰值剪应力 τ_p、峰值剪应力处位移 u_p、残余剪应力 τ_f 和残余剪应力处位移 u_f。可见在锚杆支护设计时仅考虑锚固界面峰值剪应力 τ_p 是不合理的，因此有必要进一步研究锚固界面黏结参数对全长锚固锚杆承载性能的影响规律。

5.1.1 锚固界面力学行为实现

$FLAC^{3D}$ 作为采矿工程领域常用的一种分析软件，Cable 和 Pile 结构单元均可以模拟锚杆，Cable 结构单元采用弹簧-滑块系统来描述锚固界面的力学行为[277]，如图 5-1 所示，其中弹簧组件用来表征锚固界面的黏结刚度 cs_sk，滑块组件用来表征锚固界面的峰值黏结力 cs_scoh，但是 Cable 结构单元只能实现锚固界面的理想弹塑性力学行为，这显然与锚固界面存在软化行为不符[278]。

Pile 结构单元与 Cable 结构单元类似，只是由耦合弹簧的力学参数来代替水泥的力学参数，使用命令 SEL pile prop rockbolt on 即可实现锚杆功能。在 Pile 结构单元中，耦合弹簧是非线性、可滑动的连接体，用户可通过自定义的 Fish 语言来实现锚固界面的软化力学行为。考虑到本次研究仅以锚固界面的剪切承载特性为主，故不考虑垂直于锚杆表面的法向力学行为。图 5-2 显示了 Pile 结构单元中切向耦合弹簧的力学行为。

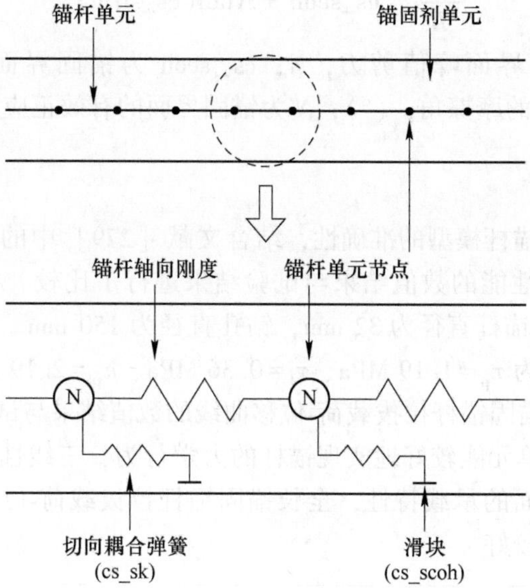

图 5-1 弹簧-滑块模型

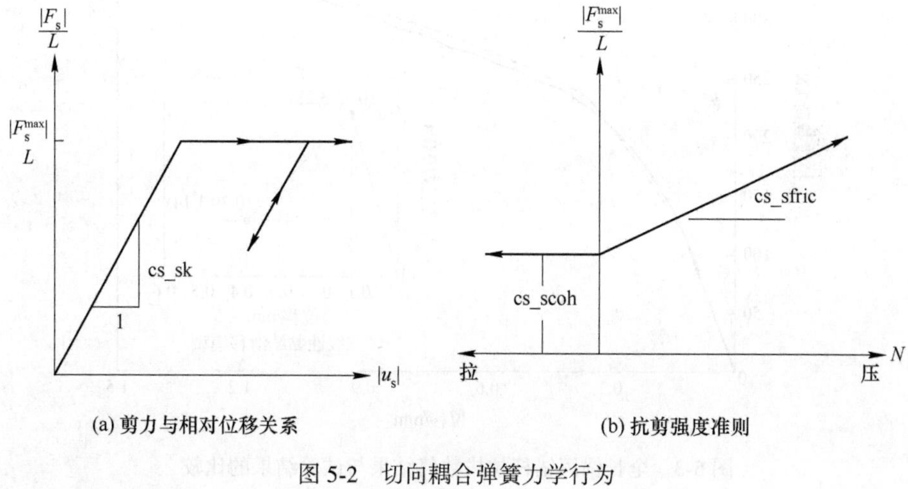

图 5-2 切向耦合弹簧力学行为

根据图 5-2 所示，锚固界面的剪力与相对位移之间的关系可表示为：

$$\frac{F_s}{L} = \text{cs\_sk}u_s \tag{5-2}$$

式中，F_s 为锚固界面剪力，N；L 为锚固长度，m；cs_sk 为锚固界面的剪切刚度，N/m^2；u_s 为锚固界面的相对位移，m。

锚固界面的抗剪强度满足 Mohr-Coulomb 强度准则，且可表示为：

$$\frac{F_s^{max}}{L} = cs\_scoh + N\tan(cs\_sfric) \tag{5-3}$$

式中，F_s^{max} 为锚固界面峰值剪力，N；cs_scoh 为锚固界面的黏结力，N/m；cs_sfric 为锚固界面的摩擦角，(°)；N 为锚固界面的有效正应力，N/m。

5.1.2 模型验证

为了验证所选锚杆模型的准确性，结合文献［279］中的相关数据，对全长锚固锚杆拉拔承载性能的数值结果与试验结果进行了比较。在文献［279］中，锚杆长度为 12 m，锚杆直径为 32 mm，钻孔直径为 150 mm。锚固界面的三线性黏结滑移模型参数为 $\tau_p = 1.19$ MPa、$\tau_f = 0.36$ MPa、$u_p = 2.19$ mm、$u_f = 9.58$ mm。图 5-3 显示了全长锚固锚杆拉拔载荷-位移曲线的数值结果与试验结果的比较。结果表明，Pile 结构单元能较好地实现锚杆的力学行为，三线性黏结滑移模型也能较好地描述锚固界面的承载特性，全长锚固锚杆拉拔载荷-位移曲线的数值结果与实验结果一致性较好。

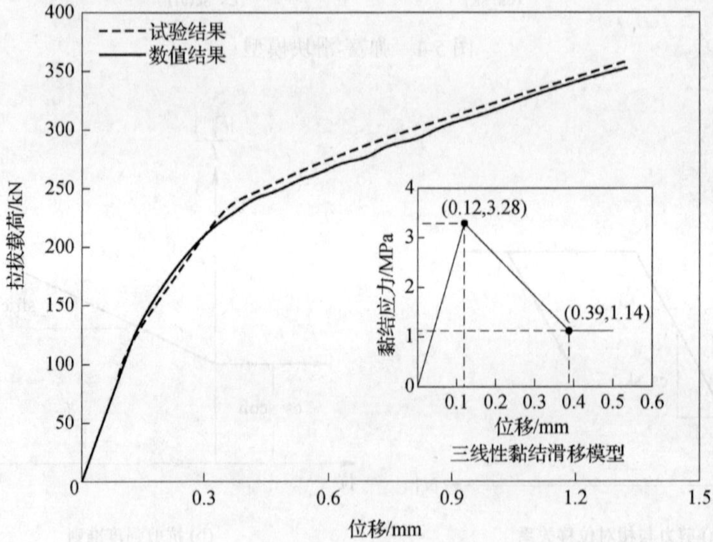

图 5-3 全长锚固锚杆拉拔数值结果与试验结果的比较

5.1.3 拉拔计算模型及方案设计

图 5-4 为采用 FLAC^{3D} 建立的全长锚固锚杆数值计算模型。数值计算模型的尺寸为 2000 mm×100 mm×100 mm（长×宽×高）。模型上下表面固定 Z 方向的位移，前后表面固定 X 方向的位移，左右表面固定 Y 方向的位移。采用 Pile 结构单

元模拟锚杆并实现锚固界面的软化力学行为，锚杆直径为 20 mm，锚固钻孔直径为 30 mm，加载速率设为 10^{-6} m/step。

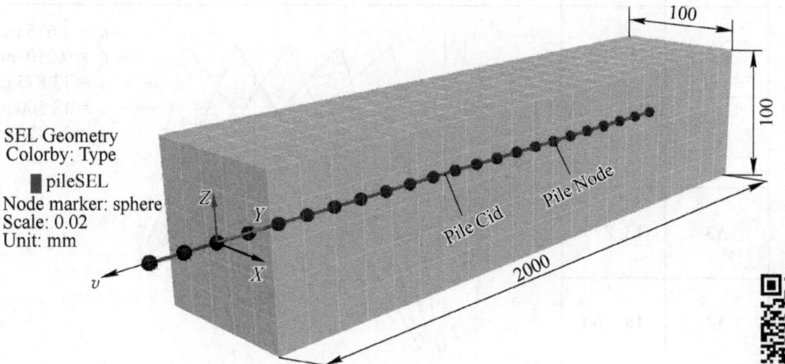

图 5-4 全长锚固锚杆数值计算模型

扫码看彩图

表 5-1 列出了数值建模中锚固界面的黏结强度参数、锚杆及围岩的相关参数。需要说明的是，研究中主要关注锚固界面的剪切力学行为，因此在数值模拟中做了以下假设：(1) 锚杆始终处于弹性状态而不发生屈服，且将锚杆的屈服强度值设为足够大；(2) 采用各向同性弹性模型描述围岩的力学行为。

表 5-1 数值建模所需的输入参数

类 型	参 数	单 位	数 值
锚杆	周长	m	9.42×10^{-2}
	截面积	m^2	3.14×10^{-4}
	弹性模量	Pa	2.00×10^{11}
	泊松比	—	0.25
	屈服强度	Pa	5.00×10^{10}
围岩	体积模量	Pa	5.00×10^{9}
	剪切模量	Pa	3.00×10^{9}
	密度	kg/m^3	2800

为了研究锚固界面剪切强度参数对全长锚固锚杆拉拔承载性能的影响，采用控制变量法，将锚固界面的峰值剪应力 τ_p 设为不变量，将峰值剪应力处位移 u_p、残余剪应力 τ_f 及残余剪应力处位移 u_f 设为变量。表 5-2 列出了数值试验方案，其中峰值剪应力 τ_p 设为 12 MPa，峰值剪应力处位移 u_p 设为 4.625 mm、9.250 mm、13.875 mm、18.500 mm 和 23.125 mm，残余剪应力 τ_f 设为 2.0 MPa、4.0 MPa、6.0 MPa、8.0 MPa 和 10.0 MPa，残余剪应力处位移 u_f 设为 20.0 mm、23.0 mm、26.0 mm、29.0 mm 和 32.0 mm。

表 5-2　数值试验方案

变量	编号	数值	图　示
u_p/mm	A1	4.625	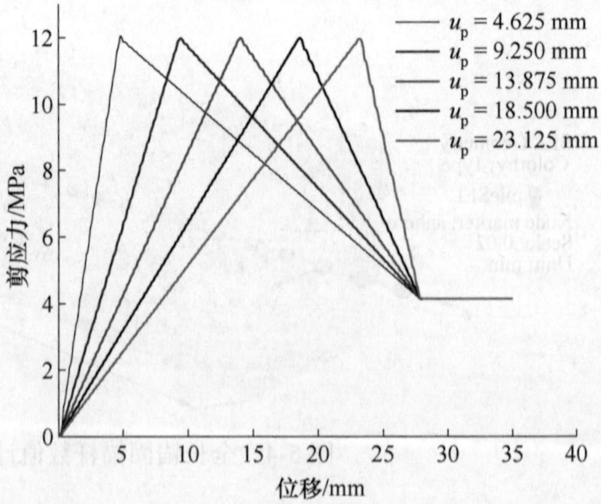
	A2	9.250	
	A3	13.875	
	A4	18.500	
	A5	23.125	
τ_f/MPa	B1	2.0	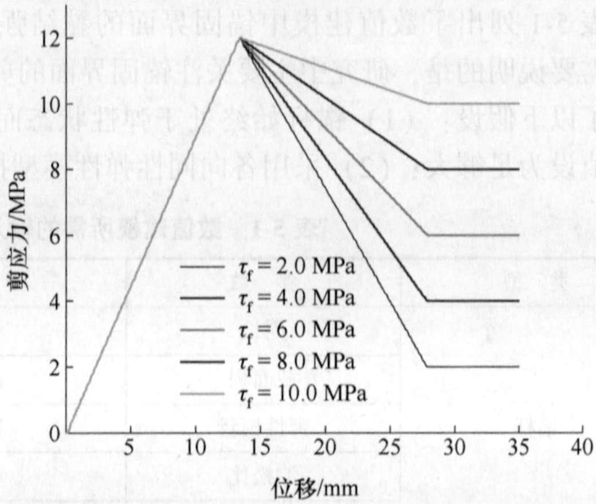
	B2	4.0	
	B3	6.0	
	B4	8.0	
	B5	10.0	
u_f/mm	C1	20.0	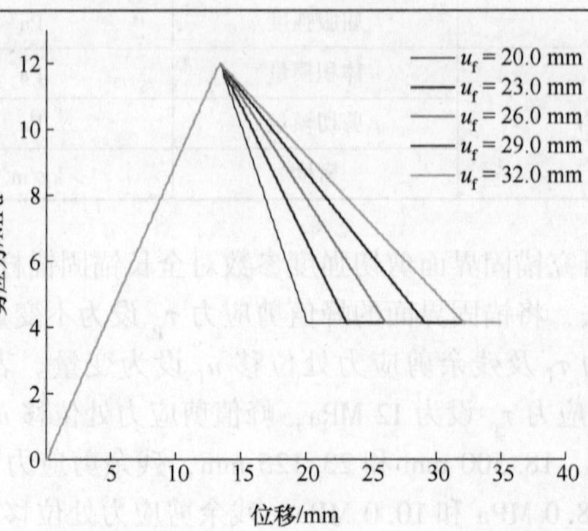
	C2	23.0	
	C3	26.0	
	C4	29.0	
	C5	32.0	

扫码看彩图

5.2 不同峰值剪应力处位移下全长锚固锚杆拉拔承载特性

5.2.1 承载性能特征

图 5-5 为不同峰值剪应力处位移 u_p 下全长锚固锚杆的拉拔载荷-位移曲线特征。很显然，峰值剪应力处的位移会显著影响全长锚固锚杆的拉拔载荷-位移曲线的趋势和承载过程。随着峰值剪应力处位移 u_p 的增大，峰值拉拔载荷前承载曲线的上升趋势逐渐变得平坦，而峰值拉拔载荷后承载曲线的下降趋势逐渐变得陡峭。可见，峰值剪应力处位移 u_p 的增大不利于全长锚固系统对巷道围岩变形的及时响应和支护。同时，随着峰值剪应力处位移 u_p 的增大，全长锚固锚杆的拉拔承载过程逐渐由弹性阶段、弹性-软化阶段、软化阶段、软化-摩擦阶段和摩擦阶段向弹性阶段、弹性-软化阶段、弹性-软化-摩擦阶段、软化-摩擦阶段和摩擦阶段转变。需要说明的是，图中的 E 阶段、E-S 阶段、S 阶段、E-S-F 阶段、S-F 阶段和 F 阶段分别代表弹性阶段、弹性-软化阶段、软化阶段、弹性-软化-摩擦阶段、软化-摩擦阶段和摩擦阶段。

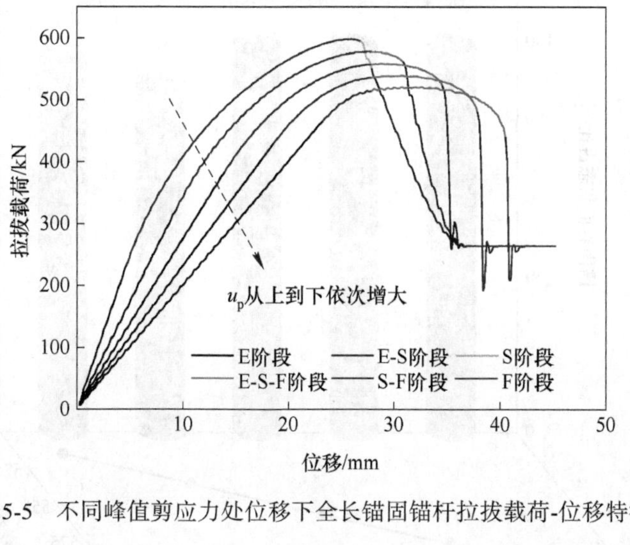

扫码看彩图

图 5-5 不同峰值剪应力处位移下全长锚固锚杆拉拔载荷-位移特征

图 5-6 为不同峰值剪应力处位移 u_p 下全长锚固锚杆的拉拔性能参数特征。随着峰值剪应力处位移 u_p 的增大，全长锚固锚杆拉拔过程中的峰值载荷逐渐减小，峰值载荷处的位移逐渐增大。表明峰值剪应力处位移 u_p 的增大会减弱全长锚固系统的承载能力，但会增强全长锚固系统的抗变形能力。

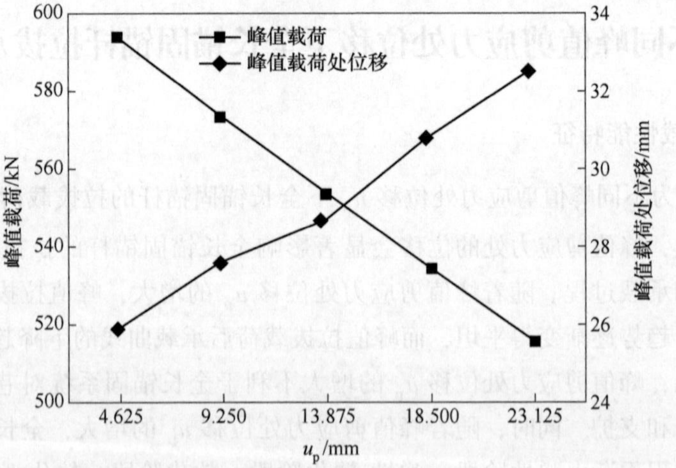

图 5-6　不同峰值剪应力处位移下全长锚固锚杆的拉拔性能参数特征

为了更好地解释峰值剪应力处位移 u_p 对全长锚固锚杆峰值载荷的影响机制，分析了峰值载荷对应的锚固界面状态特征，如图 5-7 所示。需要注意的是，图中

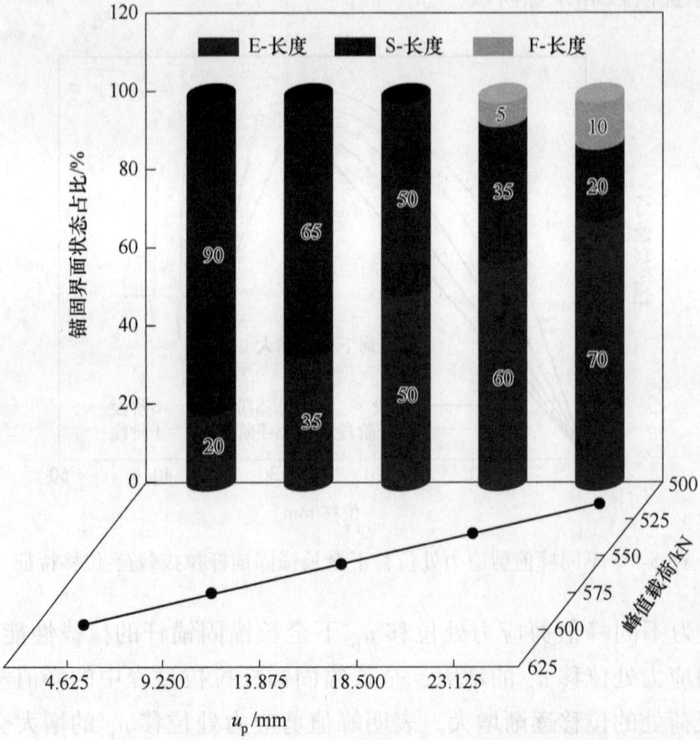

扫码看彩图

图 5-7　不同峰值剪应力处位移下峰值载荷对应的锚固界面状态特征

的 E-长度是指锚固界面的弹性段长度，S-长度是指锚固界面的软化段长度，F-长度是指锚固界面的摩擦段长度。随着峰值剪应力处位移 u_p 的增大，峰值载荷对应的锚固界面弹性段长度逐渐增大，软化段长度逐渐减小，摩擦段长度逐渐增大。全长锚固锚杆拉拔过程中，峰值载荷出现的阶段由弹性-软化阶段逐渐向弹性-软化-摩擦阶段转变。可见，峰值剪应力处位移 u_p 的增加会削弱全长锚固系统抵抗外载荷的能力，降低全长锚固锚杆的承载性能。

5.2.2 能量吸收特征

图 5-8 为不同峰值剪应力处位移 u_p 下全长锚固锚杆承载过程中的能量吸收特性。显然，峰值剪应力处位移 u_p 的变化会影响全长锚固锚杆在承载过程中的能量吸收特性。随着峰值剪应力处位移 u_p 的增大，弹性阶段的能量吸收增加，弹性-软化阶段的能量吸收减少，弹性-软化-摩擦阶段的能量吸收增加，软化-摩擦阶段的能量减少，摩擦阶段的能量吸收也减少。同时，随着峰值剪应力处位移 u_p 的增大，全长锚固锚杆在承载过程中吸收的总能量减少。表明峰值剪应力处位移 u_p 的增加会降低全长锚固系统的耐久性，不利于全长锚固锚杆的支护效果。

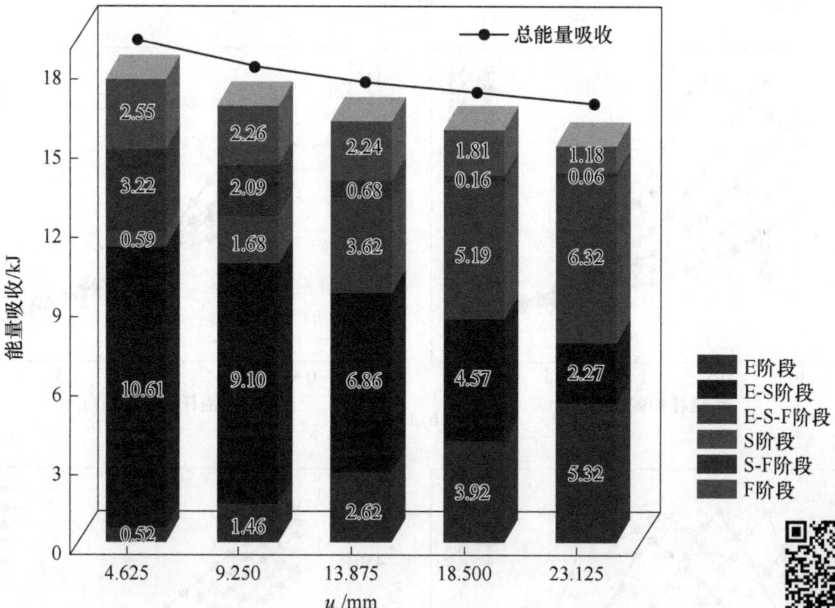

图 5-8 不同峰值剪应力处位移下全长锚固锚杆能量吸收特征

扫码看彩图

5.2.3 应力演化特征

图 5-9 为不同峰值剪应力处位移 u_p 下全长锚固锚杆承载过程中的应力演化

特征。不难发现，峰值剪应力处位移 u_p 的变化会显著影响全长锚固锚杆在承载过程中的应力演化特征。当拉拔位移为 5 mm 时，全长锚固锚杆承载过程中的剪应力和轴力均沿锚杆长度方向呈降低趋势。随着峰值剪应力处位移 u_p 的增大，锚杆加载端的剪应力和轴力逐渐减小。当拉拔位移为 15 mm 时，随着峰值剪应力处位移 u_p 的增大，全长锚固锚杆承载过程中剪应力逐渐由降低趋势转变为先增加后降低的趋势，轴力仍呈降低趋势。

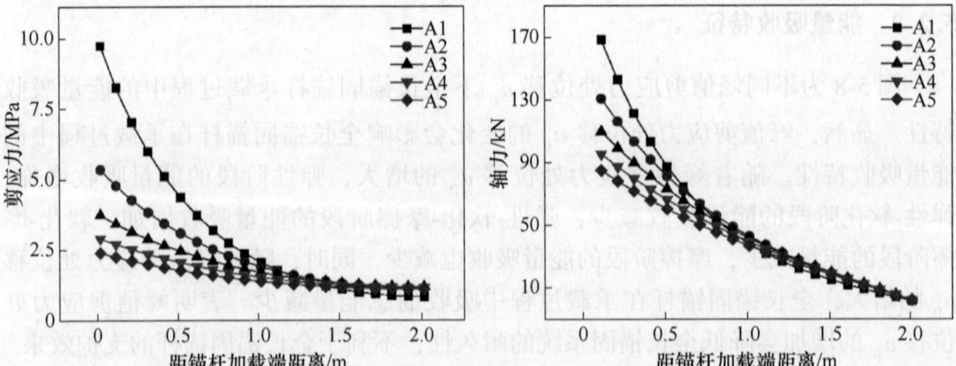

(a) 5 mm

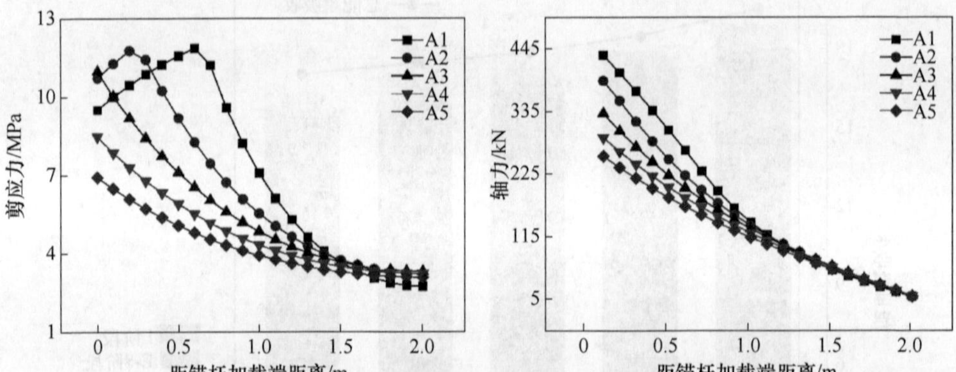

(b) 15 mm

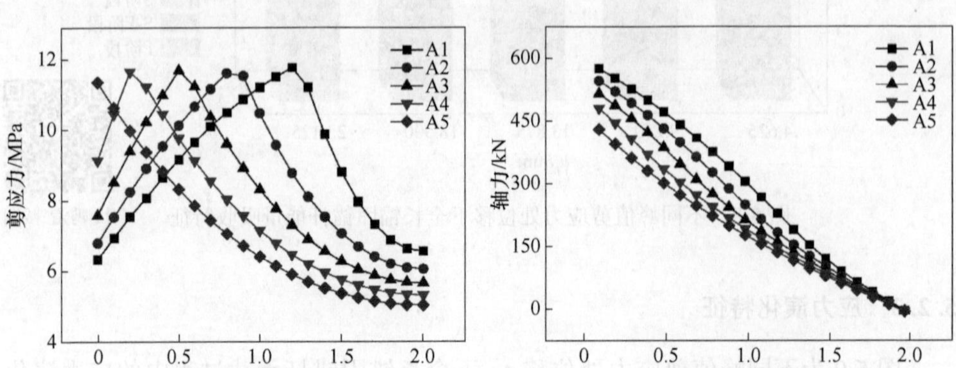

(c) 25 mm

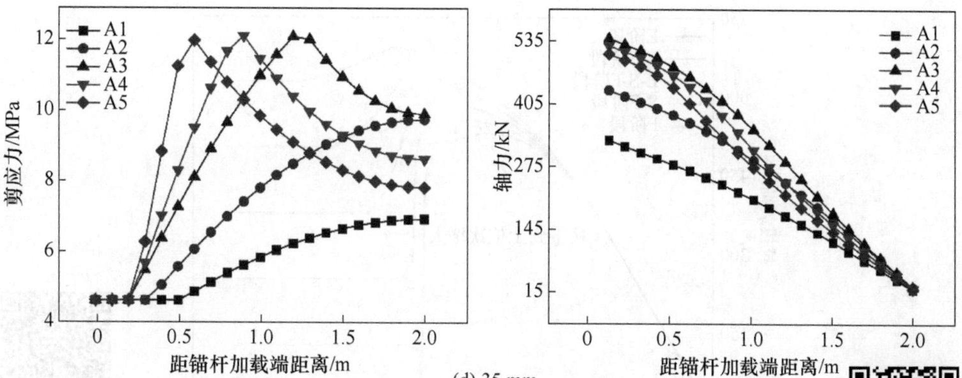

(d) 35 mm

图 5-9 不同拉拔位移下全长锚固锚杆受力演化特征

扫码看彩图

当拉拔位移为 25 mm 时，随着峰值剪应力处位移 u_p 的增大，全长锚固锚杆承载过程中峰值剪应力逐渐远离锚杆加载端，剪应力逐渐由先增加后降低的趋势转变为降低趋势，轴力呈降低趋势，但轴力的变化过程逐渐由下凹转变为上凸。当拉拔位移为 35 mm 时，全长锚固锚杆逐渐丧失承载性能。随着峰值剪应力处位移 u_p 的增大，剪应力逐渐由先不变后增大的趋势向先不变后增大再减小的趋势转变，轴力也逐渐从线性降低趋势变为非线性降低趋势。表明峰值剪应力处位移 u_p 的增大会降低全长锚固锚杆对外部载荷的响应能力，削弱全长锚固系统的耐久性。

5.3 不同残余剪应力下全长锚固锚杆拉拔承载特性

5.3.1 承载性能特征

图 5-10 为不同残余剪应力 τ_f 下全长锚固锚杆的拉拔载荷-位移曲线特征。全长锚固锚杆的承载过程分为五个阶段：弹性阶段（E 阶段）、弹性-软化阶段（E-S 阶段）、弹性-软化-摩擦阶段（E-S-F 阶段）、软化-摩擦阶段（S-F 阶段）和摩擦阶段（F 阶段）。随着残余剪应力 τ_f 的增大，峰值载荷前的拉拔载荷增长率逐渐增大，峰值载荷后的拉拔载荷下降率逐渐减小。同时，随着残余剪应力 τ_f 的增大，全长锚固锚杆的残余承载力也逐渐增大。

图 5-11 显示了不同残余剪应力 τ_f 下全长锚固锚杆的拉拔性能参数特征。随着残余剪应力 τ_f 的增大，全长锚固锚杆在拉拔过程中的峰值载荷逐渐增大，峰值载荷处的位移也逐渐增大。可见，残余剪应力 τ_f 的增大将改善全长锚固锚杆的承载性能，增强全长锚固系统抵抗破坏的能力。

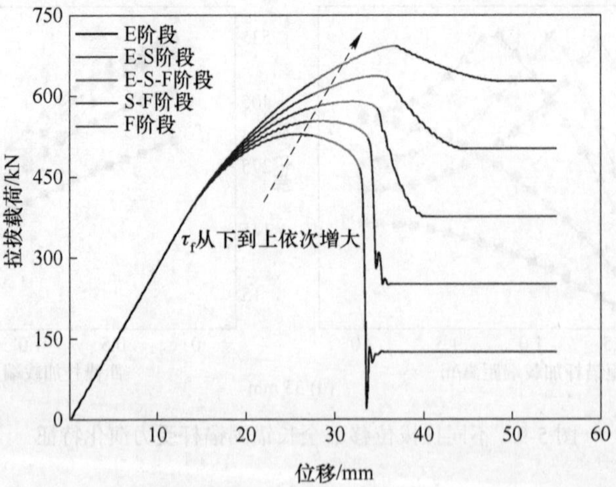

扫码看彩图

图 5-10　不同残余剪应力下全长锚固锚杆拉拔载荷-位移特征

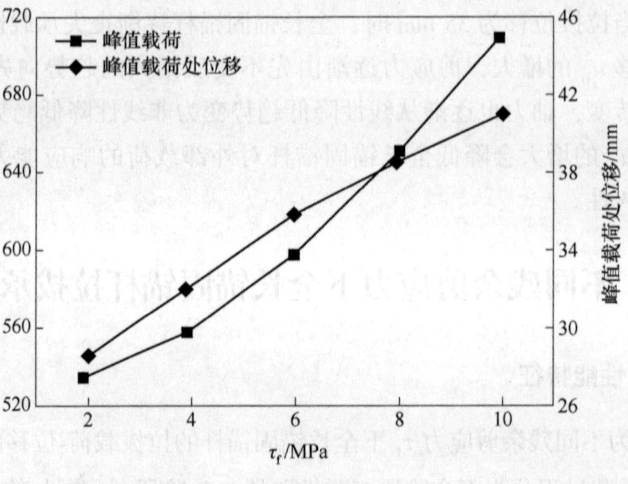

图 5-11　不同残余剪应力下全长锚固锚杆的拉拔性能参数特征

为了更好地解释残余剪应力 τ_f 对全长锚固锚杆拉拔承载性能的影响，对峰值载荷对应的锚固界面状态特征进行了分析，如图 5-12 所示。随着残余剪应力 τ_f 的增大，峰值载荷对应的锚固界面弹性段长度逐渐减小，软化段和摩擦段长度逐渐增加。全长锚固锚杆在拉拔过程中的峰值载荷出现阶段逐渐从弹性-软化阶段向弹性-软化-摩擦阶段转变。可见，残余剪应力 τ_f 的增大可以充分调动全长锚固锚杆的承载性能，提高全长锚固系统承受外载荷的能力，增强全长锚固系统的耐久性。

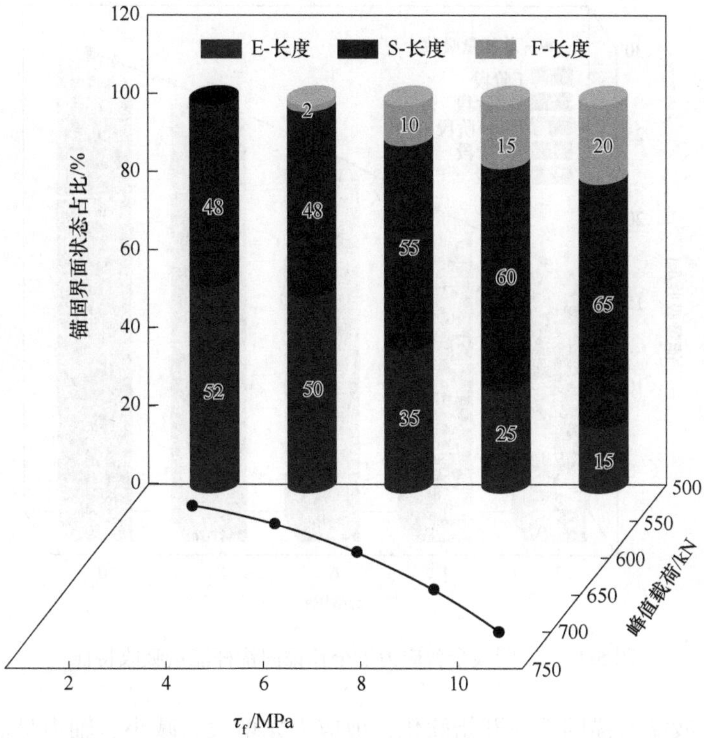

图 5-12 不同残余剪应力下峰值载荷对应的锚固界面状态特征

5.3.2 能量吸收特征

图 5-13 为不同残余剪应力 τ_f 下全长锚固锚杆承载过程中的能量吸收特性。由图可知，残余剪应力 τ_f 的变化会显著影响全长锚固锚杆的吸能特性。随着残余剪应力 τ_f 的增大，弹性阶段的能量吸收基本不变，弹性-软化阶段、弹性-软化-摩擦阶段和软化-摩擦阶段的能量吸收逐渐增加，摩擦阶段的能量吸收先增大后减小。同时，随着残余剪应力 τ_f 的增大，全长锚固锚杆在承载过程中吸收的总能量也增加。表明残余剪应力 τ_f 的增大可以改善全长锚固锚杆的承载性能，加强锚杆与围岩的相互作用，提高全长锚固系统的支护效果。

5.3.3 应力演化特征

图 5-14 为不同残余剪应力 τ_f 下全长锚固锚杆承载过程中的应力演化特征。由图可知，残余剪应力 τ_f 对全长锚固锚杆承载过程中的应力演化特性影响较大。当拉拔位移为 5 mm 时，残余剪应力 τ_f 的变化对全长锚固锚杆的受力特性影响不大，剪应力和轴力均沿锚杆长度方向呈非线性降低趋势。当拉拔位移为 15 mm

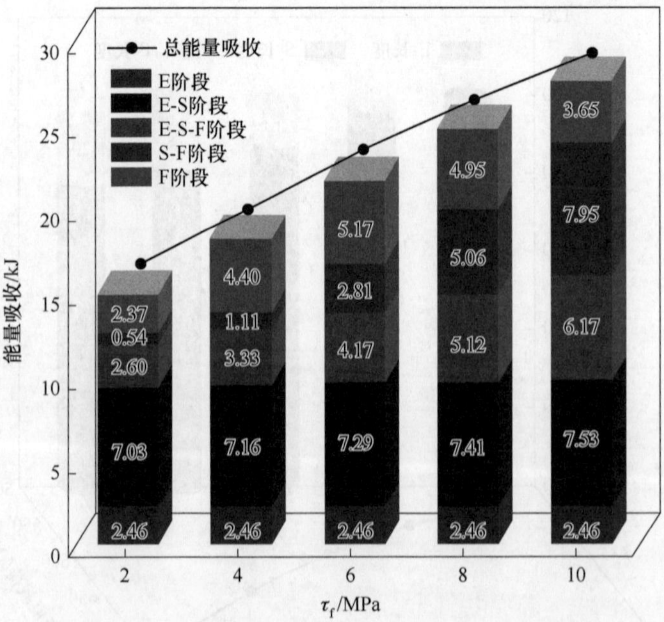

扫码看彩图

图 5-13　不同残余剪应力下全长锚固锚杆能量吸收特征

时，锚杆加载端的锚固界面开始软化，剪应力先增大后减小，轴力呈非线性减小趋势。随着残余剪应力 τ_f 的增大，锚杆加载端附近剪应力的减小幅度和速率逐渐减小。

当拉拔位移为 25 mm 时，残余剪应力 τ_f 的变化对全长锚固锚杆承载过程中应力演化特征的影响逐渐显著，剪应力呈先增大后减小的趋势，轴力呈减小趋势。随着残余剪应力 τ_f 的增大，锚杆加载端附近的剪应力逐渐增大，锚固界面的软化行为逐渐减弱，锚杆加载端附近的轴力逐渐增大。当拉拔位移为 35 mm

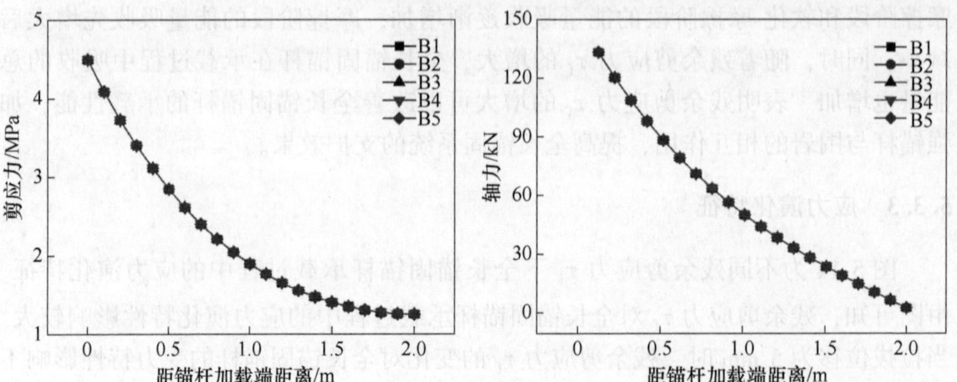

(a) 5 mm

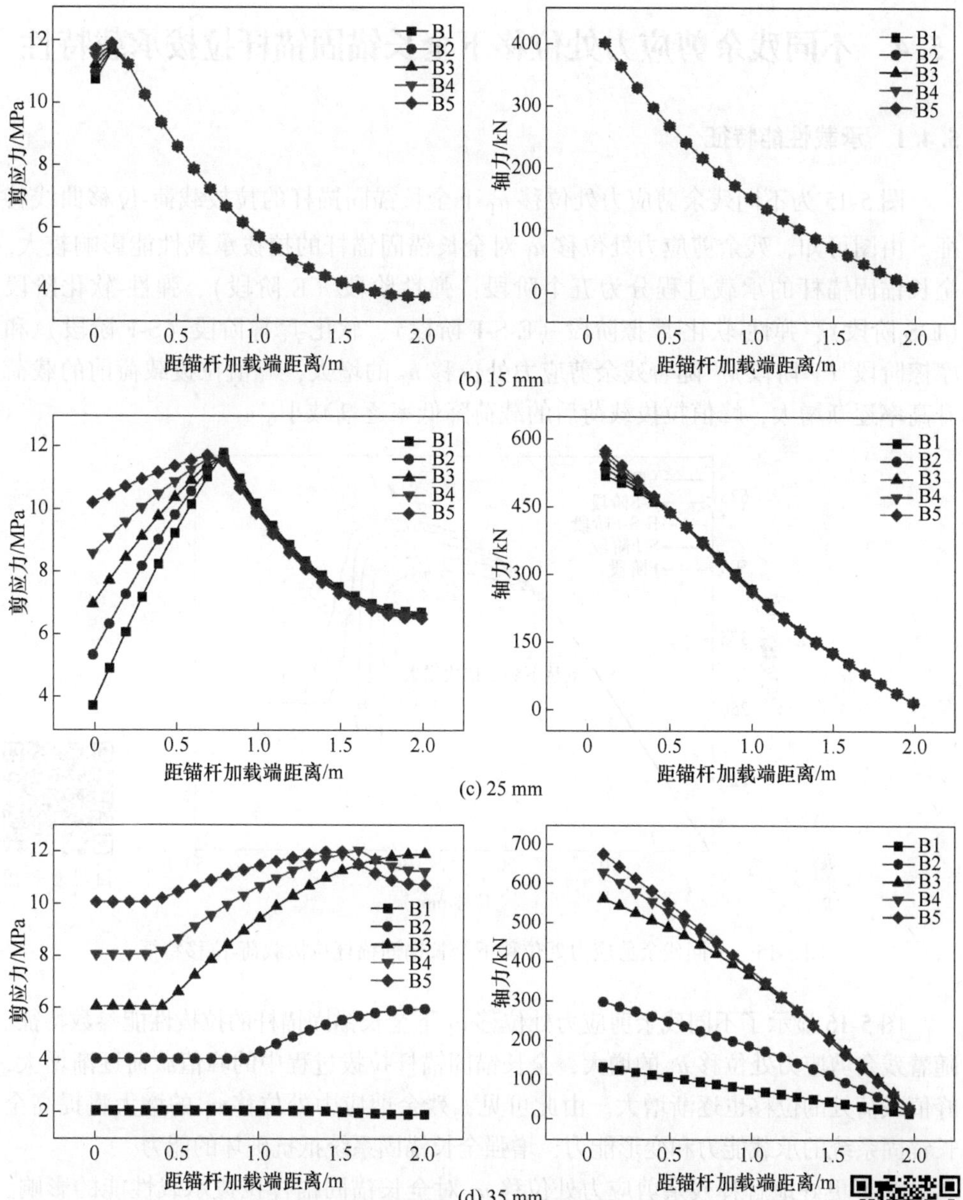

图 5-14　不同拉拔位移下全长锚固锚杆应力演化特征

扫码看彩图

时，全长锚固锚杆逐渐失去承载能力。当残余剪应力 τ_f 较小时，剪应力保持不变；随着残余剪应力 τ_f 的增大，剪应力逐渐由先不变再增大转变为先不变后增大再减小的趋势，且锚杆加载端附近的剪应力值也逐渐增大。

5.4　不同残余剪应力处位移下全长锚固锚杆拉拔承载特性

5.4.1　承载性能特征

图 5-15 为不同残余剪应力处位移 u_f 下全长锚固锚杆的拉拔载荷-位移曲线特征。由图可知，残余剪应力处位移 u_f 对全长锚固锚杆的拉拔承载性能影响较大。全长锚固锚杆的承载过程分为五个阶段：弹性阶段（E 阶段）、弹性-软化阶段（E-S 阶段）、弹性-软化-摩擦阶段（E-S-F 阶段）、软化-摩擦阶段（S-F 阶段）和摩擦阶段（F 阶段）。随着残余剪应力处位移 u_f 的增大，峰值拉拔载荷前的载荷升高率逐渐增大，峰值拉拔载荷后的载荷降低率逐渐减小。

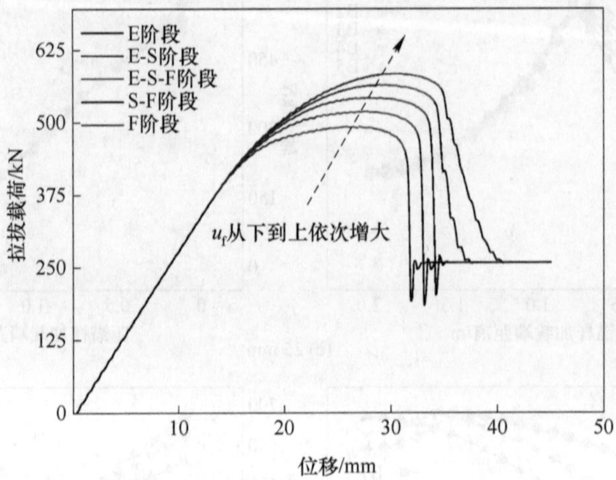

扫码看彩图

图 5-15　不同残余剪应力处位移下全长锚固锚杆拉拔载荷-位移特征

图 5-16 显示了不同残余剪应力处位移 u_f 下全长锚固锚杆的拉拔性能参数特征。随着残余剪应力处位移 u_f 的增大，全长锚固锚杆拉拔过程中的峰值载荷逐渐增大，峰值载荷处的位移也逐渐增大。由此可见，残余剪应力处位移 u_f 的增大将提高全长锚固系统的承载能力和变形能力，增强全长锚固系统抵抗破坏的能力。

为了更好地解释残余剪应力处位移 u_f 对全长锚固锚杆拉拔承载性能的影响，对峰值载荷对应的锚固界面状态特征进行了分析，如图 5-17 所示。随着残余剪应力处位移 u_f 的增大，峰值载荷对应的锚固界面弹性段长度和摩擦段长度均逐渐减小，软化段长度逐渐增大。全长锚固锚杆在拉拔过程中峰值载荷的出现阶段由弹性-软化-摩擦阶段逐渐转变为弹性-软化阶段，且峰值载荷逐渐增大。表明残余剪应力处位移 u_f 的增大可以更好地调动锚固界面的软化性能，有利于全长锚固系统更好地发挥其承载力。

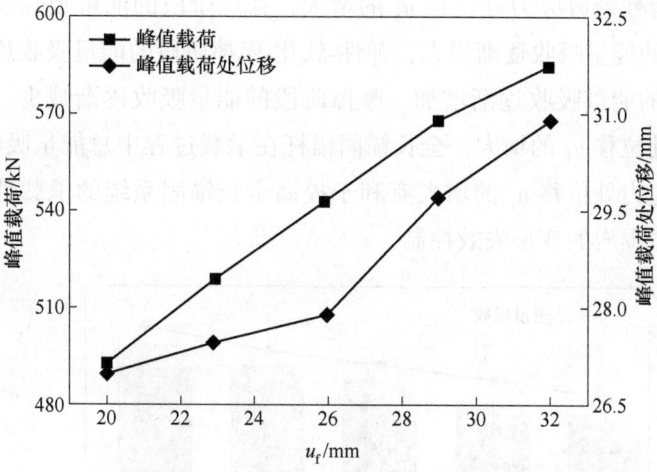

图 5-16　不同残余剪应力处位移下全长锚固锚杆的拉拔性能参数特征

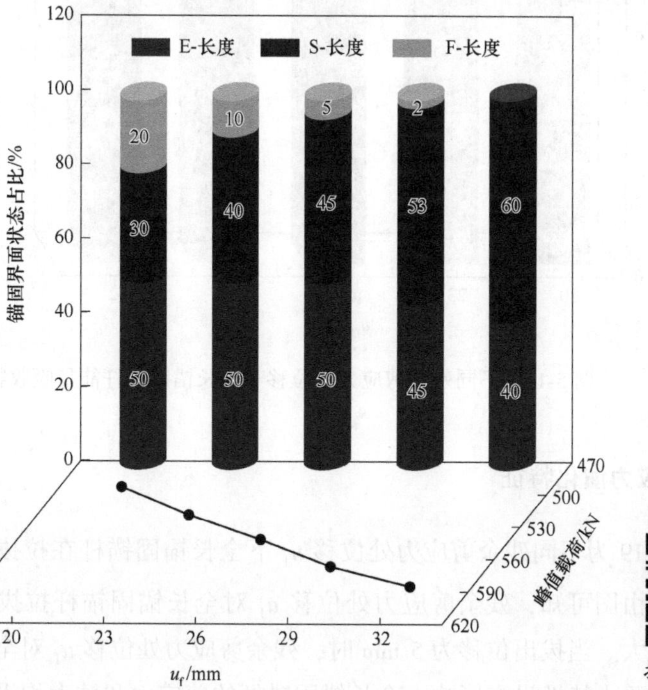

图 5-17　不同残余剪应力处位移下峰值载荷对应的锚固界面状态特征

5.4.2　能量吸收特征

图 5-18 为不同残余剪应力处位移 u_f 下全长锚固锚杆在拉拔过程中的能量吸

收特征。随着残余剪应力处位移 u_f 的增大，弹性阶段的能量吸收没有变化，弹性-软化阶段的能量吸收逐渐增大，弹性-软化-摩擦阶段的能量吸收逐渐减少，软化-摩擦阶段的能量吸收逐渐增加，摩擦阶段的能量吸收逐渐减少。同时，随着残余剪应力处位移 u_f 的增大，全长锚固锚杆在承载过程中总能量吸收逐渐增加。表明残余剪应力处位移 u_f 的增大有利于提高全长锚固系统的承载性能，能够更好地实现巷道围岩的变形失效控制。

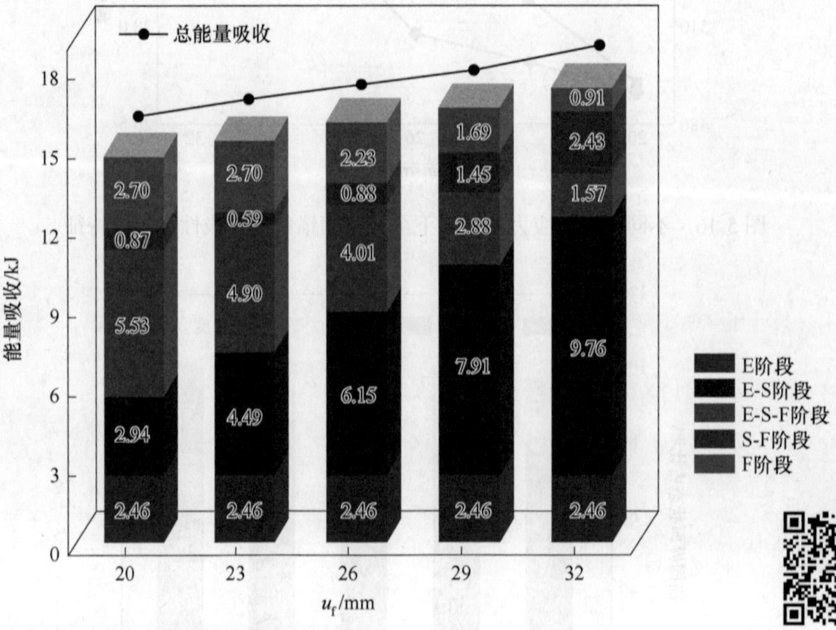

扫码看彩图

图 5-18　不同残余剪应力处位移下全长锚固锚杆能量吸收特征

5.4.3　应力演化特征

图 5-19 为不同残余剪应力处位移 u_f 下全长锚固锚杆在拉拔过程中的应力演化特性。由图可知，残余剪应力处位移 u_f 对全长锚固锚杆拉拔过程中的应力特征影响较大。当拔出位移为 5 mm 时，残余剪应力处位移 u_f 对全长锚固锚杆承载过程中的受力特性没有影响，全长锚固锚杆的剪应力和轴力均沿锚杆长度方向呈非线性降低趋势。当拉拔位移为 15 mm 时，全长锚固锚杆的锚固界面开始软化，剪应力呈现先增大后减小的变化趋势。随着残余剪应力处位移 u_f 的增大，锚杆加载端附近剪应力的降低幅度和降低速率逐渐减小，轴力仍呈降低趋势，且不受残余剪应力处位移变化的影响。

当拉拔位移为 25 mm 时，残余剪应力处位移 u_f 的变化对全长锚固锚杆的应力特征影响更为显著。随着残余剪应力处位移 u_f 的增大，剪应力逐渐由先不变后增大再减小的趋势转变为先增大后减小的趋势，锚杆加载端附近的轴力最大值逐渐增大。当拔出位移为 35 mm 时，残余剪应力处位移 u_f 较小时所对应的全长锚固锚杆几乎完全丧失承载能力，剪应力不变且为常数，轴力线性减小；随着残

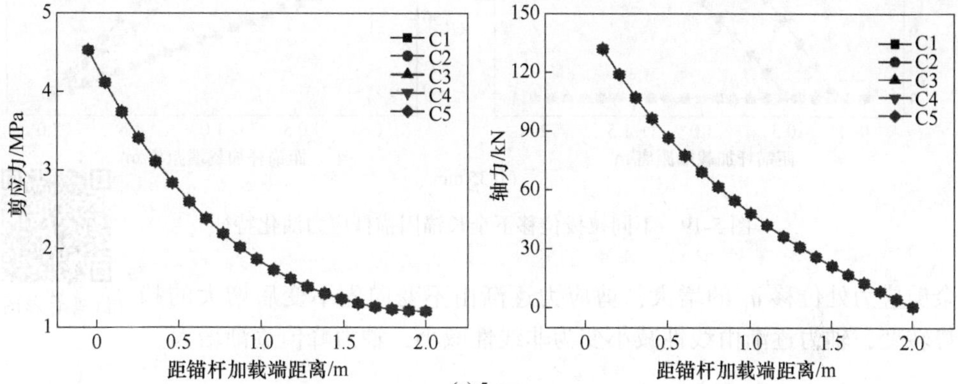

(a) 5 mm

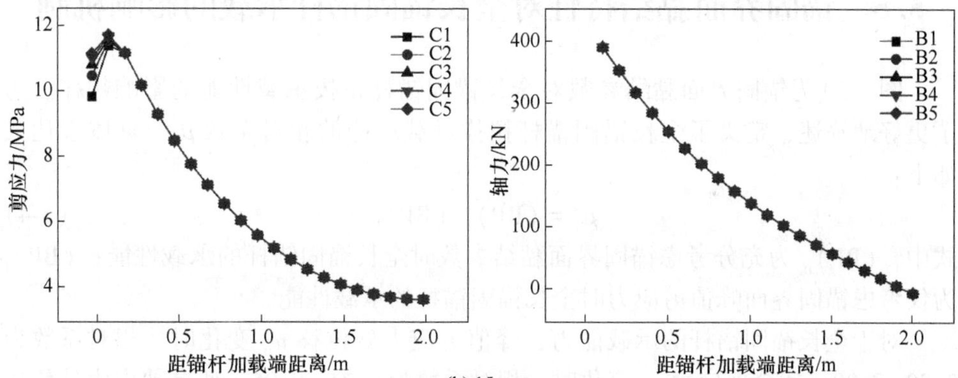

(b) 15 mm

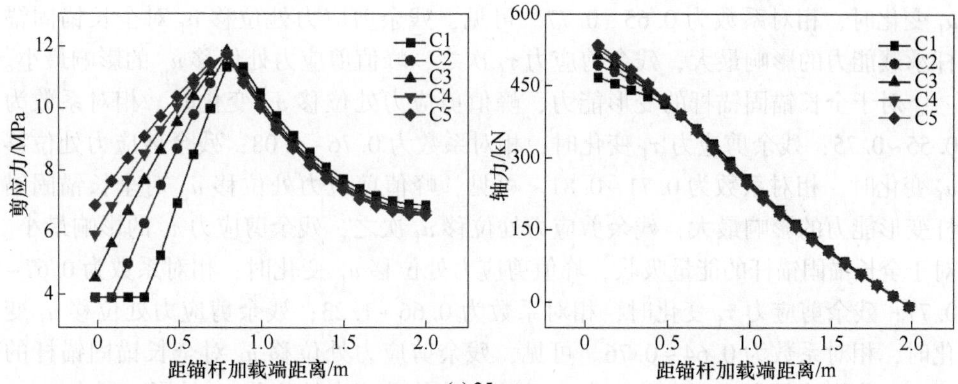

(c) 25 mm

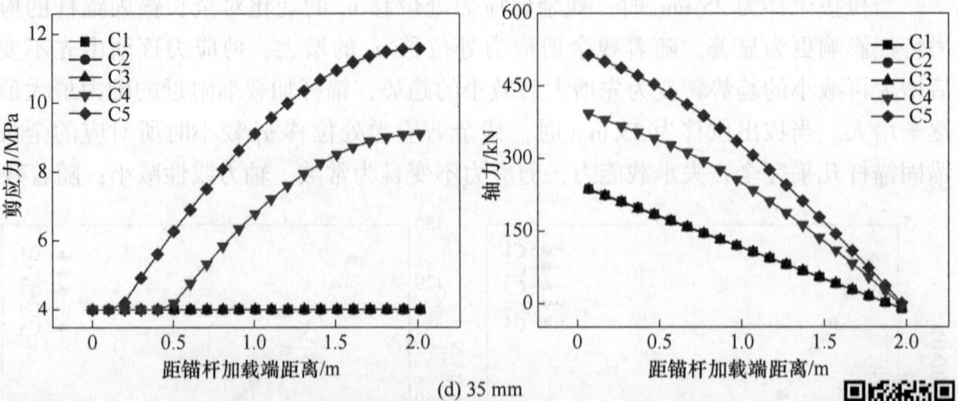

(d) 35 mm

图 5-19 不同拉拔位移下全长锚固锚杆应力演化特征

扫码看彩图

余剪应力处位移 u_f 的增大，剪应力逐渐由不变向先不变后增大的趋势转变，轴力逐渐由线性减小变为非线性减小，轴力峰值逐渐增大。

5.5 锚固界面黏结特性对全长锚固锚杆承载的影响机制

图 5-20 为锚固界面黏结参数对全长锚固锚杆拉拔承载性能的影响规律。为了更好地描述，定义了全长锚固锚杆拉拔承载性能的相对系数 μ_i，具体表达式如下：

$$\mu_i = (BP)_n / (BP)_t \tag{5-4}$$

式中，$(BP)_n$ 为充分考虑锚固界面黏结参数时全长锚固锚杆的承载性能；$(BP)_t$ 为仅考虑锚固界面峰值剪应力时全长锚固锚杆的承载性能。

对于全长锚固锚杆的承载能力，峰值剪应力处位移 u_p 变化时，相对系数为 0.80~0.90；残余剪应力 τ_f 变化时，相对系数为 0.71~0.95；残余剪应力处位移 u_f 变化时，相对系数为 0.65~0.77。可见，残余剪应力处位移 u_f 对全长锚固锚杆承载能力的影响最大，残余剪应力 τ_f 次之，峰值剪应力处位移 u_p 的影响最小。

对于全长锚固锚杆的变形能力，峰值剪应力处位移 u_p 变化时，相对系数为 0.55~0.75；残余剪应力 τ_f 变化时，相对系数为 0.76~1.08；残余剪应力处位移 u_f 变化时，相对系数为 0.71~0.81。可见，峰值剪应力处位移 u_p 对全长锚固锚杆变形能力的影响最大，残余剪应力处位移 u_f 次之，残余剪应力 τ_f 的影响最小。对于全长锚固锚杆的能量吸收，峰值剪应力处位移 u_p 变化时，相对系数为 0.67~0.77；残余剪应力 τ_f 变化时，相对系数为 0.66~1.23；残余剪应力处位移 u_f 变化时，相对系数为 0.64~0.76。可见，残余剪应力处位移 u_f 对全长锚固锚杆的能量吸收影响最大，残余剪应力 τ_f 次之，峰值剪应力处位移 u_p 的影响最小。

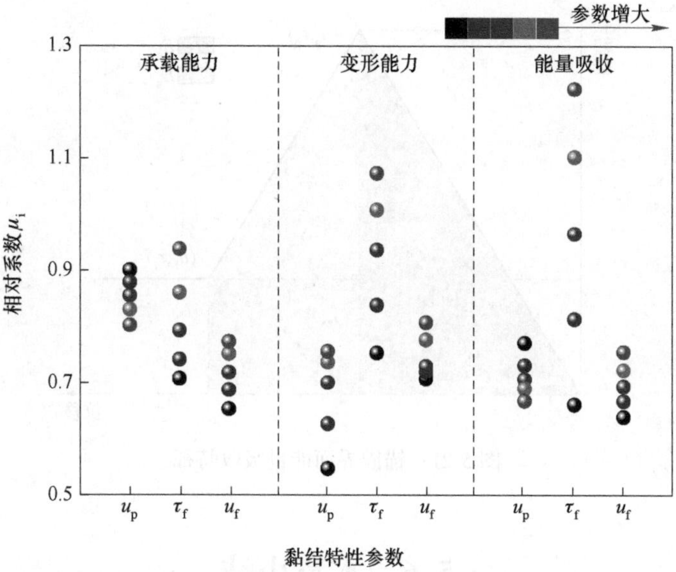

扫码看彩图

图 5-20　不同黏结参数对全长锚固锚杆承载性能的影响

因此，为了更好地实现巷道安全，保障煤矿可持续发展，基于上述研究对煤矿巷道锚杆支护提出以下几点思考：

(1) 锚固界面的黏结参数对锚杆支护设计的影响较大。仅利用锚固界面峰值剪应力进行锚杆支护设计是不合适的，往往会高估锚固系统的承载性能，给巷道安全带来隐患。锚杆支护设计时必须充分考虑锚固界面的黏结参数。

(2) 改善锚固界面黏结-滑移模型的峰后特性，可以显著提高锚固系统的承载性能。在锚杆支护设计时，可以在锚固剂中添加砾石、钢纤维等材料[49-50]，以强化锚固界面黏结-滑移模型的峰后特性，从而增强锚固系统的耐久性。

(3) 锚固系统的承载过程是锚固界面能量耗散的过程。结合锚固界面的黏结-滑移模型，定义了锚固界面的能量耗散比 ξ，其为锚固界面承载过程中软化阶段的耗能 E_s 与弹性阶段的耗能 E_e 的比值（$\xi = E_s / E_e$），如图 5-21 所示。当峰值剪应力处位移 u_p 增大时，能量耗能比逐渐减小，全长锚固锚杆的承载能力也逐渐减小；而当残余剪应力 τ_f 和残余剪应力处位移 u_f 增大时，能量耗散比逐渐增大，全长锚固锚杆的承载能力也逐渐增大。提高锚固界面的能量耗散比可以提高锚固系统的承载性能。在锚杆支护设计过程中，增大锚固界面承载过程中的软化能或减小弹性能，将有利于锚固系统更好地承受外部载荷。这也表明强化锚固界面的峰后承载特性，有利于全长锚固系统更好地发挥其承载性能。

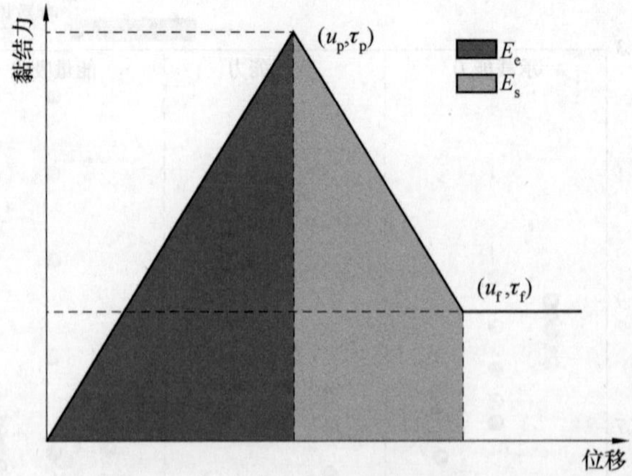

图 5-21　锚固界面能量吸收特征

5.6　本章小结

本章基于锚固界面的三线性黏结-滑移模型，采用 FLAC^{3D} 建立全长锚固锚杆数值模型，系统研究了锚固界面黏结参数对全长锚固锚杆拉拔承载性能、吸能特性及应力演化规律的影响。主要结论如下：

(1) 随着峰值剪应力处位移 u_p 的增大，全长锚固锚杆的承载力逐渐降低，能量吸收也降低，全长锚固系统对外部载荷的响应速度减弱。然而，全长锚固系统抵抗破坏的能力随着峰值剪应力处位移的增大而增加，全长锚固系统的耐久性增加。

(2) 随着残余剪应力 τ_f 的增大，全长锚固锚杆的承载能力和变形能力增加，能量吸收也增加。同时，残余剪应力 τ_f 的增大使全长锚固锚杆具有更高的残余承载力，有利于全长锚固系统更好地承受外部载荷。

(3) 随着残余剪应力处位移 u_f 的增大，全长锚固锚杆的承载能力和变形能力呈增加趋势，全长锚固锚杆的能量吸能也增加。残余剪应力处位移 u_f 的增大增强了全长锚固系统的耐久性，有利于全长锚固锚杆更好地发挥支护性能。

(4) 锚固界面的黏结参数会显著影响全长锚固锚杆的承载性能。因此，在锚杆支护设计时，除考虑锚固界面峰值剪应力外，还需充分考虑锚固界面的峰后黏结特性，避免高估或低估锚固系统的承载能力。同时采取措施强化锚固界面的峰后黏结特性，有利于提高锚固系统的承载性能。

6 不同锚固长度下全长锚固锚杆承载特性

在实际工程中，锚杆拉拔试验常用来评估锚杆支护的承载能力[280-281]，且锚杆端头的拉拔载荷-位移曲线是典型的输出结果，更好地理解全长锚固锚杆的拉拔承载特性对锚杆支护设计具有重要意义。因此，本章基于前述的锚固界面黏结-滑移关系，系统分析拉拔作用下不同锚固长度锚杆的受力特征，旨在更好地掌握锚固系统的承载特性，为锚杆支护设计提供一定的理论指导。

6.1 拉拔作用下锚固系统渐进失效特征

6.1.1 锚固界面受力控制方程

根据锚固系统承载过程中的载荷传递特征，取锚固微单元 dz 进行力学分析，如图 6-1 所示。

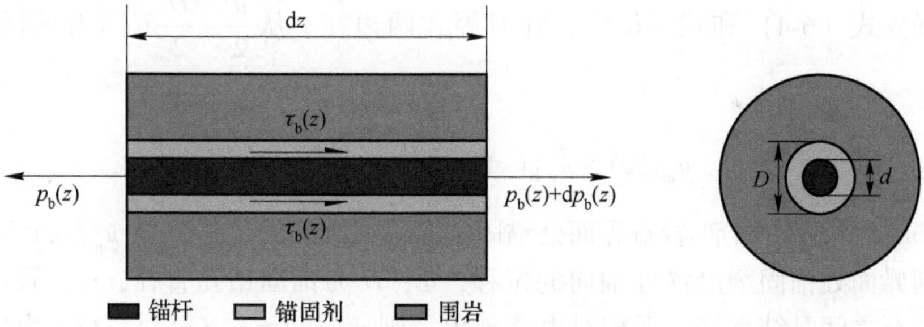

图 6-1 锚固微单元力学模型

根据锚固微单元的力学平衡有：

$$p_b(z) + dp_b(z) - p_b(z) = U_b \tau_b(z) dz \tag{6-1}$$

式中，$p_b(z)$ 为锚杆所受的轴力，N；$\tau_b(z)$ 为锚固界面所受的剪应力，Pa；U_b 为锚杆的周长，m，$U_b = \pi d$，d 为锚杆直径，m。

对于锚杆所受的轴力 $p_b(z)$，考虑锚杆的线弹性力学行为，可表示为：

$$p_b(z) = A_b \sigma_b(z) = A_b E_b \varepsilon_b(z) = A_b E_b \frac{du_b(z)}{dz} \tag{6-2}$$

式中，A_b 为锚杆的横截面积，m^2，$A_b = \dfrac{\pi d^2}{4}$；$\sigma_b(z)$ 为锚杆所受的轴应力，Pa；

E_b 为锚杆的弹性模量，Pa；$\varepsilon_b(z)$ 为锚杆的轴向应变；$u_b(z)$ 为锚杆的轴向位移，m。

将式（6-2）代入式（6-1）后化简得到：

$$\frac{d^2 u_b(z)}{dz^2} = \frac{4}{dE_b}\tau_b(z) \tag{6-3}$$

根据锚固剂单元的受力平衡，锚固剂内任一点（半径为 r）处的剪应力 $\tau_z(r)$ 可表示为[282]：

$$\tau_z(r) = \frac{d}{2r}\tau_b(z) \tag{6-4}$$

考虑锚固剂的线弹性力学行为，其内任一点（半径为 r）处的剪应力 $\tau_z(r)$ 又可表示为[283]：

$$\tau_z(r) = -G_g \frac{du_g(r)}{dr} \tag{6-5}$$

式中，G_g 为锚固剂的剪切模量，Pa，$G_g = \frac{E_g}{2(1+\mu_g)}$；$E_g$ 为锚固剂的弹性模量，Pa；μ_g 为锚固剂的泊松比；$u_g(r)$ 为锚固剂内任一点（半径为 r）处沿锚杆轴向的位移，m。

联立式（6-4）和式（6-5），并对等式两边在 r 从 $\frac{d}{2} \sim \frac{D}{2}$ 范围内进行积分，得到：

$$u_{g\text{-}r}(z) = u_{g\text{-}b}(z) + \frac{d\ln(d/D)}{2G_g}\tau_b(z) \tag{6-6}$$

式中，$u_{g\text{-}r}(z)$ 为锚固剂-岩石界面处锚固剂沿锚杆轴向的位移，m；$u_{g\text{-}b}(z)$ 为锚杆-锚固剂界面处锚固剂沿锚杆轴向的位移，m；D 为锚固钻孔直径，m。假定锚固剂与岩石之间黏结良好，无相对滑移现象，则 $u_{g\text{-}r}(z) = u_{ro}(z)$，$u_{ro}(z)$ 为岩石沿锚杆轴向的位移，m。则锚杆-锚固剂界面处锚固剂沿锚杆轴向的位移可表示为：

$$u_{g\text{-}b}(z) = u_{ro}(z) - \frac{d\ln(d/D)}{2G_g}\tau_b(z) \tag{6-7}$$

联立式（6-6）和式（6-7）得到锚杆-锚固剂界面处的相对位移 δ 可表示为：

$$\delta = u_b(z) - u_{g\text{-}b}(z) = u_b(z) - u_{ro}(z) + \frac{d(1+\mu_g)\ln(d/D)}{E_g}\tau_b(z) \tag{6-8}$$

在实际锚杆拉拔试验中，可认为锚固岩石的范围足够大，即 $u_{ro}(z) = 0$。因此锚杆-锚固剂界面的相对位移 δ 可简化为：

$$\delta = u_b(z) + \frac{d(1+\mu_g)\ln(d/D)}{E_g}\tau_b(z) \tag{6-9}$$

结合锚固界面的黏结-滑移关系，锚固界面的承载过程分为弹性状态、软化状态和摩擦状态三部分，下面对锚固界面处于不同状态下的受力特征进行解析。

（1）弹性状态。该状态下，结合式（2-4）、式（2-5）和式（6-9），锚固界面的剪应力可表示为：

$$\tau_{\mathrm{b}}(z)=k_1\left[u_{\mathrm{b}}(z)+\frac{d(1+\mu_{\mathrm{g}})\ln(d/D)}{E_{\mathrm{g}}}\tau_{\mathrm{b}}(z)\right] \tag{6-10}$$

化简式（6-10）得到：

$$\tau_{\mathrm{b}}(z)=\frac{k_1E_{\mathrm{g}}u_{\mathrm{b}}(z)}{E_{\mathrm{g}}-k_1d(1+\mu_{\mathrm{g}})\ln(d/D)} \tag{6-11}$$

将式（6-11）代入式（6-3）得到：

$$\frac{\mathrm{d}^2u_{\mathrm{b}}(z)}{\mathrm{d}z^2}-\frac{4k_1E_{\mathrm{g}}u_{\mathrm{b}}(z)}{dE_{\mathrm{b}}E_{\mathrm{g}}-k_1d^2E_{\mathrm{b}}(1+\mu_{\mathrm{g}})\ln(d/D)}=0 \tag{6-12}$$

令 $\alpha_1^2=\dfrac{4k_1E_{\mathrm{g}}}{dE_{\mathrm{b}}E_{\mathrm{g}}-k_1d^2E_{\mathrm{b}}(1+\mu_{\mathrm{g}})\ln(d/D)}$，则求解微分方程式（6-12）得到锚杆位移 $u_{\mathrm{b}}(z)$ 的表达式为：

$$u_{\mathrm{b}}(z)=c_1\mathrm{e}^{\alpha_1z}+c_2\mathrm{e}^{-\alpha_1z} \tag{6-13}$$

式中，c_1 和 c_2 均为待定系数，可由相应的边界条件求解得到。结合式（6-2）和式（6-3）即可得到锚杆轴力 $p_{\mathrm{b}}(z)$ 和锚固界面剪应力 $\tau_{\mathrm{b}}(z)$ 的表达式：

$$\begin{cases}p_{\mathrm{b}}(z)=\dfrac{\pi d^2E_{\mathrm{b}}\alpha_1}{4}(c_1\mathrm{e}^{\alpha_1z}-c_2\mathrm{e}^{-\alpha_1z})\\[2ex]\tau_{\mathrm{b}}(z)=\dfrac{dE_{\mathrm{b}}\alpha_1^2}{4}(c_1\mathrm{e}^{\alpha_1z}+c_2\mathrm{e}^{-\alpha_1z})\end{cases} \tag{6-14}$$

（2）软化状态。该状态下，结合式（2-4）、式（2-6）和式（6-9），锚固界面的剪应力可表示为：

$$\tau_{\mathrm{b}}(z)=-k_2\left[u_{\mathrm{b}}(z)+\frac{d(1+\mu_{\mathrm{g}})\ln(d/D)}{E_{\mathrm{g}}}\tau_{\mathrm{b}}(z)\right]+b_2 \tag{6-15}$$

化简式（6-15）得到：

$$\tau_{\mathrm{b}}(z)=\frac{-k_2E_{\mathrm{g}}u_{\mathrm{b}}(z)+b_2E_{\mathrm{g}}}{E_{\mathrm{g}}+k_2d(1+\mu_{\mathrm{g}})\ln(d/D)} \tag{6-16}$$

将式（6-16）代入式（6-3）得到：

$$\frac{\mathrm{d}^2u_{\mathrm{b}}(z)}{\mathrm{d}z^2}+\frac{4k_2E_{\mathrm{g}}u_{\mathrm{b}}(z)-4b_2E_{\mathrm{g}}}{dE_{\mathrm{b}}E_{\mathrm{g}}+k_2d^2E_{\mathrm{b}}(1+\mu_{\mathrm{g}})\ln(d/D)}=0 \tag{6-17}$$

令 $\alpha_2^2=\dfrac{4k_2E_{\mathrm{g}}}{dE_{\mathrm{b}}E_{\mathrm{g}}+k_2d^2E_{\mathrm{b}}(1+\mu_{\mathrm{g}})\ln(d/D)}$，则求解微分方程式（6-17）得到

锚杆位移 $u_b(z)$ 的表达式为：

$$u_b(z) = c_3\cos(\alpha_2 z) + c_4\sin(\alpha_2 z) + \frac{b_2}{k_2} \tag{6-18}$$

式中，c_3 和 c_4 均为待定系数，可由相应的边界条件求解得到。结合式（6-2）和式（6-3）即可得到锚杆轴力 $p_b(z)$ 和锚固界面剪应力 $\tau_b(z)$ 的表达式：

$$\begin{cases} p_b(z) = \dfrac{\pi d^2 E_b \alpha_2}{4}[c_4\cos(\alpha_2 z) - c_3\sin(\alpha_2 z)] \\ \tau_b(z) = -\dfrac{dE_b\alpha_2^2}{4}[c_3\cos(\alpha_2 z) + c_4\sin(\alpha_2 z)] \end{cases} \tag{6-19}$$

（3）摩擦状态。该状态下，锚固界面的剪应力与锚固界面的相对位移无关，其大小为：

$$\tau_b(z) = \tau_f \tag{6-20}$$

将式（6-20）代入式（6-3）得到：

$$\frac{d^2u_b(z)}{dz^2} - \frac{4\tau_f}{dE_b} = 0 \tag{6-21}$$

求解微分方程式（6-21）得到锚杆位移 $u_b(z)$ 的表达式为：

$$u_b(z) = \frac{4\tau_f}{dE_b}z^2 + c_5 z + c_6 \tag{6-22}$$

式中，c_5 和 c_6 均为待定系数，可由相应的边界条件求解得到。结合式（6-2）得到锚杆轴力 $p_b(z)$ 和锚固界面剪应力 $\tau_b(z)$ 的表达式：

$$\begin{cases} p_b(z) = \pi d\tau_f z + \dfrac{\pi d^2 E_b}{4}c_5 \\ \tau_b(z) = \tau_f \end{cases} \tag{6-23}$$

上述求解可为后文分析不同锚固长度锚杆在拉拔作用下的受力特征提供理论基础。

6.1.2　锚固系统渐进失效特征

在拉拔作用下，锚固系统的承载失效特征是一个渐进发展的过程。根据锚固界面的力学行为，在拉拔作用下锚杆的承载过程主要可分为以下几个阶段：完全弹性阶段Ⅰ、弹性-软化阶段Ⅱ、完全软化阶段Ⅲ-a、弹性-软化-摩擦阶段Ⅲ-b、软化-摩擦阶段Ⅳ、完全摩擦阶段Ⅴ。下面将结合锚固界面的受力控制方程，就锚杆在拉拔作用下各阶段的受力特性进行系统分析。

6.1.2.1　完全弹性阶段Ⅰ

如图 6-2 所示，当锚杆端头所受的拉拔载荷较小时，锚杆加载端附近锚固界

面的相对位移小于 δ_1，此时锚杆在 $0 \leqslant z \leqslant L$ 范围内，锚固界面处于完全弹性状态。

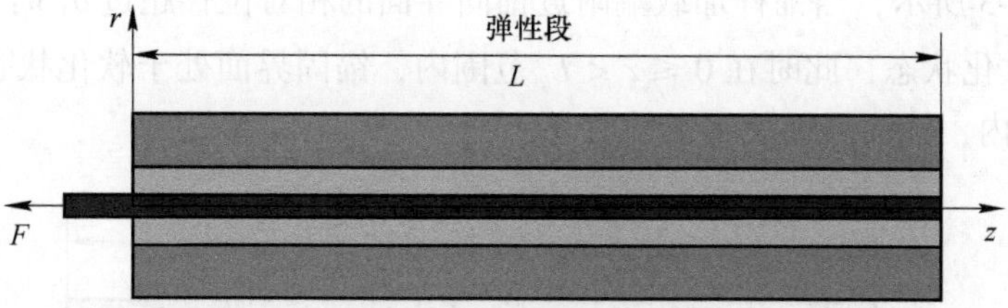

图 6-2 完全弹性阶段

该阶段锚杆的受力特征满足以下边界条件：

$$p_{\mathrm{b}}(z)\big|_{z=0} = F \tag{6-24a}$$

$$p_{\mathrm{b}}(z)\big|_{z=L} = 0 \tag{6-24b}$$

将以上边界条件代入式（6-14），求解得到完全弹性阶段的相应系数 c_1 和 c_2 为：

$$\begin{cases} c_1 = \dfrac{4F}{\pi d^2 E_{\mathrm{b}} \alpha_1} \dfrac{\mathrm{e}^{-\alpha_1 L}}{\mathrm{e}^{-\alpha_1 L} - \mathrm{e}^{\alpha_1 L}} \\ c_2 = \dfrac{4F}{\pi d^2 E_{\mathrm{b}} \alpha_1} \dfrac{\mathrm{e}^{\alpha_1 L}}{\mathrm{e}^{-\alpha_1 L} - \mathrm{e}^{\alpha_1 L}} \end{cases} \tag{6-25}$$

结合式（6-14）得到完全弹性阶段时锚杆轴力 $p_{\mathrm{b}}(z)$ 和锚固界面剪应力 $\tau_{\mathrm{b}}(z)$ 可表示为：

$$\begin{cases} p_{\mathrm{b}}(z) = F \dfrac{\mathrm{e}^{-\alpha_1(L-z)} - \mathrm{e}^{\alpha_1(L-z)}}{\mathrm{e}^{-\alpha_1 L} - \mathrm{e}^{\alpha_1 L}} \\ \tau_{\mathrm{b}}(z) = \dfrac{F\alpha_1}{\pi d} \dfrac{\mathrm{e}^{-\alpha_1(L-z)} + \mathrm{e}^{\alpha_1(L-z)}}{\mathrm{e}^{-\alpha_1 L} - \mathrm{e}^{\alpha_1 L}} \end{cases} \tag{6-26}$$

随着拉拔载荷的增大，当锚杆加载端锚固界面的剪应力增大到峰值剪应力 τ_{p}，即 $\tau_{\mathrm{b}}(0) = \tau_{\mathrm{p}}$ 时，锚杆加载端附近锚固界面处于极限弹性状态。根据式（6-13）和式（6-26），当 $z=0$ 时，可得到该阶段结束时锚杆加载端的拉拔载荷 F_1 及对应的位移 S_1 为：

$$\begin{cases} F_1 = -\dfrac{\pi d \tau_{\mathrm{p}}}{\alpha_1} \tanh(\alpha_1 L) \\ S_1 = \dfrac{4\tau_{\mathrm{p}}}{d E_{\mathrm{b}} \alpha_1^2} \end{cases} \tag{6-27}$$

6.1.2.2　弹性-软化阶段Ⅱ

如图 6-3 所示，当锚杆加载端附近锚固界面的相对位移超过 δ_1 时，锚固界面开始进入软化状态，此时在 $0 \leqslant z < L_s$ 范围内，锚固界面处于软化状态；在 $L_s \leqslant z \leqslant L$ 范围内，锚固界面处于弹性状态。

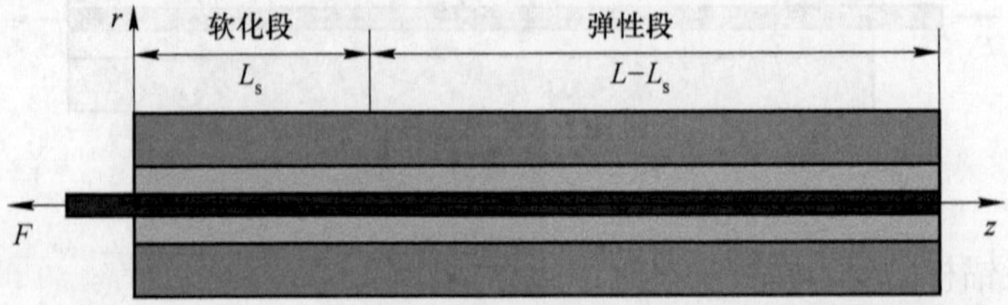

图 6-3　弹性-软化阶段

该阶段锚固界面在 $z = L_s$ 处的剪应力为：

$$\tau_b(z)\big|_{z=L_s} = \tau_p \tag{6-28}$$

对于弹性段部分，将边界条件式（6-24b）和式（6-28）代入式（6-14）得到相应系数 c_1 和 c_2 为：

$$\begin{cases} c_1 = \dfrac{4\tau_p}{dE_b\alpha_1^2}\dfrac{e^{-\alpha_1 L}}{e^{-\alpha_1(L-L_s)} + e^{\alpha_1(L-L_s)}} \\ c_2 = \dfrac{4\tau_p}{dE_b\alpha_1^2}\dfrac{e^{\alpha_1 L}}{e^{-\alpha_1(L-L_s)} + e^{\alpha_1(L-L_s)}} \end{cases} \tag{6-29}$$

结合式（6-14）得到弹性段部分锚杆轴力 $p_b(z)$ 和锚固界面剪应力 $\tau_b(z)$ 可表示为：

$$\begin{cases} p_b(z) = \dfrac{\pi d\tau_p}{\alpha_1}\dfrac{e^{-\alpha_1(L-z)} - e^{\alpha_1(L-z)}}{e^{-\alpha_1(L-L_s)} + e^{\alpha_1(L-L_s)}} \\ \tau_b(z) = \tau_p\dfrac{e^{-\alpha_1(L-z)} + e^{\alpha_1(L-z)}}{e^{-\alpha_1(L-L_s)} + e^{\alpha_1(L-L_s)}} \end{cases} \tag{6-30}$$

对于软化段部分，根据锚杆轴力和锚固界面剪应力在 $z = L_s$ 处的连续性，同时结合式（6-19）和式（6-30）得到相应系数 c_3 和 c_4 为：

$$\begin{cases} c_3 = -\dfrac{4\tau_p}{dE_b\alpha_2^2}\cos(\alpha_2 L_s) + \dfrac{4\tau_p}{dE_b\alpha_1\alpha_2}\tanh[\alpha_1(L-L_s)]\sin(\alpha_2 L_s) \\ c_4 = -\dfrac{4\tau_p}{dE_b\alpha_2^2}\sin(\alpha_2 L_s) - \dfrac{4\tau_p}{dE_b\alpha_1\alpha_2}\tanh[\alpha_1(L-L_s)]\cos(\alpha_2 L_s) \end{cases} \tag{6-31}$$

将式（6-31）代入式（6-19）得到软化段部分锚杆轴力 $p_b(z)$ 和锚固界面剪

应力 $\tau_b(z)$ 可表示为:

$$\begin{cases} p_b(z) = -\dfrac{\pi d\tau_p}{\alpha_2}\sin[\alpha_2(L_s - z)] - \dfrac{\pi d\tau_p}{\alpha_1}\tanh[\alpha_1(L - L_s)]\cos[\alpha_2(L_s - z)] \\ \tau_b(z) = \tau_p\cos[\alpha_2(L_s - z)] - \dfrac{\alpha_2\tau_p}{\alpha_1}\tanh[\alpha_1(L - L_s)]\sin[\alpha_2(L_s - z)] \end{cases} \tag{6-32}$$

当 $z=0$ 时，根据式（6-18）和式（6-32）可得到该阶段锚杆加载端头的拉拔载荷 F 及对应的位移 S 为:

$$\begin{cases} F = -\dfrac{\pi d\tau_p}{\alpha_2}\sin(\alpha_2 L_s) - \dfrac{\pi d\tau_p}{\alpha_1}\tanh[\alpha_1(L - L_s)]\cos(\alpha_2 L_s) \\ S = -\dfrac{4\tau_p}{dE_b\alpha_2^2}\cos(\alpha_2 L_s) + \dfrac{4\tau_p}{dE_b\alpha_1\alpha_2}\tanh[\alpha_1(L - L_s)]\sin(\alpha_2 L_s) + \dfrac{b_2}{k_2} \end{cases} \tag{6-33}$$

若在拉拔过程中，锚杆加载端的最大拉拔载荷出现在弹性-软化阶段，则可根据求解 $\mathrm{d}F/\mathrm{d}L_s = 0$ 得到峰值拉拔载荷对应的锚固界面临界软化长度 L_{sc}。

$$-\tanh^2[\alpha_1(L - L_{sc})]\cos(\alpha_2 L_{sc}) + \frac{\alpha_2}{\alpha_1}\tanh[\alpha_1(L - L_{sc})]\sin(\alpha_2 L_{sc}) = 0 \tag{6-34}$$

将式（6-34）求解得到的临界软化长度 $L_s = L_{sc}$ 代入式（6-33）即可得到锚杆的峰值拉拔载荷 F_p 及对应的位移 S_p 为:

$$\begin{cases} F_p = -\dfrac{\pi d\tau_p}{\alpha_2}\sin(\alpha_2 L_{sc}) - \dfrac{\pi d\tau_p}{\alpha_1}\tanh[\alpha_1(L - L_{sc})]\cos(\alpha_2 L_{sc}) \\ S_p = -\dfrac{4\tau_p}{dE_b\alpha_2^2}\cos(\alpha_2 L_{sc}) + \dfrac{4\tau_p}{dE_b\alpha_1\alpha_2}\tanh[\alpha_1(L - L_{sc})]\sin(\alpha_2 L_{sc}) + \dfrac{b_2}{k_2} \end{cases} \tag{6-35}$$

若在拉拔过程中，锚杆加载端的最大拉拔载荷不出现在弹性-软化阶段，当锚杆加载端附近锚固界面的剪应力减小到残余剪应力 τ_f，即 $\tau_b(0) = \tau_f$ 时，锚杆加载端附近锚固界面处于极限软化状态。结合式（6-32），此时有:

$$\tau_f = \tau_p\left[\cos(\alpha_2 L_{sm}) - \frac{\alpha_2}{\alpha_1}\tanh[\alpha_1(L - L_{sm})]\sin(\alpha_2 L_{sm})\right] \tag{6-36}$$

根据式（6-36）可得到锚杆的峰值软化长度 L_{sm}。通过分析可知，在锚固条件一定的情况下，峰值软化长度 L_{sm} 可以认为是固定的，这一结果也在后续的分析中得到了验证。将 $L_s = L_{sm}$ 代入式（6-33）得到该阶段结束时锚杆加载端的拉拔载荷 F_2 和对应的拉拔位移 S_2 为:

$$\begin{cases} F_2 = -\dfrac{\pi d\tau_p}{\alpha_2}\sin(\alpha_2 L_{sm}) - \dfrac{\pi d\tau_p}{\alpha_1}\tanh[\alpha_1(L - L_{sm})]\cos(\alpha_2 L_{sm}) \\ S_2 = \dfrac{b_2}{k_2} - \dfrac{4\tau_p}{dE_b\alpha_2^2}\cos(\alpha_2 L_{sm}) + \dfrac{4\tau_p}{dE_b\alpha_1\alpha_2}\tanh[\alpha_1(L - L_{sm})]\sin(\alpha_2 L_{sm}) \end{cases} \tag{6-37}$$

对于弹性-软化阶段，锚杆加载端附近锚固界面的剪应力始终满足 $\tau_b(0) \geq \tau_f$。考虑到锚杆锚固长度的影响，在弹性-软化阶段结束后，锚杆可能会进入以下两种阶段：当锚固界面的软化发展到锚杆尾部，并且此时锚杆加载端附近锚固界面的剪应力仍然满足 $\tau_b(0) > \tau_f$，则锚杆的整个锚固界面将进入完全软化阶段；否则，锚杆的锚固界面将进入弹性-软化-摩擦阶段。下面将结合锚固界面的受力控制方程对这两个阶段进行分析。

6.1.2.3　完全软化阶段Ⅲ-a

如图 6-4 所示，锚杆锚固界面的软化发展到锚杆尾部，在 $0 \leq z \leq L$ 范围内，锚固界面处于完全软化状态。

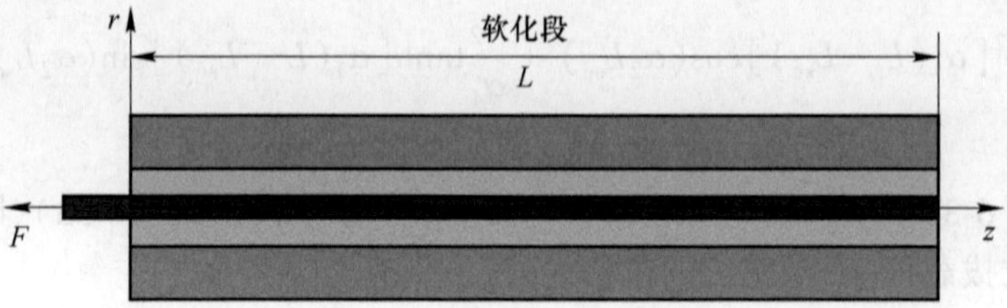

图 6-4　完全软化阶段

考虑该阶段锚固界面的剪应力特征，假设全长锚固锚杆尾部的剪应力为 τ_s，即：

$$\tau_b(z)\big|_{z=L} = \tau_s \tag{6-38}$$

将边界条件式（6-24b）和式（6-38）代入式（6-19），得到相应系数 c_3 和 c_4 为：

$$\begin{cases} c_3 = -\dfrac{4\tau_s}{dE_b\alpha_2^2}\cos(\alpha_2 L) \\ c_4 = -\dfrac{4\tau_s}{dE_b\alpha_2^2}\sin(\alpha_2 L) \end{cases} \tag{6-39}$$

将式（6-39）代入式（6-19）得到锚杆轴力 $p_b(z)$ 和锚固界面剪应力 $\tau_b(z)$ 可表示为：

$$\begin{cases} p_{\mathrm{b}}(z) = -\dfrac{\pi d\tau_{\mathrm{s}}}{\alpha_2}\sin[\alpha_2(L-z)] \\ \tau_{\mathrm{b}}(z) = -\tau_{\mathrm{s}}\cos[\alpha_2(L-z)] \end{cases} \tag{6-40}$$

当 $z=0$ 时，根据式（6-18）和式（6-40）可得到该阶段锚杆加载端头的拉拔载荷 F 及对应的位移 S 为：

$$\begin{cases} F = -\dfrac{\pi d\tau_{\mathrm{s}}}{\alpha_2}\sin(\alpha_2 L) \\ S = -\dfrac{4\tau_{\mathrm{s}}}{dE_{\mathrm{b}}\alpha_2^2}\cos(\alpha_2 L) + \dfrac{b_2}{k_2} \end{cases} \tag{6-41}$$

对于锚杆的完全软化阶段，锚杆尾部锚固界面的剪应力 τ_{s} 是其决定因素，因此有必要确定 τ_{s} 的范围。根据分析，锚杆尾部锚固界面的剪应力 τ_{s} 的最大值为 τ_{p}，而对于 τ_{s} 的最小值，当锚杆加载端附近锚固界面的剪应力减小到 τ_{f}，即 $\tau_{\mathrm{b}}(0)=\tau_{\mathrm{f}}$ 时，也就意味着锚杆完全软化阶段即将结束，结合式（6-40），此时有：

$$\tau_{\mathrm{f}} = \tau_{\mathrm{s}}\cos(\alpha_2 L) \tag{6-42}$$

进而得到锚杆完全软化阶段锚杆尾部剪应力 τ_{s} 的最小值 τ_{sm} 为：

$$\tau_{\mathrm{sm}} = \frac{\tau_{\mathrm{f}}}{\cos(\alpha_2 L)} \tag{6-43}$$

分析式（6-42）可知，当锚杆尾部锚固界面的剪应力 $\tau_{\mathrm{s}}=\tau_{\mathrm{p}}$ 时，可得到锚杆会出现完全软化阶段的临界长度 L_{su} 为：

$$L_{\mathrm{su}} = \frac{1}{\alpha_2}\arccos\left(\frac{\tau_{\mathrm{f}}}{\tau_{\mathrm{p}}}\right) \tag{6-44}$$

当锚杆锚固长度满足 $L \leqslant L_{\mathrm{su}}$ 时，在拉拔作用下锚固界面会出现完全软化阶段；当 $L > L_{\mathrm{su}}$ 时，在拉拔作用下锚固界面则不会出现完全软化阶段。结合式（6-41）和式（6-42），该阶段结束时锚杆加载端头的轴力 $F_{3\mathrm{a}}$ 及对应位移 $S_{3\mathrm{a}}$ 可表示为：

$$\begin{cases} F_{3\mathrm{a}} = -\dfrac{\pi d\tau_{\mathrm{f}}}{\alpha_2}\tan(\alpha_2 L) \\ S_{3\mathrm{a}} = -\dfrac{4\tau_{\mathrm{f}}}{dE_{\mathrm{b}}\alpha_2^2} + \dfrac{b_2}{k_2} \end{cases} \tag{6-45}$$

6.1.2.4 弹性-软化-摩擦阶段Ⅲ-b

如图 6-5 所示，当锚杆加载端附近锚固界面的相对位移超过 δ_2 时，锚杆加载端附近锚固界面进入摩擦状态，此时在 $0 \leqslant z < L_{\mathrm{f}}$ 范围内，锚固界面处于摩擦状

态；在 $L_f \leqslant z < L_f + L_{sm}$ 范围内，锚固界面处于软化状态；在 $L_f + L_{sm} \leqslant z \leqslant L$ 范围内，锚固界面处于弹性状态。

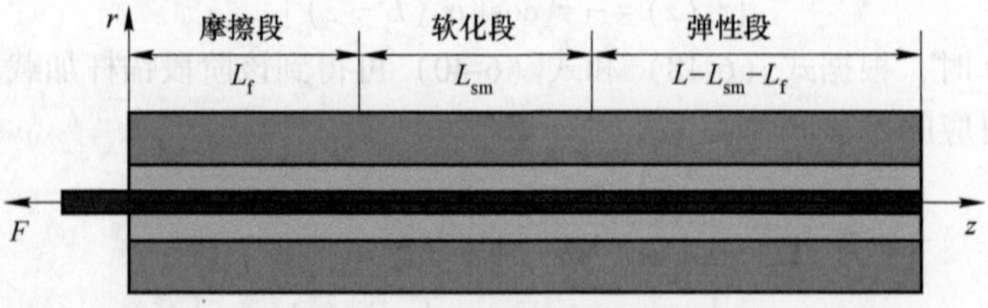

图 6-5　弹性-软化-摩擦阶段

对于弹性段部分，类比于式（6-29）得到相应系数 c_1 和 c_2 为：

$$\begin{cases} c_1 = \dfrac{4\tau_p}{dE_b\alpha_1^2} \dfrac{e^{-\alpha_1 L}}{e^{-\alpha_1(L-L_{sm}-L_f)} + e^{\alpha_1(L-L_{sm}-L_f)}} \\ c_2 = \dfrac{4\tau_p}{dE_b\alpha_1^2} \dfrac{e^{\alpha_1 L}}{e^{-\alpha_1(L-L_{sm}-L_f)} + e^{\alpha_1(L-L_{sm}-L_f)}} \end{cases} \tag{6-46}$$

将式（6-46）代入式（6-14）得到弹性段部分锚杆轴力 $p_b(z)$ 和锚固界面剪应力 $\tau_b(z)$ 可表示为：

$$\begin{cases} p_b(z) = \dfrac{\pi d\tau_p}{\alpha_1} \dfrac{e^{-\alpha_1(L-z)} - e^{\alpha_1(L-z)}}{e^{-\alpha_1(L-L_{sm}-L_f)} + e^{\alpha_1(L-L_{sm}-L_f)}} \\ \tau_b(z) = \tau_p \dfrac{e^{-\alpha_1(L-z)} + e^{\alpha_1(L-z)}}{e^{-\alpha_1(L-L_{sm}-L_f)} + e^{\alpha_1(L-L_{sm}-L_f)}} \end{cases} \tag{6-47}$$

对于软化段部分，类比于式（6-31）得到相应系数 c_3 和 c_4 为：

$$\begin{cases} c_3 = \dfrac{4\tau_p}{dE_b\alpha_1\alpha_2}\tanh[\alpha_1(L - L_{sm} - L_f)]\sin[\alpha_2(L_{sm} + L_f)] - \\ \qquad \dfrac{4\tau_p}{dE_b\alpha_2^2}\cos[\alpha_2(L_{sm} + L_f)] \\ c_4 = -\dfrac{4\tau_p}{dE_b\alpha_1\alpha_2}\tanh[\alpha_1(L - L_{sm} - L_f)]\cos[\alpha_2(L_{sm} + L_f)] - \\ \qquad \dfrac{4\tau_p}{dE_b\alpha_2^2}\sin[\alpha_2(L_{sm} + L_f)] \end{cases} \tag{6-48}$$

将式（6-48）代入式（6-19）得到软化段部分锚杆轴力 $p_b(z)$ 和锚固界面剪应力 $\tau_b(z)$ 可表示为：

$$
\begin{cases}
p_b(z) = -\dfrac{\pi d\tau_p}{\alpha_1}\tanh[\alpha_1(L - L_{sm} - L_f)]\cos[\alpha_2(L_{sm} + L_f - z)] - \\
\qquad \dfrac{\pi d\tau_p}{\alpha_2}\sin[\alpha_2(L_{sm} + L_f - z)] \\
\tau_b(z) = -\dfrac{\alpha_2\tau_p}{\alpha_1}\tanh[\alpha_1(L - L_{sm} - L_f)]\sin[\alpha_2(L_{sm} + L_f - z)] + \\
\qquad \tau_p\cos[\alpha_2(L_{sm} + L_f - z)]
\end{cases}
\tag{6-49}
$$

对于摩擦段部分，根据锚杆轴力和位移在 $z = L_f$ 处的连续性，同时结合式（6-18）、式（6-22）、式（6-23）和式（6-49）可得到相应系数 c_5 和 c_6 为：

$$
\begin{cases}
c_5 = -\dfrac{4\tau_f}{dE_b}L_f - \dfrac{4\tau_p}{dE_b\alpha_1}\tanh[\alpha_1(L - L_{sm} - L_f)]\cos(\alpha_2 L_{sm}) - \\
\qquad \dfrac{4\tau_p}{dE_b\alpha_2}\sin(\alpha_2 L_{sm}) \\
c_6 = \dfrac{b_2}{k_2} + \dfrac{4\tau_p}{dE_b\alpha_1\alpha_2}\tanh[\alpha_1(L - L_{sm} - L_f)][\sin(\alpha_2 L_{sm}) + \alpha_2 L_f\cos(\alpha_2 L_{sm})] + \\
\qquad \dfrac{4\tau_p}{dE_b\alpha_2^2}[\alpha_2 L_f\sin(\alpha_2 L_{sm}) - \cos(\alpha_2 L_{sm})]
\end{cases}
\tag{6-50}
$$

将式（6-50）代入式（6-23）得到摩擦段部分锚杆轴力 $p_b(z)$ 和锚固界面剪应力 $\tau_b(z)$ 可表示为：

$$
\begin{cases}
p_b(z) = -\pi d\tau_f(L_f - z) - \dfrac{\pi d\tau_p}{\alpha_1}\tanh[\alpha_1(L - L_{sm} - L_f)]\cos(\alpha_2 L_{sm}) - \\
\qquad \dfrac{\pi d\tau_p}{\alpha_2}\sin(\alpha_2 L_{sm}) \\
\tau_b(z) = \tau_f
\end{cases}
\tag{6-51}
$$

当 $z=0$ 时，根据式（6-22）和式（6-51）可得到该阶段锚杆加载端头的拉拔载荷 F 及对应的位移 S 为：

$$
\begin{cases}
F = -\pi d\tau_f L_f - \dfrac{\pi d\tau_p}{\alpha_1}\tanh[\alpha_1(L - L_{sm} - L_f)]\cos(\alpha_2 L_{sm}) - \\
\qquad \dfrac{\pi d\tau_p}{\alpha_2}\sin(\alpha_2 L_{sm}) \\
S = \dfrac{b_2}{k_2} + \dfrac{4\tau_p}{dE_b\alpha_1\alpha_2}\tanh[\alpha_1(L - L_{sm} - L_f)][\sin(\alpha_2 L_{sm}) + \alpha_2 L_f\cos(\alpha_2 L_{sm})] + \\
\qquad \dfrac{4\tau_p}{dE_b\alpha_2^2}[\alpha_2 L_f\sin(\alpha_2 L_{sm}) - \cos(\alpha_2 L_{sm})]
\end{cases}
\tag{6-52}
$$

若在拉拔过程中，锚杆加载端的最大拉拔载荷出现在弹性-软化-摩擦阶段，则可根据求解 $dF/dL_f = 0$ 得到峰值拉拔载荷对应的锚固界面临界摩擦长度 L_{fc}。

$$-\frac{\tau_f}{\tau_p}+\{1-\tanh^2[\alpha_1(L-L_{sm}-L_{fc})]\}\cos(\alpha_2 L_{sm})=0 \tag{6-53}$$

将 $L_f = L_{fc}$ 代入式（6-52），即可求得锚杆的峰值拉拔载荷 F_p 及对应的位移 S_p 为：

$$\begin{cases} F_p=-\pi d\tau_f L_{fc}-\dfrac{\pi d\tau_p}{\alpha_1}\tanh[\alpha_1(L-L_{sm}-L_{fc})]\cos(\alpha_2 L_{sm})-\\ \quad\dfrac{\pi d\tau_p}{\alpha_2}\sin(\alpha_2 L_{sm}) \\ S_p=\dfrac{4\tau_p}{dE_b\alpha_1\alpha_2}\tanh[\alpha_1(L-L_{sm}-L_{fc})][\sin(\alpha_2 L_{sm})+\alpha_2 L_{fc}\cos(\alpha_2 L_{sm})]+\\ \quad\dfrac{4\tau_p}{dE_b\alpha_2^2}[\alpha_2 L_{fc}\sin(\alpha_2 L_{sm})-\cos(\alpha_2 L_{sm})]+\dfrac{b_2}{k_2} \end{cases} \tag{6-54}$$

该阶段结束时，锚杆长度满足 $L = L_f + L_{sm}$。结合式（6-52），此时锚杆加载端头的轴力 F_{3b} 及对应位移 S_{3b} 可表示为：

$$\begin{cases} F_{3b}=-\pi d\tau_f(L-L_{sm})-\dfrac{\pi d\tau_p}{\alpha_2}\sin(\alpha_2 L_{sm}) \\ S_{3b}=\dfrac{b_2}{k_2}+\dfrac{4\tau_p}{dE_b\alpha_2^2}[\alpha_2(L-L_{sm})\sin(\alpha_2 L_{sm})-\cos(\alpha_2 L_{sm})] \end{cases} \tag{6-55}$$

6.1.2.5 软化-摩擦阶段Ⅳ

如图 6-6 所示，在 $0 \leqslant z < L_f$ 范围内，锚固界面处于摩擦状态；在 $L_f \leqslant z \leqslant L$ 范围内，锚固界面处于软化状态。基于上述分析，对于锚杆在拉拔作用下的软化-摩擦阶段，其可能源于两种阶段之后：一是完全软化阶段；二是弹性-软化-摩擦阶段。

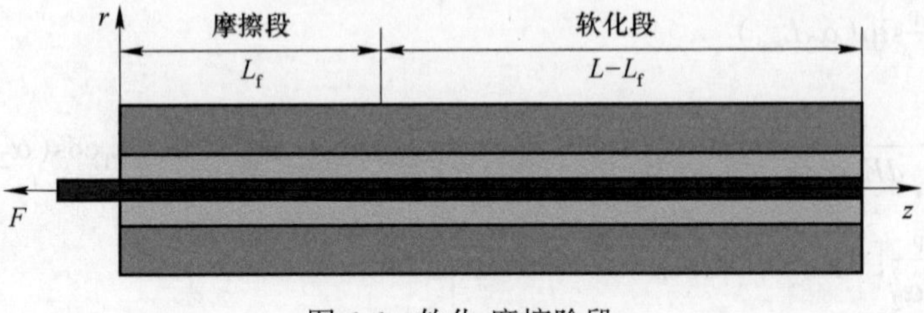

图 6-6 软化-摩擦阶段

对于软化段部分，在 $z=L_{\mathrm{f}}$ 处锚固界面的剪应力满足：

$$\tau_{\mathrm{b}}(z)\big|_{z=L_{\mathrm{f}}}=\tau_{\mathrm{f}} \tag{6-56}$$

将边界条件式（6-24b）和式（6-56）代入式（6-19），得到相应系数 c_3 和 c_4 为：

$$\begin{cases} c_3=-\dfrac{4\tau_{\mathrm{f}}}{dE_{\mathrm{b}}\alpha_2^2}\dfrac{\cos(\alpha_2 L)}{\cos[\alpha_2(L-L_{\mathrm{f}})]} \\ c_4=-\dfrac{4\tau_{\mathrm{f}}}{dE_{\mathrm{b}}\alpha_2^2}\dfrac{\sin(\alpha_2 L)}{\cos[\alpha_2(L-L_{\mathrm{f}})]} \end{cases} \tag{6-57}$$

将式（6-57）代入式（6-19）得到软化段部分锚杆轴力 $p_{\mathrm{b}}(z)$ 和锚固界面剪应力 $\tau_{\mathrm{b}}(z)$ 可表示为：

$$\begin{cases} p_{\mathrm{b}}(z)=-\dfrac{\pi d\tau_{\mathrm{f}}}{\alpha_2}\dfrac{\sin[\alpha_2(L-z)]}{\cos[\alpha_2(L-L_{\mathrm{f}})]} \\ \tau_{\mathrm{b}}(z)=\tau_{\mathrm{f}}\dfrac{\cos[\alpha_2(L-z)]}{\cos[\alpha_2(L-L_{\mathrm{f}})]} \end{cases} \tag{6-58}$$

对于摩擦段部分，根据锚杆轴力和位移在 $z=L_{\mathrm{f}}$ 处的连续性，得到相应系数 c_5 和 c_6 为：

$$\begin{cases} c_5=-\dfrac{4\tau_{\mathrm{f}}}{dE_{\mathrm{b}}}L_{\mathrm{f}}-\dfrac{4\tau_{\mathrm{f}}}{dE_{\mathrm{b}}\alpha_2}\tan[\alpha_2(L-L_{\mathrm{f}})] \\ c_6=\dfrac{4\tau_{\mathrm{f}}}{dE_{\mathrm{b}}\alpha_2^2}[\alpha_2 L_{\mathrm{f}}\tan[\alpha_2(L-L_{\mathrm{f}})]-1]+\dfrac{b_2}{k_2} \end{cases} \tag{6-59}$$

将式（6-59）代入式（6-23）得到摩擦段部分锚杆轴力 $p_{\mathrm{b}}(z)$ 和锚固界面剪应力 $\tau_{\mathrm{b}}(z)$ 可表示为：

$$\begin{cases} p_{\mathrm{b}}(z)=-\pi d\tau_{\mathrm{f}}(L_{\mathrm{f}}-z)-\dfrac{\pi d\tau_{\mathrm{f}}}{\alpha_2}\tan[\alpha_2(L-L_{\mathrm{f}})] \\ \tau_{\mathrm{b}}(z)=\tau_{\mathrm{f}} \end{cases} \tag{6-60}$$

当 $z=0$ 时，根据式（6-22）和式（6-60）可得到该阶段锚杆加载端头的拉拔载荷 F 及对应的位移 S 为：

$$\begin{cases} F=-\pi d\tau_{\mathrm{f}}L_{\mathrm{f}}-\dfrac{\pi d\tau_{\mathrm{f}}}{\alpha_2}\tan[\alpha_2(L-L_{\mathrm{f}})] \\ S=\dfrac{4\tau_{\mathrm{f}}}{dE_{\mathrm{b}}\alpha_2^2}\{\alpha_2 L_{\mathrm{f}}\tan[\alpha_2(L-L_{\mathrm{f}})]-1\}+\dfrac{b_2}{k_2} \end{cases} \tag{6-61}$$

该阶段结束时，锚杆长度满足 $L=L_{\mathrm{f}}$ 。结合式（6-61），此时锚杆加载端头的轴力 F_4 及对应位移 S_4 可表示为：

$$\begin{cases} F_4 = -\pi d\tau_f L \\ S_4 = \dfrac{b_2}{k_2} - \dfrac{4\tau_f}{dE_b\alpha_2^2} \end{cases} \tag{6-62}$$

6.1.2.6　完全摩擦阶段Ⅴ

如图 6-7 所示，当锚杆锚固界面的软化段完全消失时，锚杆进入完全摩擦阶段。

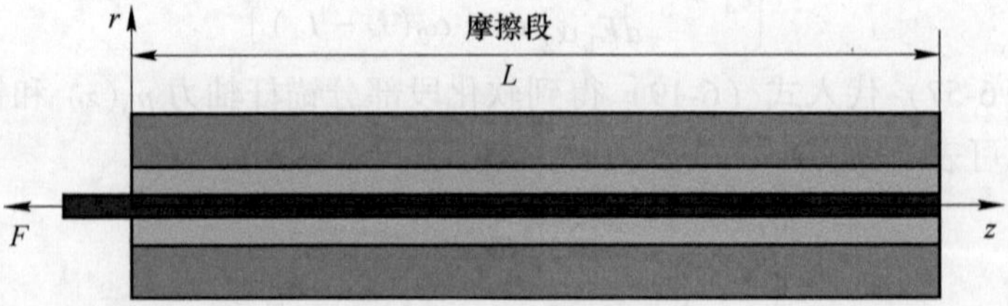

图 6-7　完全摩擦阶段

根据该阶段的受力特征，锚杆轴力和锚固界面剪应力可表示为：

$$\begin{cases} p_b(z) = -\pi d\tau_f(L - z) \\ \tau_b(z) = \tau_f \end{cases} \tag{6-63}$$

当 $z=0$ 时，得到该阶段锚杆加载端头的拉拔载荷 F_5 为：

$$F_5 = F_4 = -\pi d\tau_f L \tag{6-64}$$

6.2　不同锚固长度下全长锚固锚杆承载特征

对于锚固工况一定的锚杆，锚杆锚固长度是影响其承载特性的关键因素之一[284-292]。因此，本节基于前述分析对不同锚固长度锚杆的拉拔载荷-位移曲线、承载过程、锚杆轴力和锚固界面剪应力等特性进行了详细分析，其中锚固长度分别取为 100 mm、500 mm、950 mm、1500 mm、2000 mm 和 2500 mm。锚固界面的黏结参数取值如表 2-2 所示，其他理论分析所需的参数如表 6-1 所示。

表 6-1　理论分析所需的参数取值

类型	参数	单位	数值
锚杆	直径	m	2.00×10^{-2}
	弹性模量	Pa	2.00×10^{11}
	泊松比	—	0.25

续表 6-1

类 型	参 数	单 位	数 值
锚固剂	弹性模量	Pa	16.00×10^{9}
	泊松比	—	0.30
锚固钻孔	直径	m	3.00×10^{-2}

6.2.1 不同锚固长度锚杆拉拔载荷-位移特征

6.2.1.1 锚杆拉拔载荷-位移曲线特征

图 6-8 显示了不同锚固长度锚杆的拉拔载荷-位移曲线特征。由图可知，锚杆锚固长度对拉拔载荷-位移曲线的形态有显著的影响。

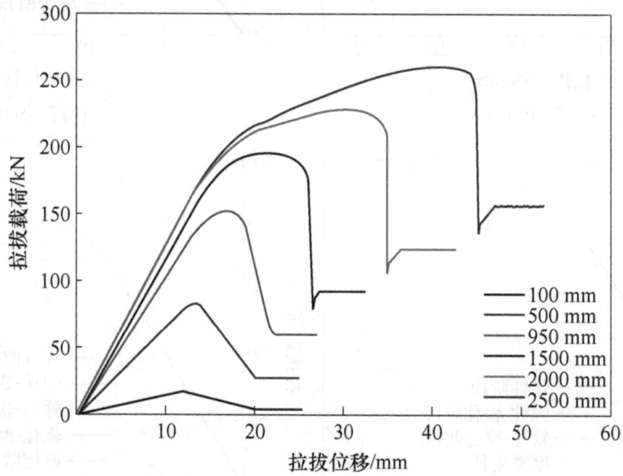

扫码看彩图

图 6-8 不同锚固长度锚杆拉拔载荷-位移曲线特征

当锚杆锚固长度较小时，锚固界面剪应力分布较为均匀，拉拔载荷随拉拔位移的增加呈先线性增加至峰值拉拔载荷后又线性减小至残余拉拔载荷的特征，且峰值拉拔载荷相对较小。随着锚杆锚固长度的增大，锚固界面剪应力分布的不均匀性增加，拉拔载荷的初始增长速率增加，峰值拉拔载荷逐渐增大，且拉拔载荷-位移曲线会逐渐出现一段明显的缓慢增长区，表明锚杆锚固长度的增加能够提高锚杆的承载能力，增强锚杆承载的延性特征；峰后拉拔载荷的降低趋势也逐渐由平缓变得陡峭，这可能是由于锚固界面弹性段消失引起的载荷降幅远大于摩擦段增加带来的载荷增幅。

为详细探究不同锚固长度锚杆的拉拔载荷-位移曲线特征，根据式（6-44）计算得到锚杆会出现完全软化阶段的临界锚固长度 $L_{su}=950$ mm，因此下面在分析锚杆的拉拔受力特征时，分别取锚杆锚固长度小于、等于和大于 L_{su} 的情况，即锚杆锚固长度为 100 mm、500 mm、950 mm 和2000 mm 的四种情况。图 6-9 中的（a）~（d）分别显示了锚固长度为 100 mm、500 mm、950 mm 和 2000 mm 的锚杆端头的拉拔载荷-位移曲线特征。由图可知，在锚杆锚固长度小于、等于或大于临界长度 L_{su} 时，锚杆端头的拉拔载荷-位移曲线特征表现出明显的差异。

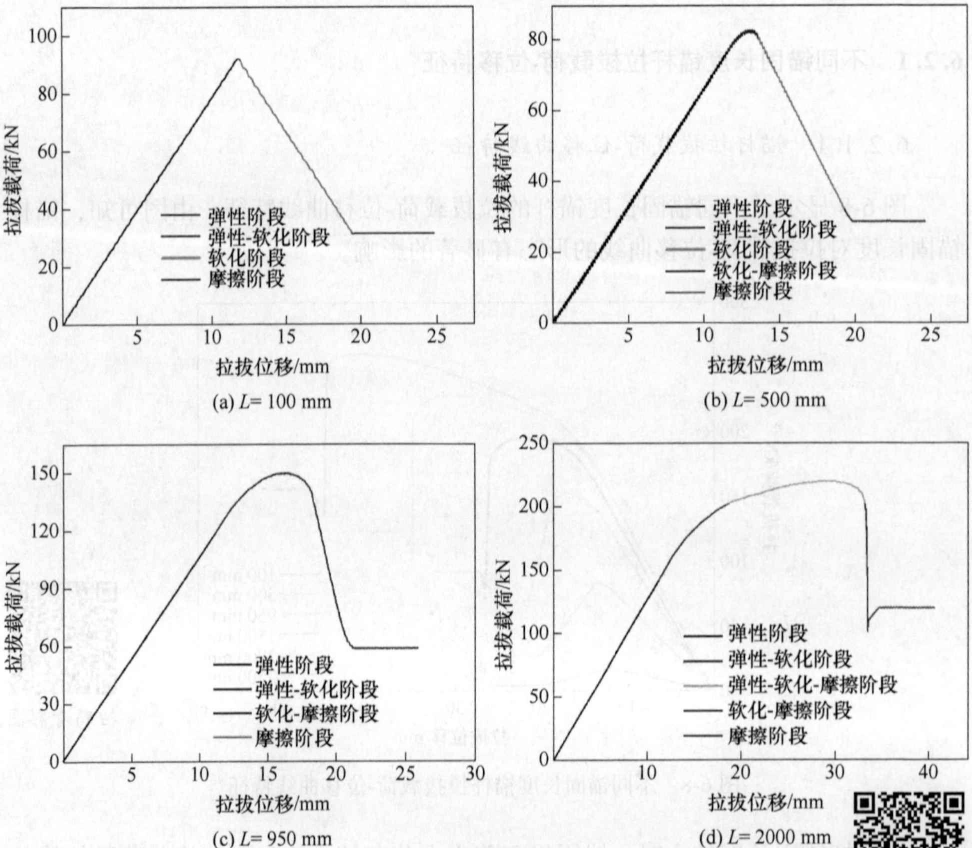

图 6-9　锚杆端头的拉拔载荷-位移特征

扫码看彩图

结合锚固界面剪应力的演化特征，当锚杆锚固长度为 100 mm 和 500 mm 时，在拉拔作用下锚杆承载的全过程分为五个阶段：弹性阶段、弹性-软化阶段、软化阶段、软化-摩擦阶段和摩擦阶段。在弹性阶段，锚杆端头的拉拔载荷随拉拔位移的增大而呈线性增长，当锚杆加载端附近锚固界面的剪应力增大到峰值剪应力 τ_p 时，锚杆端头的拉拔载荷达到弹性阶段的极值，随后锚杆将进入弹性-软化阶段。在弹性-软化阶段，随着锚固界面软化段的不断发展，锚杆端头的拉拔载荷先随拉拔位移的增大而增大，当锚固界面软化段长度发展到一定长度 L_{sc} 时，锚杆端头的拉拔载荷达到峰值，随后锚杆端头的拉拔载荷随着拉拔位移的增大而减小，当锚杆的弹性段完全消失时，将进入完全软化阶段。在软化阶段，锚杆端头拉拔载荷随着拉拔位移的增大而呈线性减小，当锚杆加载端附近锚固界面的剪应力减小到残余剪应力 τ_f 时，完全软化阶段将结束，锚杆将进入软化-摩擦阶段。在软化-摩擦阶段，锚杆端头的拉拔载荷继续减小。当锚杆的软化段完全消失时，将进入完全摩擦阶段。在摩擦阶段，锚杆端头拉拔载荷不再随着拉拔位移的变化而变化，几乎保持不变，当然随着锚杆逐渐被拉出，锚杆端头的拉拔载荷也会逐渐减小。对比分析锚杆锚固长度为 100 mm 和 500 mm，当锚杆锚固长度为 100 mm 时，由于锚杆锚固长度较短，锚固界面剪应力分布较为均匀，因而弹性-软化阶段和软化-摩擦阶段不太明显；当锚杆锚固长度为 500 mm 时，由于锚固界面剪应力分布的不均匀程度增加，弹性-软化阶段和软化-摩擦阶段变得相对明显。

当锚杆锚固长度为 950 mm 时，在拉拔作用下锚杆承载的全过程分为四个阶段：弹性阶段、弹性-软化阶段、软化-摩擦阶段和摩擦阶段。在弹性阶段，锚杆端头拉拔载荷呈线性增长；在弹性-软化阶段，锚杆端头拉拔载荷先增大后减小，呈现非线性变化趋势，并且锚杆端头的峰值拉拔载荷出现在该阶段；由于此时锚杆锚固长度为出现完全软化阶段的临界长度，因此在弹性-软化阶段结束后，并未出现完全软化阶段，而是直接进入软化-摩擦阶段。在软化-摩擦阶段，锚杆端头拉拔载荷继续减小，直至进入完全摩擦阶段。在摩擦阶段，锚杆端头拉拔载荷不再随着拉拔位移的变化而变化。

当锚杆锚固长度为 2000 mm 时，在拉拔作用下锚杆承载的全过程分为五个阶段：弹性阶段、弹性-软化阶段、弹性-软化-摩擦阶段、软化-摩擦阶段和摩擦阶段。在弹性阶段，锚杆端头拉拔载荷与拉拔位移线性相关，呈增长趋势，当锚杆端头的拉拔载荷增大到该阶段的极限拉拔载荷时，锚杆将进入弹性-软化阶段。在弹性-软化阶段，锚杆端头拉拔载荷随着拉拔位移的增大而非线性增长，当锚杆端头的拉拔载荷增大到该阶段的极限拉拔载荷时，锚杆将进入弹性-软化-摩擦阶段。在弹性-软化-摩擦阶段，锚杆端头的拉拔载荷先继续增大，当其增大到一定值时，锚杆端头的拉拔载荷出现减小趋势，当锚杆的弹性阶段完全消失时，锚杆将进入软化-摩擦阶段。在软化-摩擦阶段，锚杆端头的拉拔载荷出现“断崖”式下降，这是由于锚杆弹性段消失引起的拉拔载荷损失远大于增加的摩擦段所提供的拉拔载荷。在软化-摩擦阶段结束后，锚杆进入完全摩擦阶段。

另外，锚杆峰值拉拔承载的出现阶段会随锚杆锚固长度的增大而发生变化。锚杆锚固长度为 100 mm、500 mm 和 950 mm 时，锚杆峰值拉拔载荷出现在弹性-软化阶段，而锚杆锚固长度为 2000 mm 时，锚杆峰值拉拔载荷出现在弹性-软化-摩擦阶段。说明增大锚杆锚固长度有利于锚杆承载性能的充分发挥。

6.2.1.2　锚杆峰值拉拔载荷与位移特征

图 6-10 显示了锚杆端头的峰值拉拔载荷与锚杆锚固长度的关系。从整体上看，锚杆的峰值拉拔载荷随着锚杆锚固长度的增加而增大。然而，值得注意的是，峰值拉拔载荷的增长趋势可以分为两个阶段：一是快速增长阶段；二是稳定增长阶段。在快速增长阶段，峰值拉拔载荷随着锚杆锚固长度的增大快速增加，而在稳定增长阶段，峰值拉拔载荷随着锚杆锚固长度的增大稳定增加。在快速增长阶段和稳定增长阶段之间，存在一个转折点，该转折点位置取决于锚杆达到峰值拉拔载荷时锚固界面承载状态的分布特征。

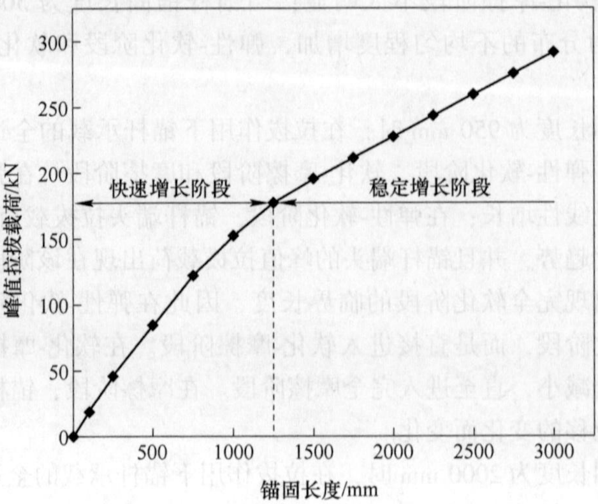

图 6-10　峰值拉拔载荷与锚杆锚固长度的关系

为更好地解释锚杆锚固长度对峰值拉拔载荷的影响，通过式（6-34）、式（6-36）和式（6-53）对不同锚固长度锚杆峰值拉拔载荷所对应的锚固界面状态特征进行了分析，通过相应计算得到锚杆达到峰值拉拔载荷时对应的弹性段长度和软化段长度分别为 883 mm 和 387 mm，若假设摩擦段长度为零，则得到临界锚杆锚固长度为 1271 mm，这与图 6-10 中显示的位置基本一致。图 6-11 显示了不同锚固长度锚杆峰值拉拔载荷所对应的锚固界面状态特征。当锚杆锚固长度小于 1271 mm 时，随着锚杆锚固长度的增大，峰值拉拔载荷所对应的锚固界面弹性段长度和软化段长度均增大，并且弹性段长度的增幅明显大于软化段，因此峰值拉拔载荷呈快速增长趋势。当锚杆锚固长度大于 1271 mm 时，随着锚杆锚固长度的增大，峰值拉拔载荷所对应的弹性段长度和软化段长度基本保持不变，而增加的只有摩擦段长度，因此峰值拉拔载荷呈稳定增长趋势。

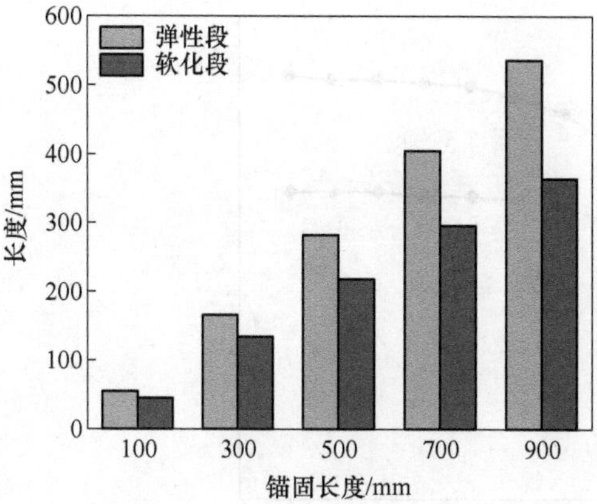

(a) 快速增长阶段

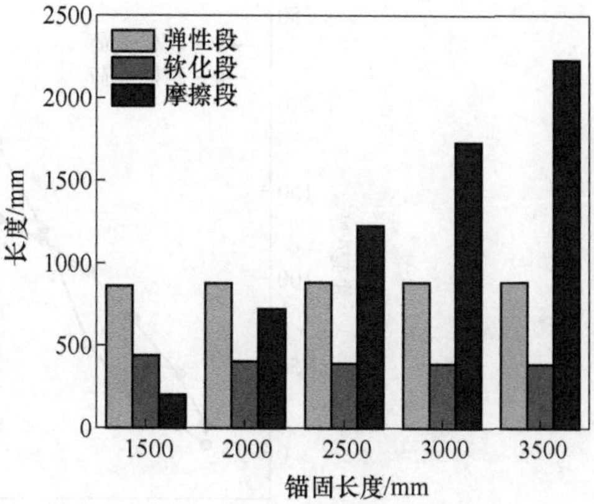

(b) 稳定增长阶段

图 6-11 峰值拉拔载荷对应的锚固界面状态特征

图 6-12 显示了不同锚固长度锚杆峰值拉拔载荷对应位移的特征。由图可知，随着锚杆锚固长度的增大，峰值拉拔载荷对应的位移逐渐增大。表明锚杆锚固长度的增大能够提高锚杆抵抗失效的能力，增强锚杆支护的耐久性。

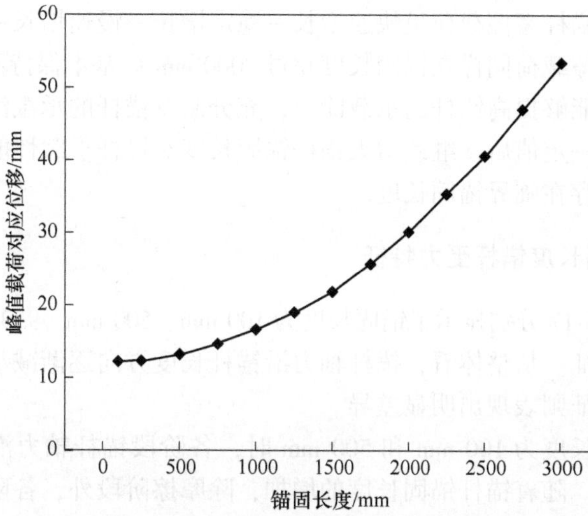

图 6-12 峰值拉拔载荷对应位移与锚杆锚固长度的关系

6.2.1.3 锚杆拉拔软化载荷与摩擦载荷特征

图 6-13 显示了不同锚固长度锚杆的软化载荷和摩擦载荷特征。需要说明的是，锚杆拉拔软化载荷是指锚固界面开始出现软化段时所对应的载荷，而摩擦载荷是指锚固界面开始出现摩擦段时所对应的载荷。

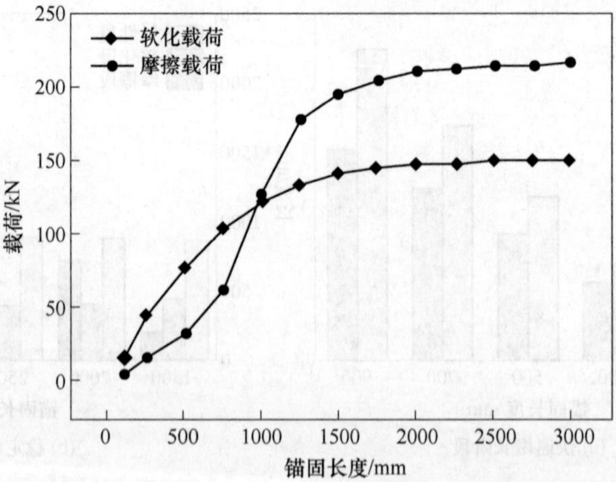

图 6-13　不同锚固长度锚杆软化与摩擦载荷特征

由图 6-13 可知，锚杆锚固长度对锚杆软化载荷和摩擦载荷有显著影响。随着锚杆锚固长度的增大，锚杆软化载荷逐渐增大。当锚杆锚固长度超过 2000 mm 时，锚杆软化载荷不再随锚固长度的增大而增大，且基本保持不变。随着锚杆锚固长度的增大，锚杆摩擦载荷呈快速增长—稳定增长—慢速增长—保持稳定的变化趋势。锚杆摩擦载荷同样在锚固长度超过 2000 mm 后基本保持不变。因此，增大锚杆锚固长度能够提高锚杆的承载能力，充分激发锚杆的承载潜能，但当锚杆锚固长度增大到一定值后，继续增大锚杆锚固长度对锚杆承载性能的影响不再明显，即锚杆支护存在临界锚固长度。

6.2.2　不同锚固长度锚杆受力特征

图 6-14~图 6-17 分别显示了锚固长度为 100 mm、500 mm、950 mm 和 2000 mm 的锚杆的受力特征。从整体看，锚杆轴力沿锚杆长度方向逐渐减小，而锚固界面的剪应力分布特征则表现出明显差异。

当锚杆锚固长度为 100 mm 和 500 mm 时，各阶段锚杆轴力沿锚杆长度方向几乎呈线性降低。随着锚杆锚固长度的增加，除摩擦阶段外，各阶段锚杆轴力沿锚杆长度方向的非线性降低趋势逐渐明显，且锚杆加载端的轴力逐渐增大，锚杆轴力的作用范围也增大，表明增大锚杆的锚固长度有利于提高锚杆的承载能力，增强锚杆支护效果。当锚杆锚固长度为 950 mm 时，在弹性阶段，靠近加载端附近的锚杆轴力的降低趋势明显快于远离加载端的锚杆轴力的降低趋势；在弹性-软化阶段和软化-摩擦阶段，靠近加载端附近的锚杆轴力的降低趋势又明显慢于远离加载端的锚杆轴力的降低趋势。这主要是由锚固界面在不同状态下的增阻特性差异所致。当锚杆锚固长度为 2000 mm 时，弹性阶段和弹性-软化阶段时锚杆轴力的变化特征同锚杆锚固长度为950 mm时基本类似；在弹性-软化-摩擦阶段，锚杆轴力变化趋势表现出沿锚杆长度方向先稳定线性降低，而后快速非线性降低的特点；在软化-摩擦阶段，锚杆轴力沿锚杆长度方向又表现出线性降低趋势，这是由于摩擦段长度远大于软化段长度。

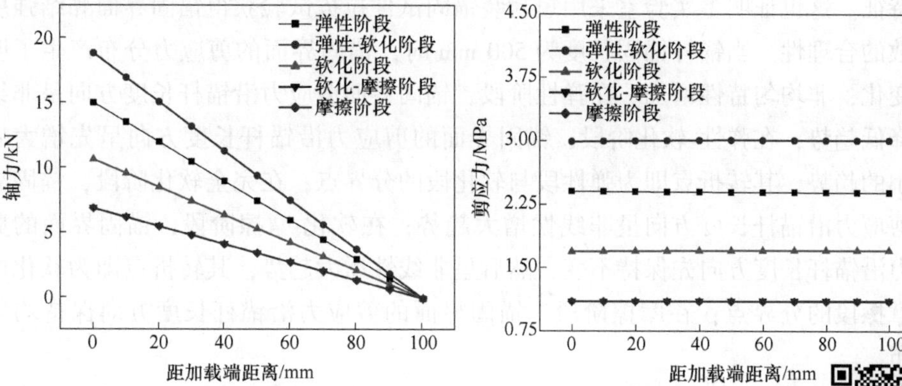

(a) 轴力　　(b) 剪应力

图 6-14　100 mm 锚固长度锚杆受力特征

扫码看彩图

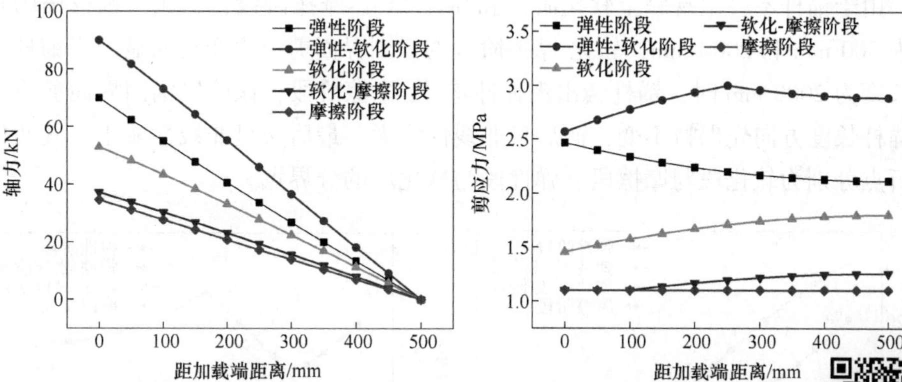

(a) 轴力　　(b) 剪应力

图 6-15　500 mm 锚固长度锚杆受力特征

扫码看彩图

对于锚固界面的剪应力，随着锚杆锚固长度的增大，锚杆剪应力分布的不均匀性逐渐增加。因此，在锚杆支护设计过程中要充分考虑锚杆剪应力的不均匀分布特征，以避免高估锚杆的承载能力而给工程带来安全隐患。同时，随着锚杆锚固长度的增大，锚杆尾部锚固界面剪应力的变化幅度增大，锚杆对拉拔载荷的响应范围也增大，因此锚杆的承载能力增加。这是由于增加的锚杆锚固长度同样起到了锚固作用，并且会在拉拔作用下逐渐发挥其承载能力。在锚杆拉拔过程中，峰值剪应力总是最先出现在锚杆加载端附近，并随着拉拔位移的增加逐渐向锚杆尾部转移。表明锚固界面的失效是由锚杆加载端开始，并逐渐向锚杆尾部发展的过程，表现出渐进失效的特征。

当锚杆锚固长度为 100 mm 时，锚固界面剪应力在各个阶段表现出均匀分布的特征。这也证明了实验室采用短封装锚固试件拉拔试验获得锚固界面黏结强度参数的合理性。当锚杆锚固长度为 500 mm 时，锚固界面的剪应力分布产生了明显变化，非均匀特性增加。在弹性阶段，锚固界面剪应力沿锚杆长度方向呈非线性降低趋势；在弹性-软化阶段，锚固界面的剪应力沿锚杆长度方向呈先增大后减小的趋势，其转折点即为弹性段与软化段的分界点；在完全软化阶段，锚固界面剪应力沿锚杆长度方向呈非线性增大趋势；在软化-摩擦阶段，锚固界面的剪应力沿锚杆长度方向先保持不变，然后呈非线性增大趋势，其转折点即为软化段与摩擦段的分界点；在摩擦阶段，锚固界面的剪应力沿锚杆长度方向保持均匀分布。

当锚杆锚固长度为 950 mm 和 2000 mm 时，弹性阶段、弹性-软化阶段和摩擦阶段时锚固界面剪应力分布特征与锚杆锚固长度为 500 mm 时基本相同，只是在剪应力分布的不均匀程度上愈发明显。而不同的是，当锚杆锚固长度为 950 mm 时，由于锚杆不会出现完全软化阶段和弹性-软化-摩擦阶段，相比于锚杆锚固长度为 500 mm 和 2000 mm，软化-摩擦阶段的锚固界面剪应力变化明显。当锚杆锚固长度为 2000 mm 时，锚杆会出现弹性-软化-摩擦阶段，该阶段锚固界面剪应力沿锚杆长度方向先保持不变，而后呈非线性增大，最后又呈非线性减小，其两次转折点分别为软化段与摩擦段、弹性段与软化段的分界点。

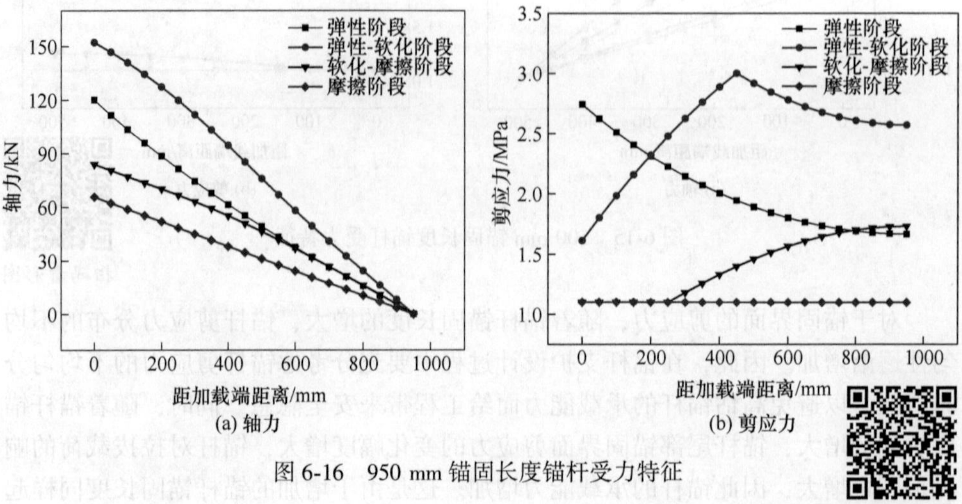

(a) 轴力　　(b) 剪应力

图 6-16　950 mm 锚固长度锚杆受力特征

扫码看彩图

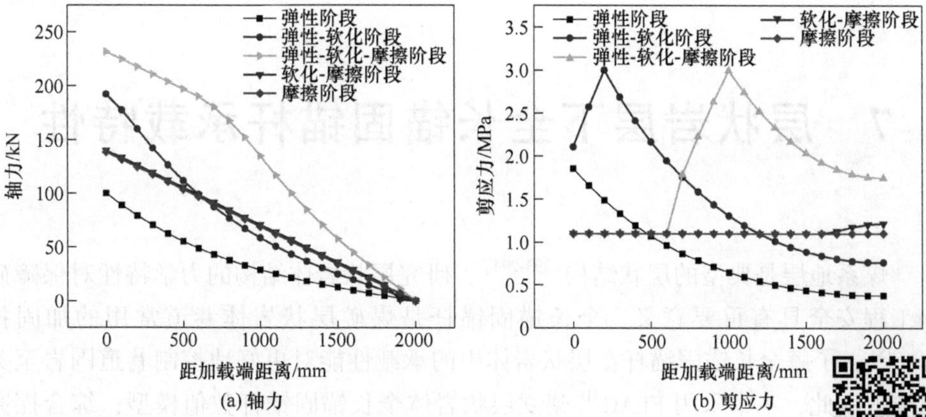

(a) 轴力　　(b) 剪应力

图 6-17 2000 mm 锚固长度锚杆受力特征

扫码看彩图

6.3 本章小结

本章基于锚固界面承载的力学本构模型，系统分析了拉拔作用下锚固系统的全过程承载特性，探讨了不同锚固长度锚杆承载的载荷-位移曲线、承载过程及受力演化，主要结论如下：

(1) 在拉拔作用下，锚固系统的承载失效是一个渐进的过程，且承载过程主要可分为以下几个阶段：完全弹性阶段、弹性-软化阶段、完全软化阶段/弹性-软化-摩擦阶段、软化-摩擦阶段和完全摩擦阶段。结合试验得到的锚固界面黏结-滑移关系，理论推导了锚杆各个承载阶段受力特征的解析解。

(2) 锚杆的承载特性与其锚固长度有很大关系。锚杆锚固长度会显著影响拉拔载荷-位移曲线的形态。随着锚杆锚固长度的增大，拉拔载荷-位移曲线逐渐出现明显的缓慢增长区，且峰后拉拔载荷的下降趋势逐渐由平缓变得陡峭。

(3) 随着锚杆锚固长度的增加，锚杆拉拔承载过程发生明显变化。锚杆锚固长度较小时，峰值拉拔载荷出现在弹性-软化阶段。随着锚杆锚固长度的增加，峰值拉拔载荷会出现在弹性-软化-摩擦阶段。锚杆锚固长度增加能提高锚杆的承载性能，增强锚杆抵抗失效的能力。随着锚杆锚固长度的增加，锚杆峰值拉拔载荷及对应位移均增大，锚杆软化载荷和摩擦载荷先逐渐增大后保持不变，锚杆存在临界锚固长度。

(4) 拉拔作用下，锚杆轴力沿锚杆长度方向逐渐降低，锚固界面峰值剪应力最先出现在锚杆加载端，并逐渐向锚杆尾部移动。随着锚杆锚固长度的增加，锚杆轴力和锚固界面剪应力的作用范围增大，锚杆承载特性增强，锚杆轴力的变化趋势逐渐由线性降低变为非线性降低，锚固界面剪应力分布的不均匀性逐渐增加。

7 层状岩层下全长锚固锚杆承载特性

煤系地层是典型的层状结构[293-294]，研究层状岩体结构的力学特性对保障矿山工程安全具有重要意义。全长锚固锚杆是煤矿层状岩体巷道常用的加固技术[295]，了解全长锚固锚杆在层状岩体中的承载性能对更好地控制巷道围岩至关重要。因此，本章采用 FLAC^{3D} 建立层状岩体全长锚固锚杆数值模型，综合探究岩层顺序、岩层厚度和岩层数量对全长锚固锚杆拉拔承载性能和失效特征的影响，以期进一步了解全长锚固锚杆的拉拔承载性能，为全长锚固锚杆支护提供有益指导。

7.1 数值模型建立

7.1.1 不同岩层中锚固界面黏结特性

在煤矿中，层状岩体结构由不同类型的岩石组成，如硬岩和软岩，进而形成软硬岩石交互的锚固条件，如图 7-1 所示。已有研究表明，层状岩体对工程结构的稳定性有较大的影响[296-300]。研究层状岩体结构的力学特性对于保障矿山工程安全具有重要意义。

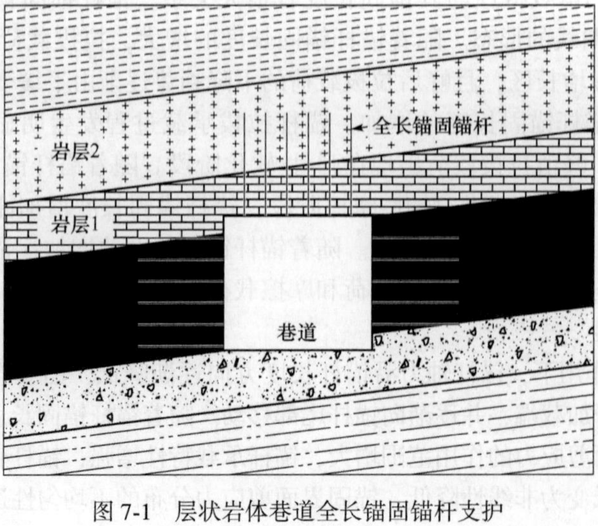

图 7-1 层状岩体巷道全长锚固锚杆支护

通常，不同岩石条件下锚固界面表现出不同的黏结特性[214]。为了研究全长锚固锚杆在层状岩体中的拉拔承载性能，采用设置不同的锚固界面黏结参数来模拟硬岩和软岩中锚固界面的力学行为，如图 7-2 所示。在硬岩中，锚固界面黏结参数设置为 $u_p = 1.50$ mm、$\tau_p = 6.40$ MPa、$u_f = 4.50$ mm、$\tau_f = 1.60$ MPa。在软岩中，锚固界面黏结参数设置为 $u_p = 6.00$ mm、$\tau_p = 1.20$ MPa、$u_f = 18.00$ mm、$\tau_f = 0.30$ MPa。需要说明的是，软硬岩石中锚固界面黏结参数的选择充分考虑了不同岩体的力学特性和现有的研究成果。

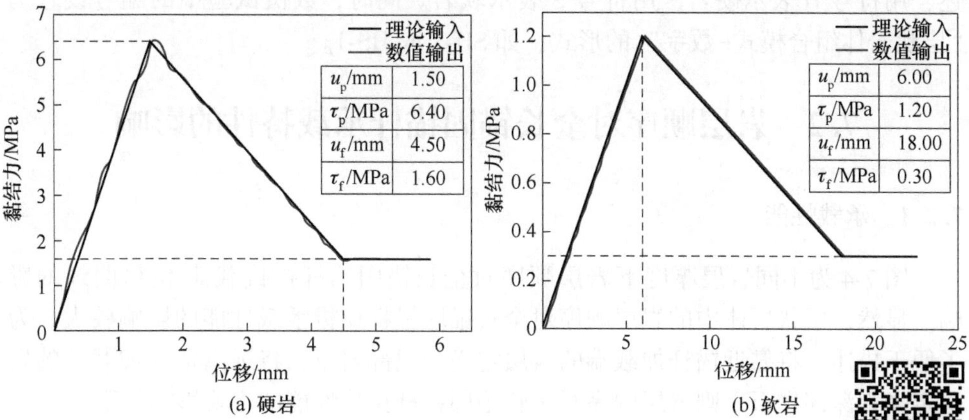

图 7-2 不同岩层中锚杆锚固界面的黏结特性

扫码看彩图

7.1.2 数值模型及试验方案

为了更好地探究层状岩体中全长锚固锚杆的拉拔承载性能，采用 $FLAC^{3D}$ 建立了如图 7-3 所示的数值模型。模型的尺寸为 2400 mm×100 mm×100 mm（长×宽×高），模型上下表面固定 Z 方向的位移，前后表面固定 X 方向的位移，左右表

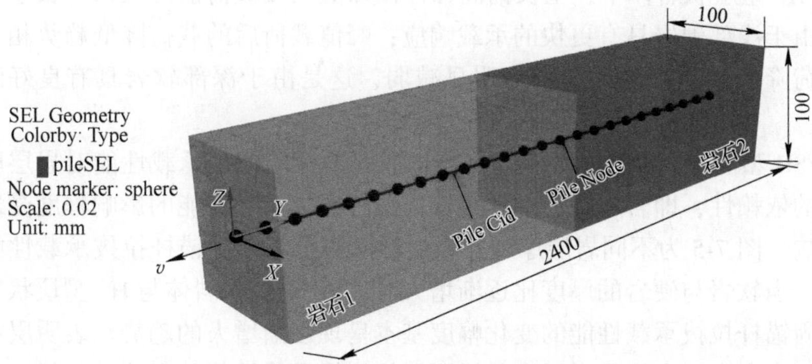

图 7-3 数值计算模型

扫码看彩图

面固定 Y 方向的位移，并通过沿数值模型 Y 方向设置不同的锚固界面黏结参数来模拟层状岩体结构。采用 Pile 结构单元来模拟锚杆，锚杆直径为 20 mm，锚固钻孔直径为 30 mm，锚杆黏结长度为 2400 mm，Pile 结构单元包括 24 个 Pile Cids 和 25 个 Pile Nodes。锚杆加载端的拉拔速率设置为 10^{-6} m/step。

根据层状岩体的结构特点，本节主要探究层状岩体中的岩层顺序、岩层厚度和岩层数量对全长锚固锚杆拉拔性能的影响。数值建模中所需的岩石及锚杆的物理力学参数见表 5-1，具体的详细数值试验方案见表 7-1。为了便于后文的分析描述，用符号 H 表示硬岩，用符号 S 表示软岩。同时，数值试验中的编号设置为“层状岩体组合模式-数字”的形式，如 SH-1 或 HS-1。

7.2　岩层顺序对全长锚固锚杆承载特性的影响

7.2.1　承载性能

图 7-4 为不同岩层厚度下岩层顺序对全长锚固锚杆拉拔载荷-位移曲线的影响。显然，层状岩体中的岩层顺序对全长锚固锚杆拉拔承载性能的影响较大。为了便于描述，将靠近锚杆加载端的岩层定义为浅部岩石，将远离锚杆加载端的岩层定义为深部岩石。则岩层顺序对全长锚固锚杆拉拔性能的主要影响如下：

（1）在 SH 型层状岩体中，全长锚固锚杆具有较高的拉拔承载能力和较大的变形能力。例如，当软岩与硬岩厚度比为 1∶1 时，SH 型层状岩体中全长锚固锚杆的峰值拉拔载荷为 412.74 kN，而 HS 型层状岩体中全长锚固锚杆的峰值拉拔载荷为 343.64 kN，降低了 16.74%；SH 型层状岩体中全长锚固锚杆峰值拉拔载荷所对应的位移为 12.10 mm，而 HS 型层状岩体中全长锚固锚杆峰值拉拔载荷所对应的位移为 4.89 mm，降低了 59.59%。表明当层状岩体中深部岩石为硬岩时，全长锚固锚杆的承载性能更强，能更好地抵抗外载荷引起的失效。

（2）在 HS 型层状岩体中，全长锚固锚杆在峰值拉拔载荷前的载荷增长速率较快，这是由于浅部硬岩具有更快的承载响应；峰值载荷后的载荷降低趋势相对缓慢，且载荷降低过程中的振荡行为明显减弱，这是由于深部软岩具有良好的延性。

（3）在 SH 型和 HS 型层状岩体中，全长锚固锚杆的拉拔承载性能对岩层厚度具有明显的依赖性，即岩层顺序对全长锚固锚杆拉拔承载性能的影响程度受岩层厚度的影响。图 7-5 为不同岩层厚度下岩层顺序对全长锚固锚杆拉拔承载性能的影响规律。当软岩与硬岩的厚度比逐渐增大时，SH 型层状岩体与 HS 型层状岩体中全长锚固锚杆拉拔承载性能的变化幅度基本呈现逐渐增大的趋势。表明层状岩体中岩层厚度会增强岩层顺序对全长锚固锚杆拉拔承载性能的影响。值得注意的是，当软岩与硬岩的厚度比为 5∶1 时，HS 型层状岩体中全长锚固锚杆峰值拉

表 7-1 数值试验方案

类型		方案				
S	编号	S				
	图例	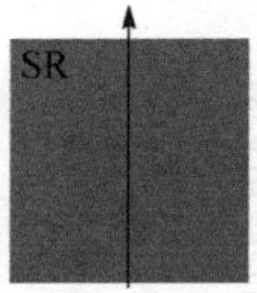				
SH	编号	SH-1	SH-2	SH-3	SH-4	SH-5
	图例	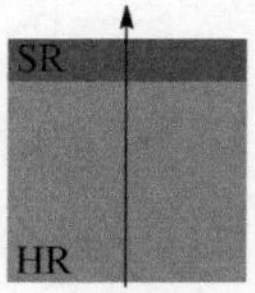	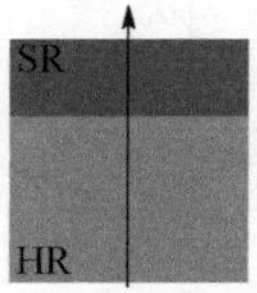	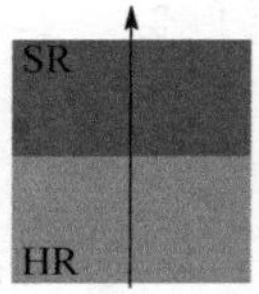	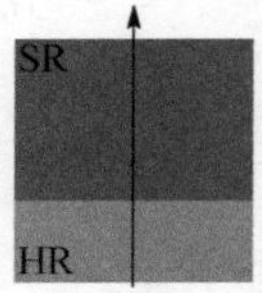	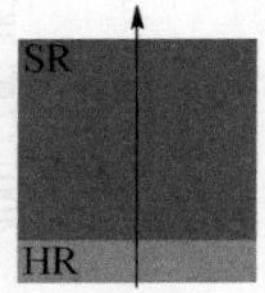
	参数	S : H=1 : 5	S : H=1 : 2	S : H=1 : 1	S : H=2 : 1	S : H=5 : 1
HS	编号	HS-1	HS-2	HS-3	HS-4	HS-5
	图例	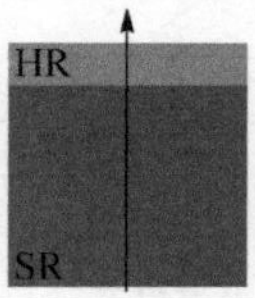	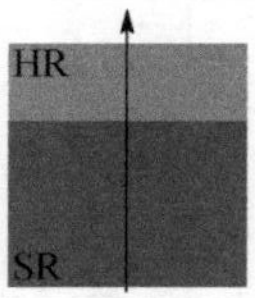	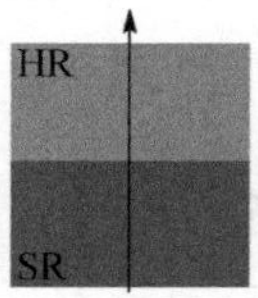	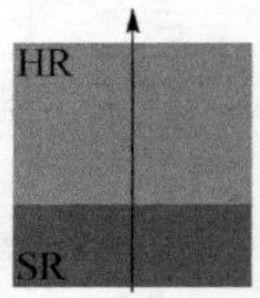	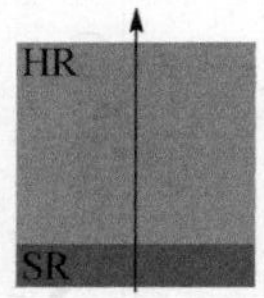
	参数	H : S=1 : 5	H : S=1 : 2	H : S=1 : 1	H : S=2 : 1	H : S=5 : 1
H	编号	H				
	图例	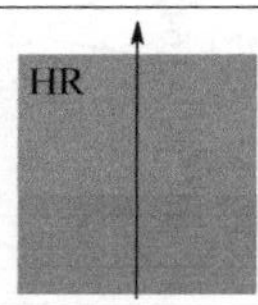				

拔载荷所对应的位移较 SH 型层状岩体中有所增加。这是由于层状岩体中延性较好的软岩厚度增加引起拉拔载荷-位移曲线出现“双峰”现象所致。

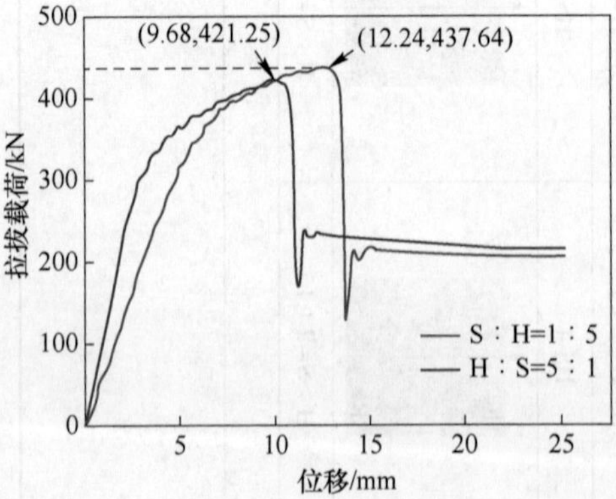

(a) S：H=1：5

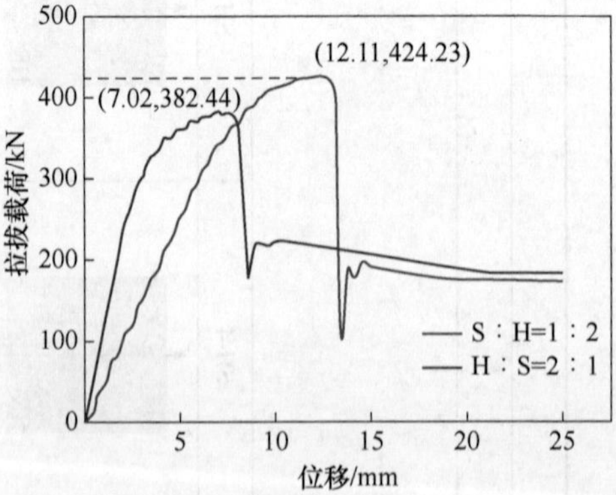

(b) S：H=1：2

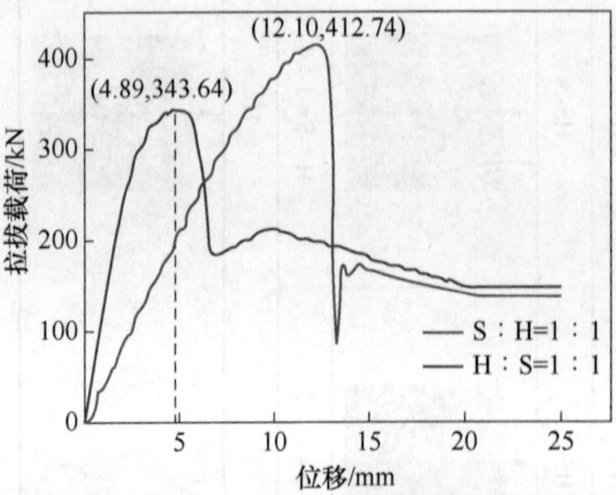

(c) S：H=1：1

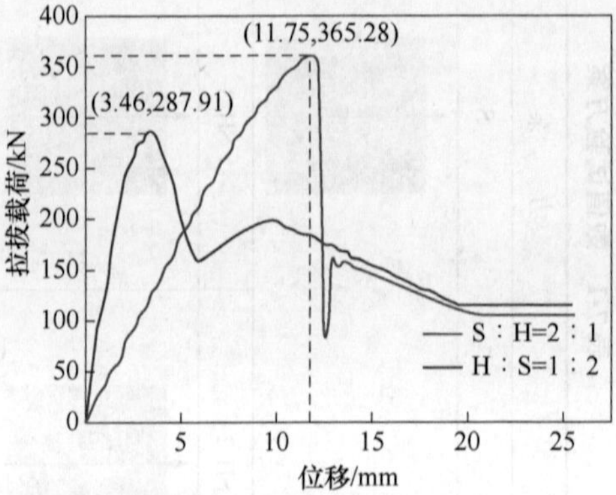

(d) S：H=2：1

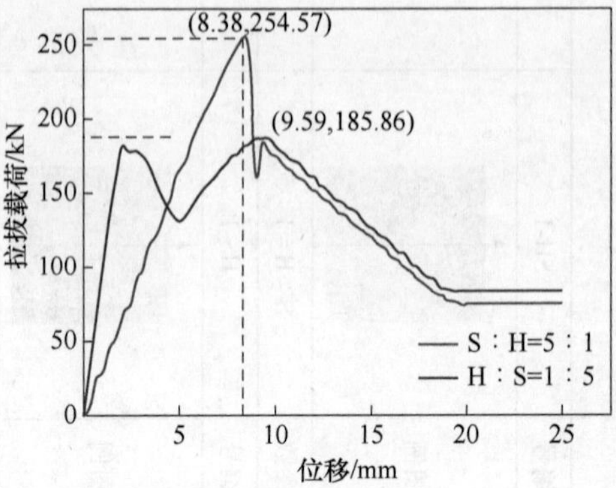

(e) S：H=5：1

图 7-4　不同岩层厚度下岩层顺序对全长锚固锚杆拉拔载荷-位移特征的影响

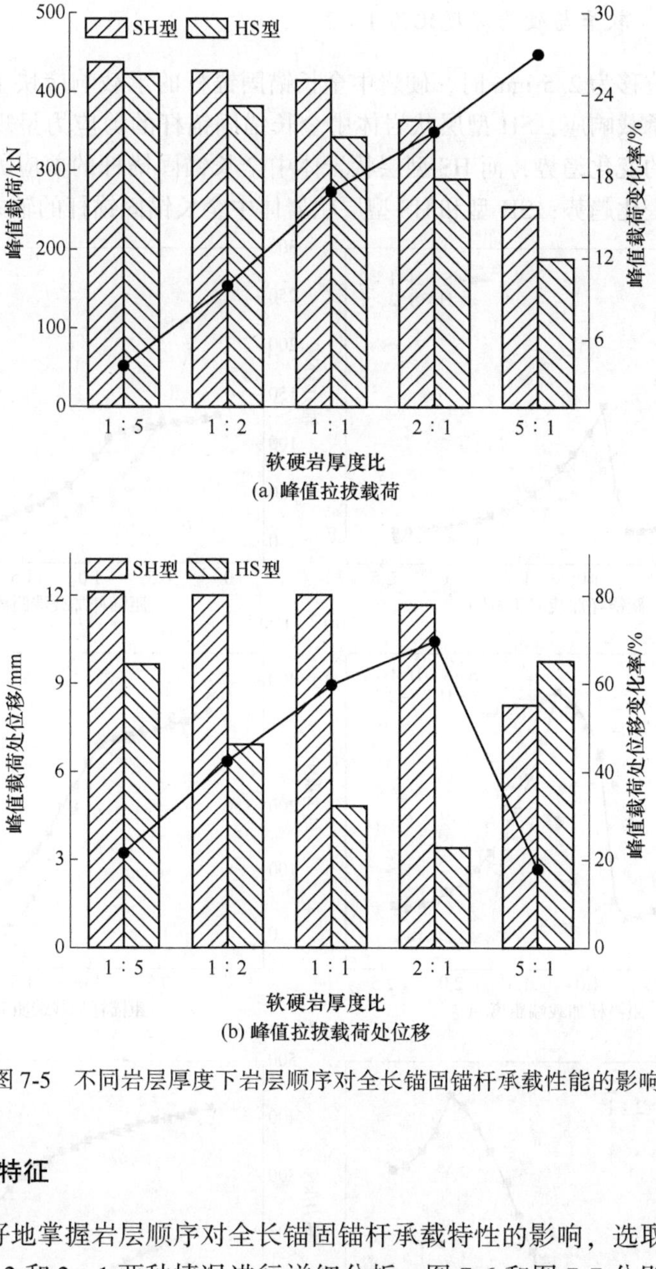

图 7-5　不同岩层厚度下岩层顺序对全长锚固锚杆承载性能的影响

7.2.2　应力特征

为了更好地掌握岩层顺序对全长锚固锚杆承载特性的影响，选取软岩与硬岩厚度比为 1∶2 和 2∶1 两种情况进行详细分析。图 7-6 和图 7-7 分别为软岩与硬岩厚度比为 1∶2 和 2∶1 时全长锚固锚杆的受力特性，图中（a）、（b）、（c）、（d）分别表示拉拔位移为 2.5 mm、7.5 mm、12.5 mm 和 17.5 mm 四种情况时全长锚固锚杆轴力和剪应力的分布特征。不难看出，岩层顺序对全长锚固锚杆的受力特性有较大的影响。下面对两种情况进行详细分析。

7.2.2.1 软岩与硬岩厚度比为 1∶2

当拉拔位移为 2.5 mm 时，硬岩中全长锚固锚杆的承载响应快于软岩中全长锚固锚杆的承载响应，SH 型层状岩体中全长锚固锚杆的剪应力呈现出先减小后增大再减小的变化趋势，而 HS 型层状岩体中全长锚固锚杆的剪应力呈现出先增大后减小的变化趋势；SH 型和 HS 型层状岩体中全长锚固锚杆的轴力均呈现出减

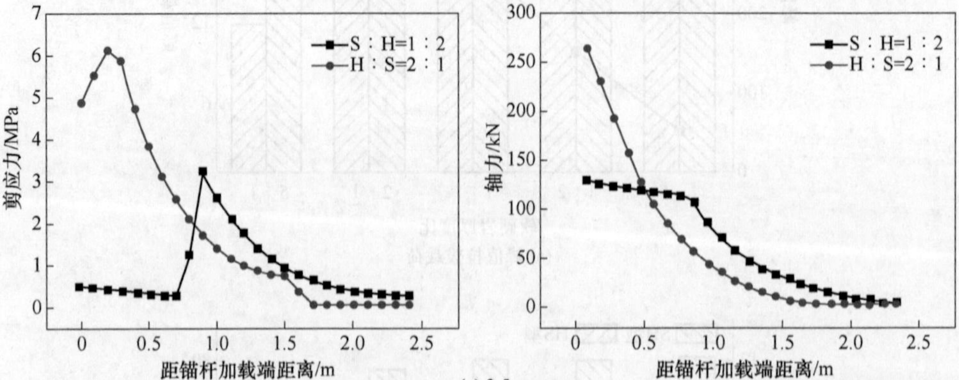

(a) 2.5 mm

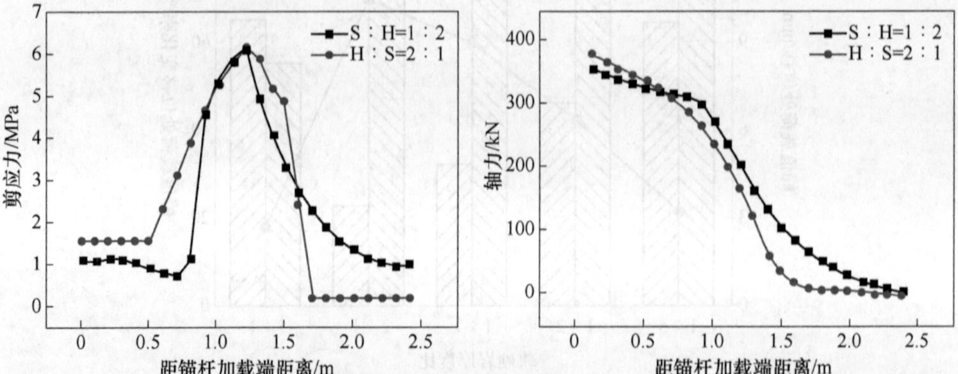

(b) 7.5 mm

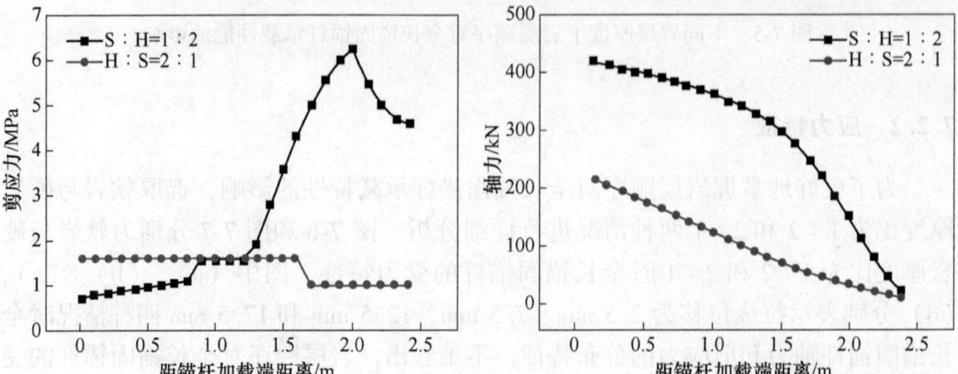

(c) 12.5 mm

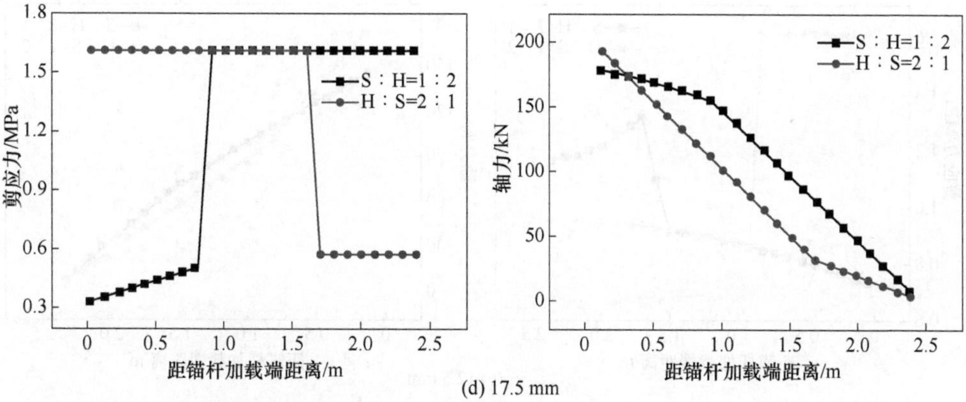

(d) 17.5 mm

图 7-6 软岩与硬岩厚度比为 1：2 时全长锚固锚杆受力特性

小的变化趋势。由于硬岩中锚杆的黏结性能强于软岩中的锚杆，因此硬岩中全长锚固锚杆在拉拔承载过程中表现出较强的载荷敏感度和较大的变化梯度。

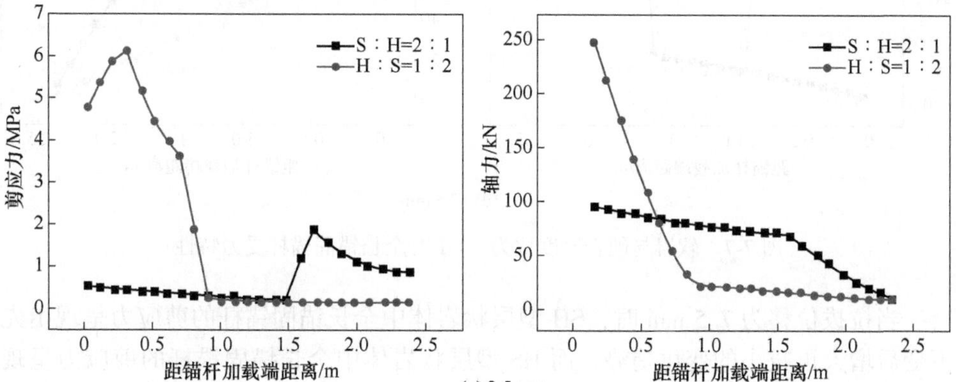

(a) 2.5 mm

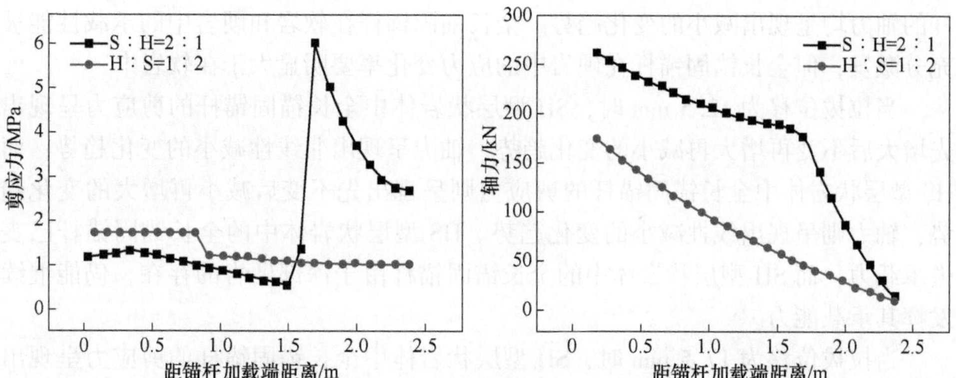

(b) 7.5 mm

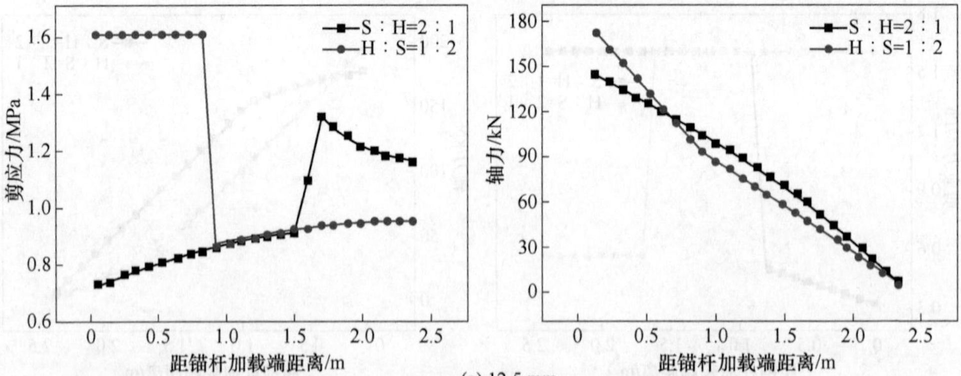

(c) 12.5 mm

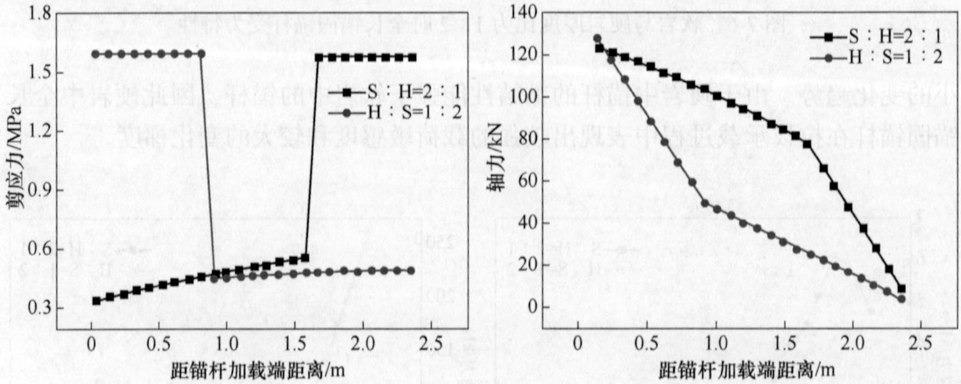

(d) 17.5 mm

图 7-7　软岩与硬岩厚度比为 2：1 时全长锚固锚杆受力特性

当拉拔位移为 7. 5 mm 时，SH 型层状岩体中全长锚固锚杆的剪应力呈现出先不变后增大再减小的变化趋势，而 HS 型层状岩体中全长锚固锚杆的剪应力呈现出先增大后减小再增大再减小的变化趋势；SH 型和 HS 型层状岩体中全长锚固锚杆的轴力均呈现出减小的变化趋势。全长锚固锚杆在软岩和硬岩中的承载性能被充分激发，但全长锚固锚杆在硬岩中的应力变化率要明显大于在软岩中。

当拉拔位移为 12. 5 mm 时，SH 型层状岩体中全长锚固锚杆的剪应力呈现出先增大后不变再增大再减小的变化趋势，轴力呈现出非线性减小的变化趋势；而 HS 型层状岩体中全长锚固锚杆的剪应力则呈现出先不变后减小再增大的变化趋势，轴力则呈现出线性减小的变化趋势。HS 型层状岩体中的全长锚固锚杆已丧失承载力，而 SH 型层状岩体中的全长锚固锚杆由于深部硬岩的存在，仍能继续发挥其承载能力。

当拉拔位移为 17. 5 mm 时，SH 型层状岩体中全长锚固锚杆的剪应力呈现出先增加后不变的变化趋势，HS 型层状岩体中全长锚固锚杆的剪应力呈现先不变后减小再增大的变化趋势；SH 型和 HS 型层状岩体中全长锚固锚杆的轴力均呈现出双折线减小的变化趋势。SH 型和 HS 型层状岩体中全长锚固锚杆均已丧失承载能力。

7.2.2.2 软岩与硬岩厚度比为 2∶1

当拉拔位移为 2.5 mm 时，由于硬岩中全长锚固锚杆的承载响应较快，导致硬岩中全长锚固锚杆的剪应力明显大于软岩中。SH 型层状岩体中全长锚固锚杆的剪应力呈现出先减小后增大再减小的变化趋势，而 HS 型层状岩体中全长锚固锚杆的剪应力呈现出先增大后减小的变化趋势；SH 型和 HS 型层状岩体中全长锚固锚杆的轴力均呈现出减小的变化趋势。与软岩与硬岩厚度比为 1∶2 的情况相比，由于层状岩体中软岩厚度的增加，硬岩中全长锚固锚杆的承载响应范围大幅度减小，且 SH 型层状岩体时深部硬岩中全长锚固锚杆的最大剪应力显著降低。

当拉拔位移为 7.5 mm 时，SH 型层状岩体中全长锚固锚杆的剪应力呈现出先增大后减小再增大再减小的变化趋势，轴力呈现出双折线减小的变化趋势；HS 型层状岩体中全长锚固锚杆的剪应力呈现出先不变后减小的变化趋势，轴力呈现出近似线性减小的变化趋势。与 SH 型层状岩体中全长锚固锚杆相比，HS 型层状岩体时浅部硬岩中全长锚固锚杆已丧失其承载能力，深部软岩中全长锚固锚杆的承载能力逐渐被激发。这也解释了 HS 型层状岩体中全长锚固锚杆的拉拔载荷-位移曲线出现双峰现象的原因。

当拉拔位移为 12.5 mm 时，SH 型层状岩体中全长锚固锚杆的剪应力呈现出先增大后减小的变化趋势，HS 型层状岩体中全长锚固锚杆的剪应力呈现出先不变后减小再增大的变化趋势；SH 型和 HS 型层状岩体中全长锚固锚杆的轴力均呈现出减小的变化趋势。无论是 SH 型层状岩体还是 HS 型层状岩体，全长锚固锚杆的承载能力逐渐丧失，剪应力和轴力均减小。

当拉拔位移为 17.5 mm 时，SH 型层状岩体中全长锚固锚杆的剪应力呈现出先增大后不变的变化趋势，HS 型层状岩体中全长锚固锚杆的剪应力呈现出先不变后减少再增大的变化趋势；SH 型和 HS 型层状岩体中全长锚固锚杆的轴力呈现出双折线减小的变化趋势。SH 型和 HS 型层状岩体中全长锚固锚杆均已丧失承载能力。

7.3 岩层厚度对全长锚固锚杆承载特性的影响

7.3.1 承载性能

图 7-8 为层状岩体中岩层厚度对全长锚固锚杆拉拔载荷-位移曲线的影响。显

然，层状岩体中岩层厚度对全长锚固锚杆的拉拔承载性能有较大的影响。无论是在 SH 型层状岩体还是在 HS 型层状岩体中，全长锚固锚杆的最大承载能力均大于纯软岩中，但小于纯硬岩中。

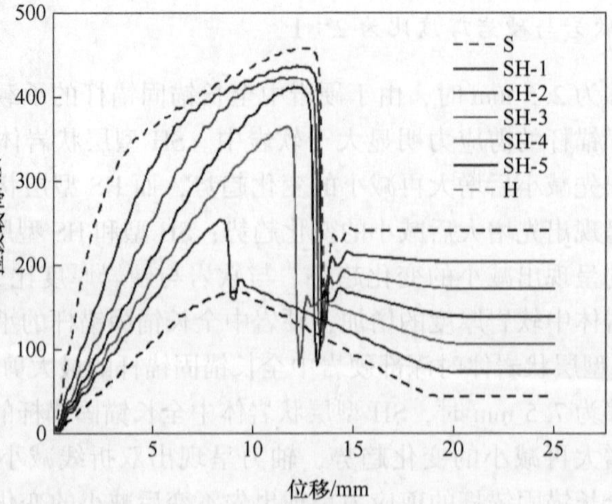

(a) SH型

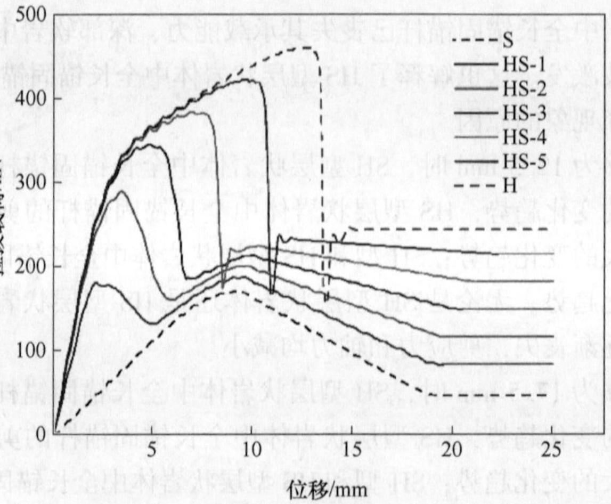

(b) HS型

扫码看彩图

图 7-8 岩层厚度对全长锚固锚杆拉拔载荷-位移曲线的影响

SH 型层状岩体中，随着软岩与硬岩厚度比的增大，全长锚固锚杆的拉拔承载性能逐渐下降，峰值载荷前的载荷增长趋势逐渐由非线性变为线性，载荷增长率逐渐减小；峰值载荷后载荷急剧下降引起的振荡行为逐渐减弱。表明层状岩体中较大的软岩厚度会降低全长锚固系统的承载性能，减弱全长锚固系统对外部载荷的敏感度。

在 HS 型层状岩体中，随着硬岩与软岩厚度比的增大，全长锚固锚杆的承载性能逐渐增强，峰值载荷后的载荷振荡行为也逐渐变得明显。可见，层状岩体中较大的硬岩厚度可以提高全长锚固系统的承载能力。值得注意的是，当硬岩与软岩厚度比较小时，全长锚固锚杆的拉拔承载特性曲线呈现出双峰特征；而当硬岩与软岩厚度比较大时，全长锚固锚杆的拉拔承载特性曲线呈现出单峰特征。这是因为当硬岩与软岩厚度比较小时，浅部硬岩和深部软岩中的全长锚固锚杆均能发挥其承载作用，可实现二次承载；当硬岩与软岩厚度比较大时，则浅部硬岩中的全长锚固锚杆为主要承载结构。

图 7-9 所示为层状岩体中岩层厚度对全长锚固锚杆承载性能的影响。由图可知，层状岩体中岩层厚度会显著影响全长锚固锚杆的拉拔承载能力和变形能力。在 SH 型层状岩体中，随着软岩与硬岩厚度比的增大，峰值拉拔载荷及峰值拉拔载荷所对应的位移均减小。在 HS 型层状岩体中，随着硬岩与软岩厚度比的增大，峰值拉拔载荷及峰值拉拔载荷所对应的位移均增大。对比 SH 型和 HS 型层状岩体的全长锚固锚杆发现，对深部岩体为硬岩的 SH 型层状岩体而言，软岩与硬岩厚度比的变化所引起的拉拔性能降低幅度和速率相对较小，而对深层岩体为软岩的 HS 型层状岩体而言，硬岩与软岩厚度比的变化所引起的拉拔性能增加幅度和速率相对较大。因此，层状岩体中较大的硬岩厚度有利于提高全长锚固锚杆的承载性能。

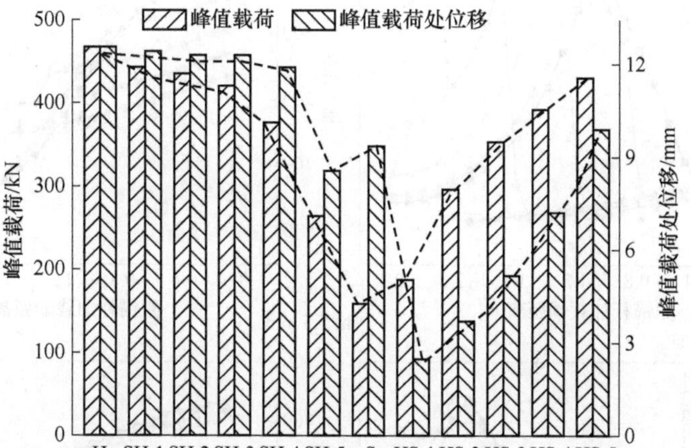

图 7-9 岩层厚度对全长锚固锚杆承载性能的影响

7.3.2 应力特征

图 7-10 为 SH 型层状岩体中软岩与硬岩厚度比对全长锚固锚杆受力特性的影响。图 7-11 为 HS 型层状岩体中硬岩与软岩厚度比对全长锚固锚杆受力特性的影

响。由图可知，层状岩体中岩层厚度对全长锚固锚杆的受力特性有较大的影响。

对 SH 型层状岩体中的全长锚固锚杆，当拉拔位移为 2.5 mm 时，硬岩中全长锚固锚杆为主要承载结构，软岩中全长锚固锚杆的承载响应速度明显弱于硬岩中。剪应力呈现出先减小后增大再减小的变化趋势，最大剪应力出现在软岩与硬岩的分界面处；轴力呈现出减小的变化趋势，最大轴力出现在锚杆加载端。随着软岩厚度的增加，最大剪应力逐渐减小，最大轴力也逐渐减小。

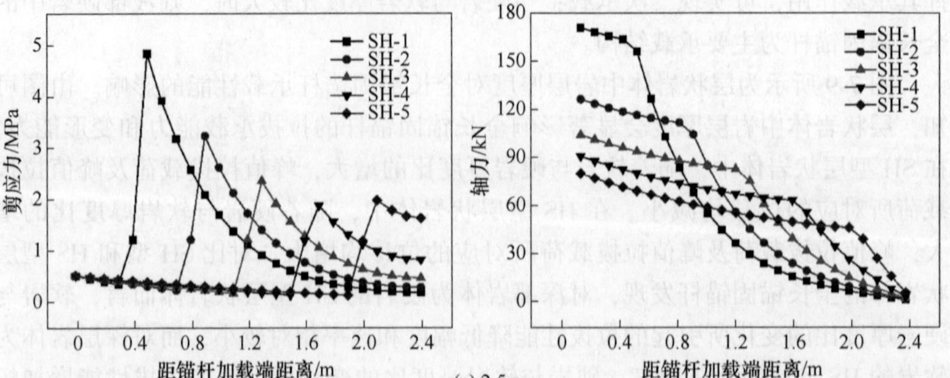

(a) 2.5 mm

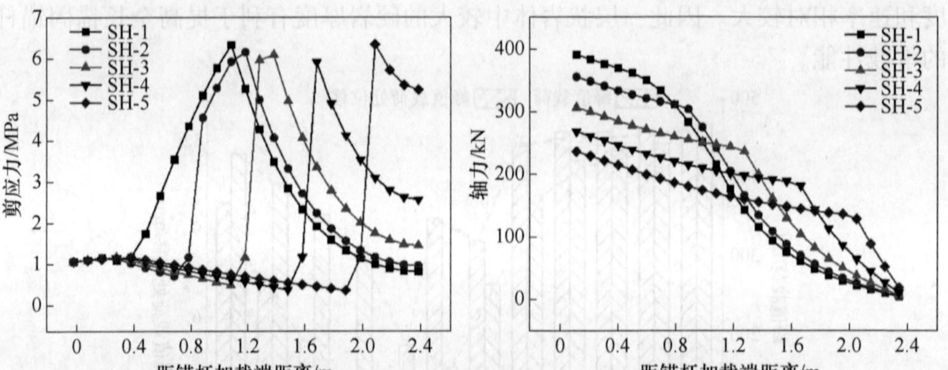

(b) 7.5 mm

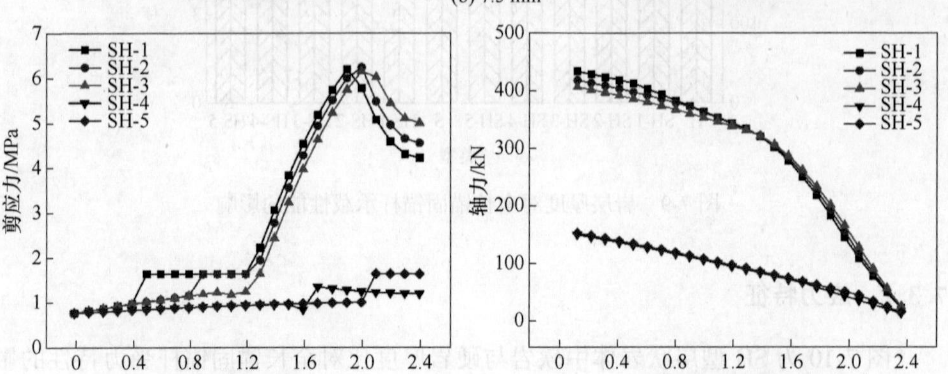

(c) 12.5 mm

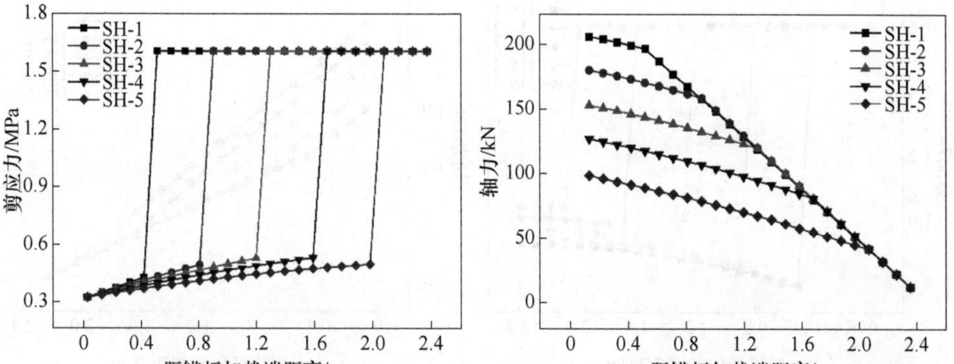

(d) 17.5 mm

图 7-10 SH 型层状岩体中软硬岩厚度比对全长锚固锚杆应力特征的影响

扫码看彩图

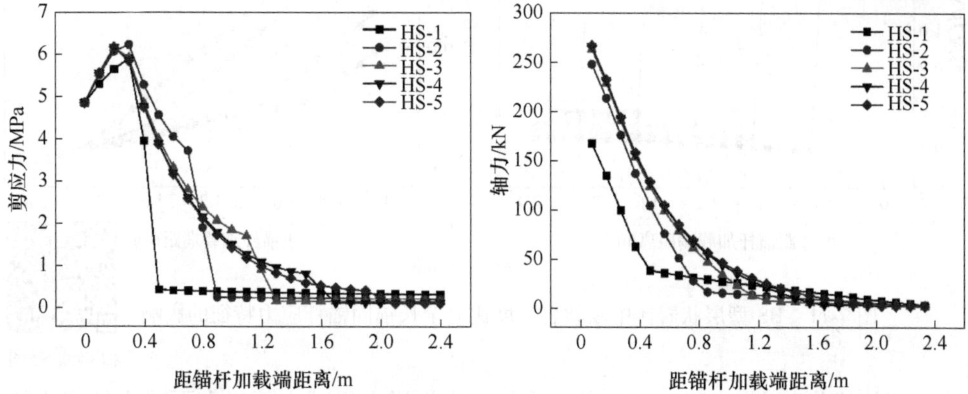

(a) 2.5 mm

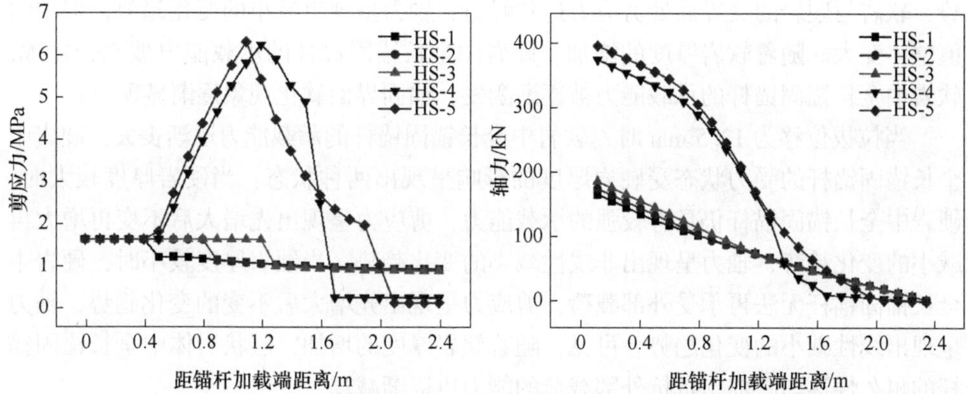

(b) 7.5 mm

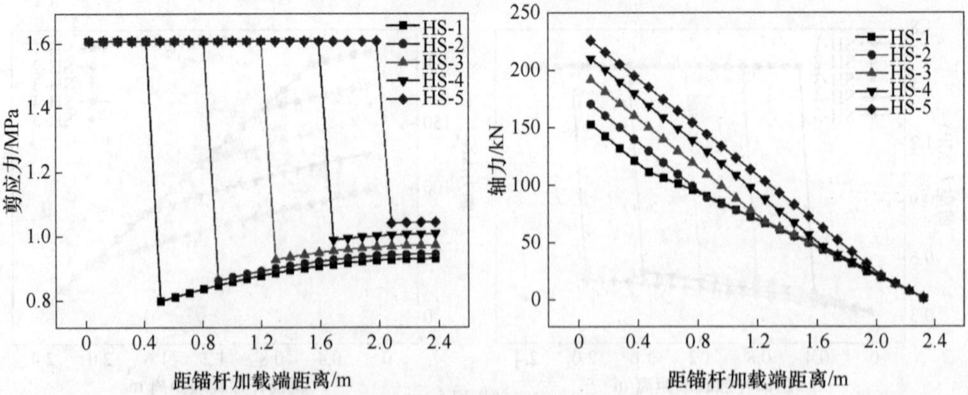

(c) 12.5 mm

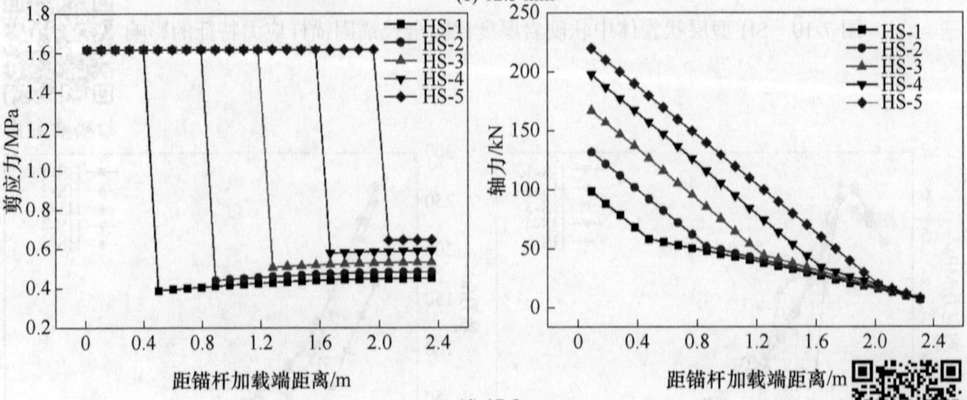

(d) 17.5 mm

图 7-11 HS 型层状岩体中硬软岩厚度比对全长锚固锚杆应力特征的影响

扫码看彩图

当拉拔位移为 7.5 mm 时，剪应力呈现出先增大后减小再增大再减小的变化趋势，软岩与硬岩的交界面处剪应力达到峰值；轴力呈现出减小的变化趋势，但轴力值整体变大。随着软岩厚度的增加，硬岩中全长锚固锚杆的承载能力被充分发挥，软岩中全长锚固锚杆的承载能力被逐渐激发，锚固界面软化现象逐渐显现。

当拉拔位移为 12.5 mm 时，软岩中全长锚固锚杆的承载能力逐渐丧失，硬岩中全长锚固锚杆的受力状态受硬岩厚度的影响呈现出两种状态：当硬岩厚度较大时，硬岩中全长锚固锚杆仍具有较强的承载能力，剪应力呈现出先增大后不变再增大再减小的变化趋势，轴力呈现出非线性减小的变化趋势；当硬岩厚度较小时，硬岩中全长锚固锚杆无法再承受外部载荷，剪应力呈现出先增大后不变的变化趋势，轴力呈现出线性减小的变化趋势。可见，随着软岩厚度的增加，层状岩体中全长锚固锚杆的耐久性逐渐减弱，抵抗外部载荷的能力也逐渐减弱。

当拉拔位移为 17.5 mm 时，硬岩中全长锚固锚杆的承载能力完全丧失，而软岩中全长锚固锚杆仍具有残余承载能力。剪应力呈现出先增大后不变的变化趋势，轴力呈现出双线性减小的变化趋势。随着软岩厚度的增加，层状岩体中全长锚固锚杆的残余承载能力逐渐降低。

对 HS 型层状岩体中的全长锚固锚杆，当拉拔位移为 2.5 mm 时，浅部硬岩中全长锚固锚杆对外部载荷能及时响应，而深部软岩中全长锚固锚杆对外部载荷则基本没有响应。剪应力呈现出先增大后减小的变化趋势，轴力呈现出减小的变化趋势。随着硬岩厚度的增加，全长锚固锚杆的承载响应范围逐渐增大，承载能力也逐渐增强。

当拉拔位移为 7.5 mm 时，由于硬岩厚度的变化，全长锚固锚杆的应力状态呈现出两种形式：当硬岩厚度较小时，全长锚固锚杆的整体承载性能逐渐丧失，剪应力呈现出先不变后减小的变化趋势，轴力呈现出近似线性减小的变化趋势；当硬岩厚度较大时，硬岩中全长锚固锚杆仍具有较强的承载能力，剪应力呈现出先不变后增大再减小的变化趋势，轴力呈现出非线性减小的变化趋势。随着硬岩厚度的增加，层状岩体中全长锚固锚杆表现出更好的承载能力和耐久性。

当拉拔位移为 12.5 mm 和 17.5 mm 时，硬岩中全长锚固锚杆的承载能力完全丧失，而软岩中全长锚固锚杆仍具有一定的承载能力。剪应力呈现出先不变后减少再增大的变化趋势，轴力呈现出双折现减小的变化趋势。随着硬岩厚度的增加，层状岩体中全长锚固锚杆的残余承载能力逐渐增大。

7.4　岩层数量对全长锚固锚杆承载特性的影响

图 7-12 为层状岩体中岩层数量对全长锚固锚杆拉拔载荷-位移曲线的影响。图中实线表示深部岩石为硬岩的情况，虚线则表示深部岩石为软岩的情况。不难发现，随着层状岩体中岩层数量的增加，全长锚固锚杆的拉拔承载能力整体呈现

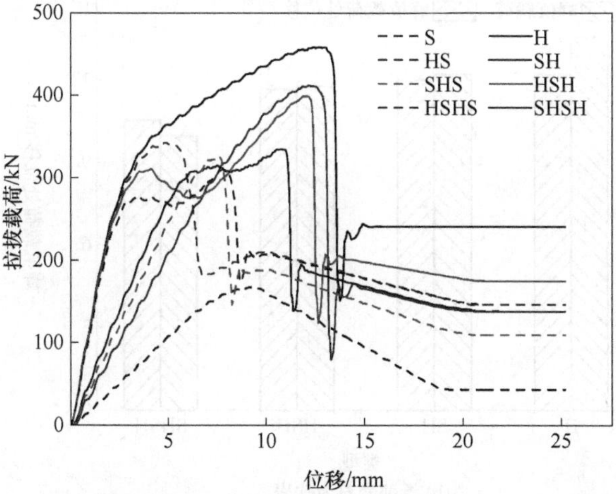

图 7-12　岩层数量对全长锚固锚杆拉拔载荷-位移曲线的影响

扫码看彩图

出减弱的变化趋势。值得注意的是，当层状岩体中出现硬岩-软岩-硬岩（HSH）的复合夹层结构时，全长锚固锚杆的拉拔载荷-位移曲线将呈现出双峰特征。这主要是由于硬岩中全长锚固锚杆的承载能力大于软岩中全长锚固锚杆的承载能力。

图 7-13 为层状岩体中岩层数量对全长锚固锚杆拉拔承载性能的影响。一般情况下，随着岩层数量的增加，全长锚固锚杆的承载能力呈现出减弱的变化趋势，但深部岩石性质的不同也会存在一定的差异。当深部岩石为软岩时，随着岩层数量的增加，全长锚固锚杆的峰值拉拔载荷逐渐减小，而峰值拉拔载荷所对应的位移则逐渐增大。这是因为软岩具有较好的延性特征，但承载能力较差；当深部岩石为硬岩时，随着岩层数量的增加，全长锚固锚杆的峰值拉拔载荷及峰值拉

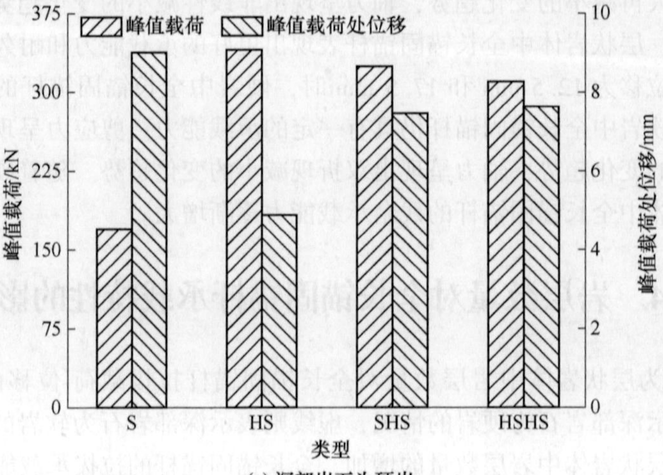

(a) 深部岩石为硬岩

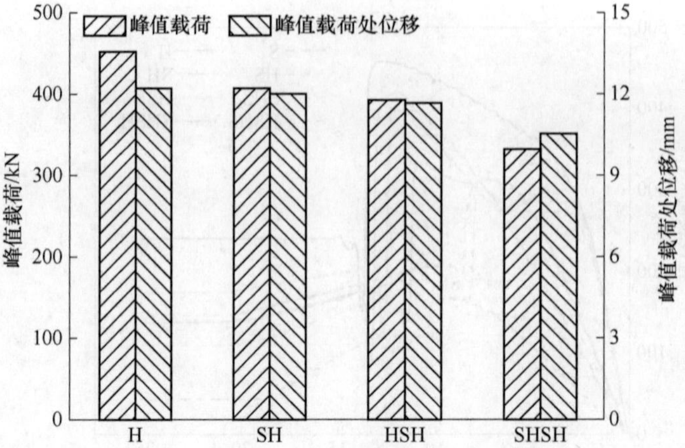

(b) 深部岩石为软岩

图 7-13　岩层数量对全长锚固锚杆拉拔承载性能的影响

拔载荷所对应的位移均逐渐减小。需要注意的是，当深部岩石为软岩时，层状岩体中全长锚固锚杆的变形能力虽然有所增强，但整体承载能力较弱，且受岩层数量的影响较大。因此，层状岩体中岩层数量的增加不利于全长锚固锚杆的承载性能，容易带来工程安全隐患。

7.5 层状岩层下全长锚固锚杆承载机制

在实际采矿工程中，层状岩体结构是煤系地层中常见的结构，更好地实现层状岩体结构的支护对于巷道围岩稳定控制至关重要。综上所述，对于层状岩体结构中的锚杆支护有以下几点思考：

（1）对于沉积作用而形成的层状岩体结构，如图 7-14（a）所示，全长锚固锚杆的深部锚固基础应尽可能布置在坚硬或者相对坚硬的岩石中；对于塑性损伤而形成的拟层状岩体结构，如图 7-14（b）所示，全长锚固锚杆的深部锚固基础应尽可能布置在弹性区岩石中。实现上述布置的有效方法之一就是适当增加锚杆长度。这种布置方式可以充分调动深部岩石的自承载能力，有效提高全长锚固锚杆的承载性能，增强锚固系统的耐久性和可靠性，保障巷道安全。

（2）对于层状岩体结构的稳定性控制，围岩注浆加固一方面可以减小层状岩体之间力学性质的差异性，减弱层状岩体结构中岩层顺序、岩层厚度和岩层数量等因素给全长锚固锚杆承载性能带来的不利影响；另一方面还可以加强锚杆与围岩间的黏结作用，改善全长锚固锚杆的增阻特性，增强全长锚固锚杆的承载能力和变形能力。

（3）对于层状岩体巷道，设计时还应充分考虑巷道布置水平、巷道应力环境等因素，尽可能将巷道布置在硬岩或应力降低区域，以便更好地进行巷道锚杆支护。

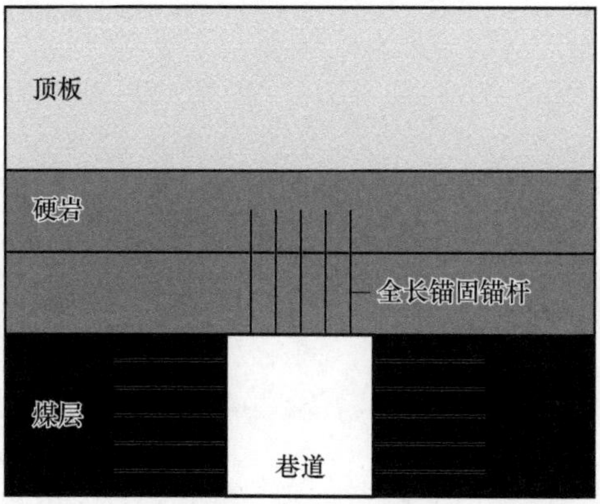

(a) 深部硬岩锚固

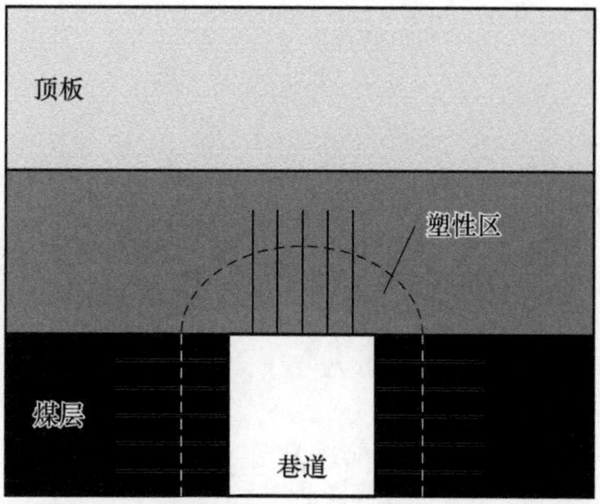

(b) 深部弹性基础锚固

图 7-14　层状岩体巷道锚杆支护原则

7.6　本章小结

本章通过建立层状岩体中全灌浆锚杆的 $FLAC^{3D}$ 数值计算模型，详细分析了岩层顺序、岩层厚度和岩层数量对全长锚固锚杆拉拔承载性能和失效特征的影响，主要结论如下：

(1) 层状岩体中岩层顺序对全长锚固锚杆的承载性能有显著的影响。当深部岩石为硬岩时，全长锚固锚杆具有较高的承载能力和变形能力；当浅部岩层为硬岩时，全长锚固锚杆的增阻性能较好，对外部载荷的响应灵敏。同时，岩层顺序对全长锚固锚杆承载性能的影响程度与岩层厚度有明显的相关性，软岩厚度越大，岩层顺序对全长锚固锚杆承载性能的影响越明显。

(2) 层状岩体中硬岩厚度越大，越有利于全长锚固锚杆发挥其承载性能。随着硬岩厚度的增加，全长锚固锚杆的承载性能会逐渐增强。此外，不同岩层厚度下全长锚固锚杆的承载性能受岩层顺序的影响显著。在 SH 型层状岩体中，全长锚固锚杆的承载性能呈现出单峰特征，而在 HS 型层状岩体中，全长锚固锚杆的承载性能呈现出双峰特征。

(3) 随着层状岩体中岩层数量的增加，全长锚固锚杆的承载性能呈现出逐渐降低的趋势。岩层数量的增加降低了锚固岩层的完整性，进而降低了全长锚固锚杆的耐久性。

(4) 对于层状岩体结构的支护，全长锚固锚杆的深部锚固基础应尽可能布置在硬岩或弹性区岩石中。同时，围岩注浆可以减少层状岩体间的力学性能差异，进而减少岩层顺序、岩层厚度和岩层数量对全长锚固锚杆承载性能的影响，增强全长锚固锚杆的抗失效能力。

8 锚杆-围岩相互作用下全长锚固系统承载特性

在实际工程中，受煤矿开采活动的扰动影响，巷道围岩变形破坏会引起锚杆与围岩的相互作用，进而影响锚杆的受力特征。已有研究表明，对于巷道围岩及锚固界面所受的剪应力，主要包括两部分：一是巷道围岩变形所引起的变形剪应力；二是由变形剪应力的拉拔作用而引起的拉拔剪应力[301]。因此有必要对锚杆与围岩相互作用下锚杆的承载特性进行研究，以便更好地弄清和掌握锚杆支护的作用机制和受力特征。本章基于巷道围岩变形特征，采用理论与数值相结合的手段，系统研究锚杆与围岩相互作用下全长锚固锚杆的承载特性和受力特征，并详细探讨相关因素对全长锚固锚杆承载机制和受力特征的影响，以期为巷道围岩控制提供有益指导。

8.1 全长锚固锚杆支护特点

根据锚杆锚固长度的不同可将锚固方式分为端头锚固、加长锚固和全长锚固三种。在我国煤矿开采地质条件不断复杂化、巷道围岩变形破坏程度逐渐加剧的大背景下，全长锚固锚杆以其高刚度、高变形敏感度等支护特点逐渐被用于复杂困难巷道的围岩控制。图 8-1 显示了全长锚固锚杆的受力特征。对于全长锚固锚杆而言，其沿整个锚杆杆体长度方向上不仅受到剪锚力的作用，同时还会受到托盘引起的托锚力的作用，如图 8-1（a）所示，其在应对巷道围岩变形的不均衡性及锚固环境的腐蚀性等方面具有诸多优势。

全长锚固锚杆是通过锚杆与围岩间的相互作用来实现巷道围岩控制的。对于全长锚固锚杆支护的巷道围岩而言，全长锚固锚杆在与巷道围岩相互作用的过程中，由于巷道围岩沿锚杆长度方向上变形的差异性，导致锚杆上会存在中性点[302]，如图 8-1（b）所示。在锚杆中性点处锚杆轴力最大，锚固界面剪应力为零；在锚杆中性点至巷道围岩表面的范围内，锚固界面剪应力指向巷道围岩表面并逐渐增大，锚杆轴力逐渐减小，因而锚杆对巷道围岩产生压应力，阻止巷道围岩的变形；在锚杆中性点至巷道围岩深处的范围内，锚固界面的剪应力指向巷道围岩深部并逐渐增大，锚杆轴力逐渐减小，因而锚杆对巷道围岩产生拉应力，调动巷道深部围岩的自承载能力，进而实现控制巷道浅部围岩变形的作用。

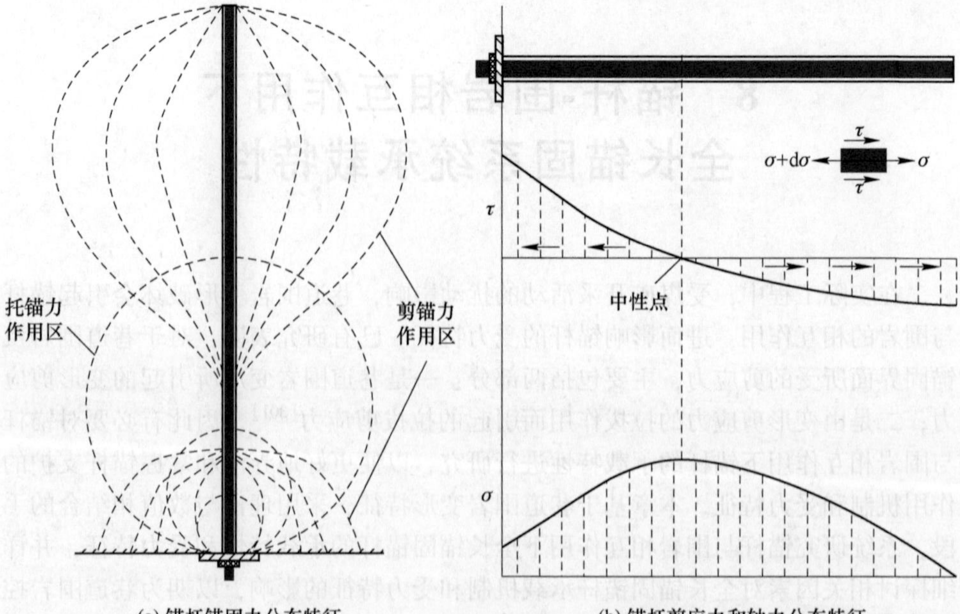

(a) 锚杆锚固力分布特征　　(b) 锚杆剪应力和轴力分布特征

图 8-1　全长锚固锚杆支护受力特征

8.2　锚杆-围岩相互作用下全长锚固系统承载特征

基于全长锚固锚杆的支护特点，本节在考虑巷道围岩变形特征的基础上，理论分析了锚杆-围岩相互作用下全长锚固锚杆的受力特征，并探讨了相关因素对全长锚固锚杆受力特征的影响。

8.2.1　巷道围岩位移特征

8.2.1.1　基本力学方程

受掘进和开采扰动的影响，巷道围岩由于变形破坏而产生塑性破坏区，如图 8-2（a）所示。相比于弹性区围岩，塑性破坏区围岩的力学性质会出现不同程度的减弱，为分析巷道围岩的位移特征，引入岩石的力学软化模型[303-305]，如图 8-2（b）所示。图中，r_0 为圆形巷道半径，m；R_p 为围岩塑性区半径，m；p_0 为围岩应力，Pa；p_s 为围岩支护强度，Pa；σ_1、σ_3 为围岩大、小主应力，Pa；ε_θ 为围岩切向应变；ε_θ^e 为围岩进入塑性软化的临界切向应变。

为便于分析巷道围岩的位移特征，现作以下假定：巷道断面为圆形，巷道围岩为各向同性地质体，并且巷道无限长，可按平面应变问题进行求解。根据力学分析模型，巷道围岩满足：

（1）平衡方程：

$$\frac{d\sigma_r}{dr}+\frac{\sigma_r-\sigma_\theta}{r}=0 \tag{8-1}$$

式中，σ_r、σ_θ 分别表示巷道围岩在半径 r 处的径向应力和切向应力，Pa。

（2）几何方程：

$$\begin{cases}\varepsilon_r=\dfrac{du_r}{dr}\\ \varepsilon_\theta=\dfrac{u_r}{r}\end{cases} \tag{8-2}$$

式中，ε_r、ε_θ 分别表示巷道围岩在半径 r 处的径向应变和切向应变；u_r 为巷道围岩在半径 r 处的径向位移，m。

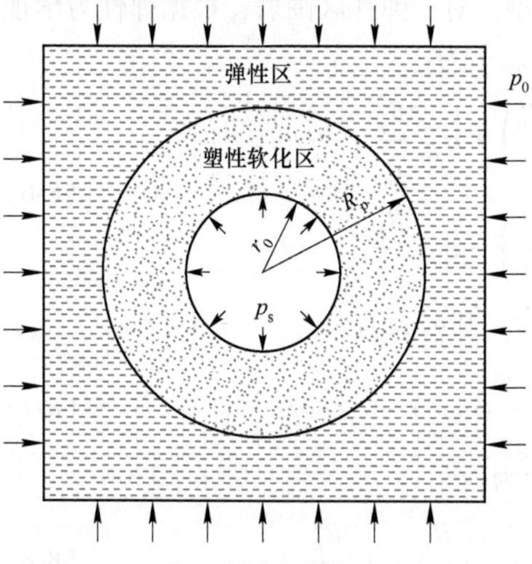

(a) 围岩力学模型

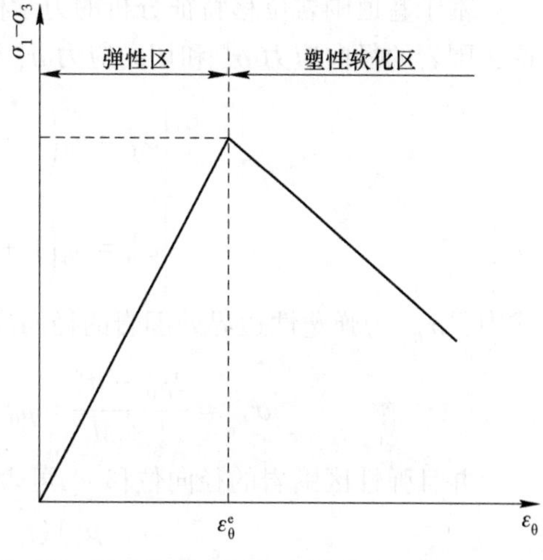

(b) 岩体特性模型

图 8-2 巷道力学分析模型

（3）强度准则。假设巷道塑性软化区围岩的力学行为满足 Mohr-Coulomb 强度准则[306]，则：

$$\begin{cases}\sigma_\theta^e=M\sigma_r^e+\sigma_c^e \quad （弹性区）\\ \sigma_\theta^p=M\sigma_r^p+\sigma_c^p \quad （塑性软化区）\end{cases} \tag{8-3}$$

式中，σ_r^e、σ_r^p 分别表示弹性区和塑性软化区围岩的径向应力，Pa；σ_θ^e、σ_θ^p 分别表示弹性区和塑性软化区围岩的切向应力，Pa；σ_c^e、σ_c^p 分别表示弹性区和塑性软化区围岩的单轴抗压强度，Pa，$\sigma_c^e=\dfrac{2c_r\cos\varphi_r}{1-\sin\varphi_r}$，$c_r$ 为弹性区围岩的黏聚力，Pa，

φ_r 为弹性区围岩的内摩擦角，(°)；$M=\dfrac{1+\sin\varphi_r}{1-\sin\varphi_r}$。

根据所采用的围岩力学软化模型，在弹性区，围岩各力学性质可认为不变，而在塑性软化区，假设围岩的力学性质呈线性衰减[307]，有：

$$\sigma_c^p = \sigma_c^e - \gamma(\varepsilon_\theta - \varepsilon_\theta^e) \tag{8-4}$$

式中，γ 为塑性软化区围岩的软化模量，Pa。考虑围岩体积扩容的流动法则，在塑性软化区有：

$$\Delta\varepsilon_r^p + \beta\Delta\varepsilon_\theta^p = 0 \tag{8-5}$$

式中，$\Delta\varepsilon_r^p$、$\Delta\varepsilon_\theta^p$ 分别为塑性软化区围岩径向应变和切向应变的增量；β 为塑性软化区围岩的扩容系数。

8.2.1.2 巷道围岩位移特征

基于巷道围岩位移特征分析的力学模型，对于弹性区围岩，根据弹性力学理论，围岩的径向应力 σ_r^e 和切向应力 σ_θ^e 可表示为：

$$\begin{cases} \sigma_r^e = p_0\left(1 - \dfrac{R_p^2}{r^2}\right) + \sigma_{R_p}\dfrac{R_p^2}{r^2} \\ \sigma_\theta^e = p_0\left(1 + \dfrac{R_p^2}{r^2}\right) - \sigma_{R_p}\dfrac{R_p^2}{r^2} \end{cases} \tag{8-6}$$

式中，σ_{R_p} 为弹塑性边界处围岩的径向应力，其可表示为：

$$\sigma_{R_p} = \frac{2p_0 - \sigma_c^e}{1 + M} = p_0(1 - \sin\varphi_r) - c_r\cos\varphi_r \tag{8-7}$$

并且弹性区围岩的径向位移 u_r^e 可表示为：

$$u_r^e = \frac{(1 + \mu_r)(p_0 - \sigma_{R_p})}{E_r}\frac{R_p^2}{r} = A_e\frac{R_p^2}{r} \tag{8-8}$$

式中，系数 $A_e = \dfrac{(1 + \mu_r)(p_r\sin\varphi_r + c_r\cos\varphi_r)}{E_r}$。结合几何方程式（8-2），弹性区围岩的径向应变 ε_r^e 和切向应变 ε_θ^e 为：

$$\begin{cases} \varepsilon_r^e = -A_e\dfrac{R_p^2}{r^2} \\ \varepsilon_\theta^e = A_e\dfrac{R_p^2}{r^2} \end{cases} \tag{8-9}$$

在弹塑性交界 $r = R_p$ 处，围岩的径向应变和切向应变为：

$$\varepsilon_\theta^e\big|_{r=R_p} = -\varepsilon_r^e\big|_{r=R_p} = A_e \tag{8-10}$$

对于塑性软化区围岩，根据塑性理论[308]，围岩的径向应变 ε_r^p 和切向应变 ε_θ^p 可表示为：

$$\begin{cases}\varepsilon_r^p = \varepsilon_r^e\big|_{r=R_p} + \Delta\varepsilon_r^p \\ \varepsilon_\theta^p = \varepsilon_\theta^e\big|_{r=R_p} + \Delta\varepsilon_\theta^p\end{cases} \tag{8-11}$$

联立式（8-2）、式（8-5）和式（8-11），得到塑性软化区围岩的位移协调方程：

$$\frac{du_r^p}{dr} + \beta_1\frac{u_r^p}{r} + A_e(1-\beta) = 0 \tag{8-12}$$

式中，u_r^p 为塑性软化区围岩的径向位移，m。结合围岩位移在 $r=R_p$ 处的连续性，得到塑性软化区围岩的径向位移 u_r^p 为：

$$u_r^p = A_e\left(\frac{2}{1+\beta}\frac{R_p^{1+\beta}}{r^\beta} - \frac{1-\beta}{1+\beta}r\right) \tag{8-13}$$

结合几何方程式（8-2），塑性软化区围岩的径向应变 ε_r^p 和切向应变 ε_θ^p 可表示为：

$$\begin{cases}\varepsilon_r^p = A_e\left[-\dfrac{2\beta}{1+\beta}\left(\dfrac{R_p}{r}\right)^{1+\beta} - \dfrac{1-\beta}{1+\beta}\right] \\ \varepsilon_\theta^p = A_e\left[\dfrac{2}{1+\beta}\left(\dfrac{R_p}{r}\right)^{1+\beta} - \dfrac{1-\beta}{1+\beta}\right]\end{cases} \tag{8-14}$$

将式（8-10）和式（8-14）代入式（8-4）得到塑性软化区围岩的单轴抗压强度 σ_c^p 可表示为：

$$\sigma_c^p = \sigma_c^e - \frac{2\gamma A_e}{1+\beta}\left[\left(\frac{R_p}{r}\right)^{1+\beta} - 1\right] \tag{8-15}$$

根据式（8-1）和式（8-3），同时结合围岩径向应力在 $r = R_p$ 处的连续性，即 $\sigma_r^p\big|_{r=R_p} = \sigma_r^e\big|_{r=R_p}$，得到塑性软化区的径向应力 σ_r^p 和切向应力 σ_θ^p 可表示为：

$$\begin{cases}\sigma_r^p = \dfrac{2}{1+M}\left[p_0 - \dfrac{\sigma_c^e}{1-M} - \dfrac{(1+M)\gamma A_e}{(1-M)(\beta+M)}\right]\left(\dfrac{R_p}{r}\right)^{1-M} + \\ \qquad \dfrac{2\gamma A_e}{1+\beta}\left[\dfrac{1}{\beta+M}\left(\dfrac{R_p}{r}\right)^{1+\beta} + \dfrac{1}{1-M}\right] + \dfrac{\sigma_c^e}{1-M} \\ \sigma_\theta^p = \dfrac{2M}{1+M}\left[p_0 - \dfrac{\sigma_c^e}{1-M} - \dfrac{(1+M)\gamma A_e}{(1-M)(\beta+M)}\right]\left(\dfrac{R_p}{r}\right)^{1-M} + \\ \qquad \dfrac{2\gamma A_e M}{1+\beta}\left[\dfrac{1}{\beta+M}\left(\dfrac{R_p}{r}\right)^{1+\beta} + \dfrac{1}{1-M}\right] + \dfrac{M(\sigma_c^e - \sigma_c^p) + \sigma_c^p}{1-M}\end{cases} \tag{8-16}$$

对于塑性软化区半径，根据边界条件 $\sigma_r^p\big|_{r=r_0} = p_s$，并结合式（8-16）有：

$$\frac{2}{1+M}\left[p_0-\frac{\sigma_c^e}{1-M}-\frac{(1+M)\gamma A_e}{(1-M)(\beta+M)}\right]\left(\frac{R_p}{r_0}\right)^{1-M}+$$

$$\frac{2\gamma A_e}{1+\beta}\left[\frac{1}{\beta+M}\left(\frac{R_p}{r_0}\right)^{1+\beta}+\frac{1}{1-M}\right]+\frac{\sigma_c^e}{1-M}=p_s \tag{8-17}$$

通过求解式（8-17）即可得到巷道围岩塑性软化区的半径 R_p。以上分析可为后文分析锚杆-围岩相互作用下全长锚固锚杆的受力特征提供重要理论基础。

8.2.2　锚杆-围岩相互作用下全长锚固锚杆受力特性

基于巷道围岩的破坏特征，全长锚固锚杆支护过程中可能处于两种围岩状态：（1）弹塑性围岩状态，即全长锚固锚杆杆体处于两种不同的围岩状态；（2）塑性围岩状态，即全长锚固锚杆杆体处于一种围岩状态。如图 8-3 所示，图中 ρ 为全长锚固锚杆中性点的半径，m。需要说明的是，在进行全长锚固锚杆受力特征的分析过程中，需作以下假设：（1）忽略锚杆-围岩相互作用的中间非稳定变化过程的影响，只考虑最终的稳定平衡状态；（2）忽略锚杆受力特征对围岩状态变化的影响，锚杆与围岩的受力分析过程可分别独立考虑。

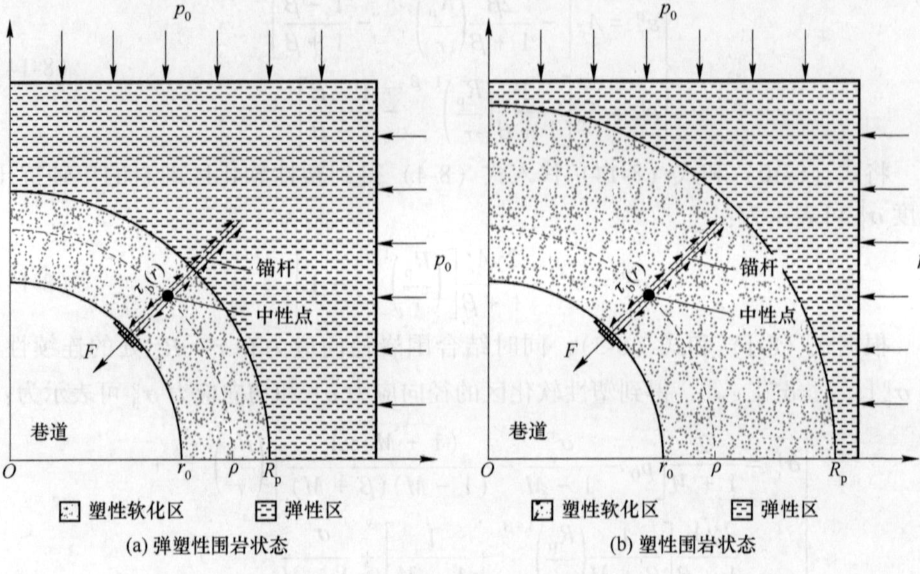

图 8-3　全长锚固锚杆支护围岩状态

根据全长锚固锚杆所受的轴力与锚固界面所受的剪应力之间的平衡关系，得到：

$$\int_{r_0}^{r_0+L} U_b\tau_b(r)\,\mathrm{d}r = F \tag{8-18}$$

式中，F 为全长锚固锚杆外端头所受的轴力，N。对于锚固界面的剪应力 $\tau_b(r)$，其取决于锚固界面的相对位移，即：

$$\tau_b(r) = k_i(u_b - u_r) \tag{8-19}$$

式中，k_i 为不同围岩状态时锚固界面的剪切刚度，Pa/m；u_b 和 u_r 分别为锚杆和围岩的位移，m。为便于全长锚固锚杆在锚杆-围岩相互作用下的受力特征分析，假定弹性和塑性围岩状态下的锚固界面的剪切刚度为一定值，后文中均以字母 k 表示。

根据中性点理论，锚杆中性点处锚固界面的剪应力为零，则锚杆的整体位移 u_b 可用锚杆中性点处围岩的位移 u_ρ 表示。因此锚固界面的剪应力 $\tau_b(r)$ 又可表示为：

$$\tau_b(r) = k(u_\rho - u_r) \tag{8-20}$$

将式（8-20）代入式（8-10）得到：

$$\int_{r_0}^{r_0+L} U_b k(u_\rho - u_r)\,\mathrm{d}r = F \tag{8-21}$$

（1）弹塑性围岩状态。对于图 8-3（a）中所示的弹塑性围岩状态，将式（8-8）和式（8-13）代入式（8-21）有：

$$\int_{r_0}^{R_p} U_b k A_e \left[\frac{2R_p^{1+\beta}}{1+\beta}\left(\frac{1}{\rho^\beta} - \frac{1}{r^\beta}\right) - \frac{(1-\beta)(\rho - r)}{1+\beta}\right]\mathrm{d}r + \int_{R_p}^{r_0+L} U_b k A_e \left[\frac{2R_p^{1+\beta}}{(1+\beta)\rho^\beta} - \frac{(1-\beta)\rho}{1+\beta} - \frac{R_p^2}{r}\right]\mathrm{d}r = F \tag{8-22}$$

化简式（8-22）得到：

$$\frac{2R_p^{1+\beta}}{(1+\beta)\rho^\beta} - \frac{(1-\beta)\rho}{1+\beta} = \frac{F}{kU_bA_eL} + \frac{2R_p^{1+\beta}(R_p^{1-\beta} - r_0^{1-\beta})}{(1+\beta)(1-\beta)L} - \frac{(1-\beta)(R_p^2 - r_0^2)}{2(1+\beta)L} + \frac{R_p^2}{L}\ln\frac{r_0 + L}{R_p} \tag{8-23}$$

通过求解式（8-23）即可得到此状态下全长锚固锚杆支护中性点的半径 ρ。则全长锚固锚杆锚固界面的剪应力 $\tau_b(r)$ 可表示为：

$$\tau_b(r) = \begin{cases} kA_e\left[\dfrac{2R_p^{1+\beta}}{1+\beta}\left(\dfrac{1}{\rho^\beta} - \dfrac{1}{r^\beta}\right) - \dfrac{1-\beta}{1+\beta}(\rho - r)\right] & (r_0 \leqslant r \leqslant R_p) \\ kA_e\left[\dfrac{2R_p^{1+\beta}}{(1+\beta_1)\rho^\beta} - \dfrac{(1-\beta)\rho}{1+\beta} - \dfrac{R_p^2}{r}\right] & (R_p < r \leqslant r_0 + L) \end{cases} \tag{8-24}$$

对于全长锚固锚杆所受的轴力 $p_b(r)$，根据锚固微单元的受力平衡式 $\dfrac{\mathrm{d}p_b(r)}{\mathrm{d}r} = -U_b\tau_b(r)$ 有：

$$p_{\mathrm{b}}(r)=\begin{cases}kA_{\mathrm{e}}U_{\mathrm{b}}\left[\dfrac{2R_{\mathrm{p}}^{1+\beta}}{1+\beta}\left(\dfrac{r^{1-\beta}}{1-\beta}-\dfrac{r}{\rho^{\beta}}\right)-\dfrac{1-\beta}{1+\beta}\left(\dfrac{r^{2}}{2}-\rho r\right)+t_{1}\right] & (r_{0}\leqslant r\leqslant R_{\mathrm{p}})\\ kA_{\mathrm{e}}U_{\mathrm{b}}\left[-\dfrac{2R_{\mathrm{p}}^{1+\beta}r}{(1+\beta)\rho^{\beta}}+\dfrac{(1-\beta)\rho r}{1+\beta}+R_{\mathrm{p}}^{2}\ln r+t_{2}\right] & (R_{\mathrm{p}}<r\leqslant r_{0}+L)\end{cases}\tag{8-25}$$

式（8-24）和式（8-25）即为全长锚固锚杆处于弹塑性围岩状态下受力特征的理论解。其中 t_1 和 t_2 为积分常数，可通过相应的边界条件进行求解。对于全长锚固锚杆的受力特征，其边界条件为：

$$p_{\mathrm{b}}(r)\big|_{r=r_{0}}=F\tag{8-26a}$$

$$[p_{\mathrm{b}}(r)]_{\mathrm{p}}\big|_{r=R_{\mathrm{p}}}=[p_{\mathrm{b}}(r)]_{\mathrm{e}}\big|_{r=R_{\mathrm{p}}}\tag{8-26b}$$

将相应边界条件式（8-26）代入式（8-25）得到相应系数 t_1 和 t_2 为：

$$\begin{cases}t_{1}=\dfrac{F}{kA_{\mathrm{e}}U_{\mathrm{b}}}-\dfrac{2R_{\mathrm{p}}^{1+\beta}}{1+\beta}\left(\dfrac{r_{0}^{1-\beta}}{1-\beta}-\dfrac{r_{0}}{\rho^{\beta}}\right)+\dfrac{1-\beta}{1+\beta}\left(\dfrac{r_{0}^{2}}{2}-\rho r_{0}\right)\\ t_{2}=\dfrac{2R_{\mathrm{p}}^{1+\beta}}{1+\beta}\left(\dfrac{R_{\mathrm{p}}^{1-\beta}-r_{0}^{1-\beta}}{1-\beta}+\dfrac{r_{0}}{\rho^{\beta}}\right)-\dfrac{1-\beta}{1+\beta}\left(\dfrac{R_{\mathrm{p}}^{2}-r_{0}^{2}}{2}+\rho r_{0}\right)+\\ \qquad\dfrac{F}{kA_{\mathrm{e}}U_{\mathrm{b}}}-R_{\mathrm{p}}^{2}\ln R_{\mathrm{p}}\end{cases}\tag{8-27}$$

将式（8-27）代入式（8-25）即可得到全长锚固锚杆轴力的表达式。

（2）塑性围岩状态。对于图 8-3（b）中所示的完全塑性围岩状态，将式（8-13）代入式（8-21）有：

$$\int_{r_{0}}^{r_{0}+L}kU_{\mathrm{b}}A_{\mathrm{e}}\left[\frac{2R_{\mathrm{p}}^{1+\beta}}{1+\beta}\left(\frac{1}{\rho^{\beta}}-\frac{1}{r^{\beta}}\right)-\frac{1-\beta}{1+\beta}(\rho-r)\right]\mathrm{d}r=F\tag{8-28}$$

化简式（8-28）得到：

$$\frac{2R_{\mathrm{p}}^{1+\beta}}{(1+\beta)\rho^{\beta}}-\frac{(1-\beta)\rho}{1+\beta}=\frac{F}{kU_{\mathrm{b}}A_{\mathrm{e}}L}+\frac{2R_{\mathrm{p}}^{1+\beta}[(r_{0}+L)^{1-\beta}-r_{0}^{1-\beta}]}{(1+\beta)(1-\beta)L}-\frac{(1-\beta)(2r_{0}+L)}{2(1+\beta)}\tag{8-29}$$

通过求解式（8-29）即可得到此状态下全长锚固锚杆支护中性点的半径 ρ。则全长锚固锚杆锚固界面的剪应力 $\tau_{\mathrm{b}}(r)$ 可表示为：

$$\tau_{\mathrm{b}}(r)=kA_{\mathrm{e}}\left[\frac{2R_{\mathrm{p}}^{1+\beta}}{1+\beta}\left(\frac{1}{\rho^{\beta}}-\frac{1}{r^{\beta}}\right)-\frac{1-\beta}{1+\beta}(\rho-r)\right]\quad(r_{0}\leqslant r\leqslant r_{0}+L)\tag{8-30}$$

对于全长锚固锚杆所受的轴力 $p_{\mathrm{b}}(r)$，同样根据锚固微单元的受力平衡式并对等式两边同时积分得到：

$$p_b(r)=kA_eU_b\left[\frac{2R_p^{1+\beta}}{1+\beta}\left(\frac{r^{1-\beta}}{1-\beta}-\frac{r}{\rho^\beta}\right)-\frac{1-\beta}{1+\beta}\left(\frac{r^2}{2}-\rho r\right)+t_3\right]\quad (r_0\leqslant r\leqslant r_0+L) \tag{8-31}$$

式中，t_3 为积分常数，可通过相应的边界条件进行求解。根据边界条件式(8-26a)得到相应系数 t_3 为：

$$t_3=\frac{F}{kA_eU_b}-\frac{2R_p^{1+\beta}}{1+\beta}\left(\frac{r_0^{1-\beta}}{1-\beta}-\frac{r_0}{\rho^\beta}\right)+\frac{1-\beta}{1+\beta}\left(\frac{r_0^2}{2}-\rho r_0\right) \tag{8-32}$$

通过以上分析，锚杆-围岩相互作用下全长锚固锚杆的受力特征不仅与锚杆自身的尺寸和锚杆外端点的受力有关，而且还与围岩的变形参数有关。

8.2.3 全长锚固锚杆受力特征影响因素分析

为分析锚杆-围岩相互作用下全长锚固锚杆的受力特征，采用控制变量法，系统分析了围岩应力 p_0、围岩扩容系数 β、围岩软化模量 γ 和锚杆端头轴力 F 对全长锚固锚杆受力特征的影响。假设圆形巷道半径为 3.0 m，支护锚杆的直径为 20 mm，长度为 2.4 m，其他具体的分析参数取值如表 8-1 所示。需要说明的是为了便于后文描述，定义锚杆的内端点、外端点分别是巷道围岩深处的锚杆端点和巷道围岩表面的锚杆端点。

表 8-1 相关分析参数值

参　数	符号	单位	数　值
围岩应力	p_0	MPa	15.0，17.5，20.0，22.5，25.0
围岩弹性模量	E_r	GPa	5
围岩泊松比	μ_r	—	0.25
围岩黏聚力	c_r	MPa	1.5
围岩内摩擦角	φ_r	°	30
支护强度	p_s	MPa	0.2
围岩扩容系数	β	—	1.1，1.2，1.3，1.4，1.5
围岩软化模量	γ	MPa	200，300，400，500，600
锚杆端头轴力	F	kN	40，60，80，100，120
锚固界面剪切刚度	k	GPa/m	0.8

8.2.3.1 围岩应力对锚杆受力的影响

图 8-4 显示了围岩应力对全长锚固锚杆受力特征的影响。由图可知，在锚杆

与围岩的相互作用下，从全长锚固锚杆的外端点到内端点，锚杆轴力在数值上呈现出先增大后减小的变化趋势，锚固界面剪应力在数值上呈现出先减小后增大的变化趋势，并且在锚杆的中性点处，锚杆轴力为最大值，锚固界面剪应力为零。

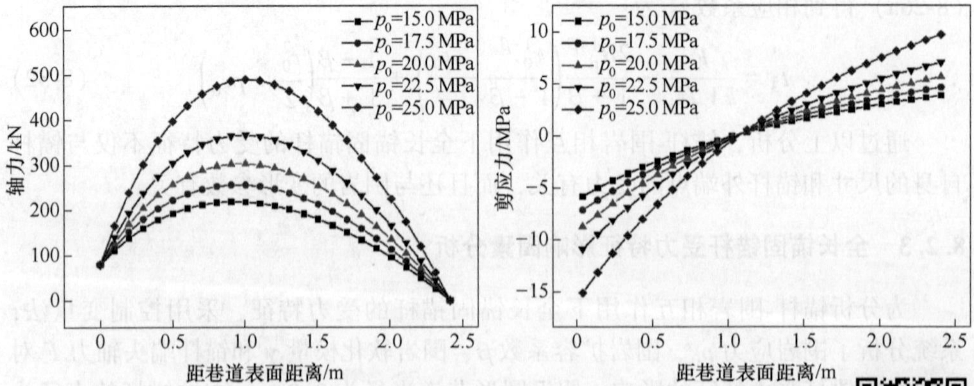

(a) 轴力　　(b) 剪应力

图 8-4　围岩应力对锚杆受力特征的影响

扫码看彩图

随着围岩应力的增大，锚杆轴力和锚固界面剪应力均增大。由于围岩应力的增大，巷道围岩的塑性区范围增大，巷道围岩的变形破坏加剧，锚杆与围岩之间的相对位移增大，进而使得锚杆受力增大。结合表 8-2 可知，当围岩应力从 15.0 MPa 增大到 25.0 MPa 时，相比于围岩应力为 15.0 MPa 时，锚杆的峰值轴力增大了 17.18%~123.62%，锚固界面内端点的剪应力增大了 18.25%~136.73%，外端点的剪应力增大了 24.39%~171.51%，同时锚杆的中性点半径增大了 0.59%~2.17%。结果表明，较大的围岩应力使得巷道围岩变形破坏严重，锚杆的受力也相对较高，不利于全长锚固锚杆支护系统的稳定。因此，适当采取一定手段降低围岩应力可更好地发挥围岩的自承载能力，充分调动全长锚固锚杆的支护潜能。

表 8-2　围岩应力对锚杆受力和围岩变形特征的影响

p_0/MPa	R_p/m	ρ/m	峰值轴力/kN	剪应力/MPa	
				内端点	外端点
15.0	4.548	3.923	109.36	2.11	−2.69
17.5	4.938	3.946	128.14	2.50	−3.34
20.0	5.361	3.967	151.54	2.99	−4.14
22.5	5.868	3.986	183.07	3.67	−5.21
25.0	6.719	4.008	244.55	5.00	−7.29

8.2.3.2　围岩扩容系数对锚杆受力的影响

图 8-5 显示了围岩扩容系数对全长锚固锚杆受力特征的影响。由图可知，随着围岩扩容系数的增大，锚杆的轴力和锚固界面的剪应力均增大。由于围岩扩容系数的增大，巷道围岩发生塑性破坏时的变形增加，巷道围岩的位移增大，锚杆与围岩间的相对位移增大，进而使得锚杆的受力增大。

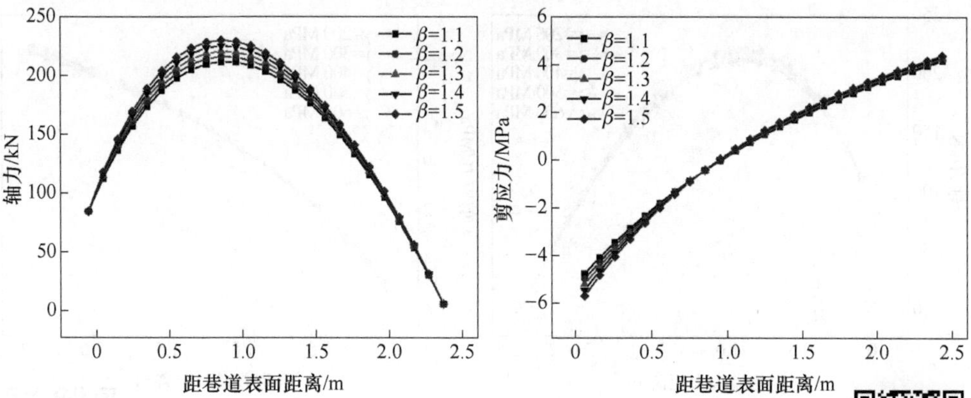

(a) 轴力　　(b) 剪应力

图 8-5　围岩扩容系数对锚杆受力特征的影响

扫码看彩图

结合表 8-3 可知，当围岩扩容系数从 1.1 增大到 1.5 时，相比于围岩扩容系数为 1.1 时，锚杆的峰值轴力增大了 2.13%～8.83%，锚杆锚固界面内端点的剪应力增大了 1.22%～5.35%，外端点的剪应力增大了 4.68%～19.76%，同时锚杆的中性点半径减小了 0.13%～0.51%。结果表明，围岩扩容系数越大，巷道围岩位移越大，锚杆受力也越大，不利于全长锚固锚杆支护系统的稳定。

表 8-3　围岩扩容系数对锚杆受力和围岩变形特征的影响

β	R_p/m	ρ/m	峰值轴力/kN	剪应力/MPa	
				内端点	外端点
1.1	4.544	3.933	104.84	2.06	−2.46
1.2	4.546	3.928	107.07	2.08	−2.57
1.3	4.548	3.923	109.36	2.11	−2.69
1.4	4.550	3.918	111.70	2.14	−2.74
1.5	4.552	3.913	114.10	2.17	−2.79

8.2.3.3　围岩软化模量对锚杆受力的影响

图 8-6 显示了围岩软化模量对全长锚固锚杆受力特征的影响。由图可知，随着围岩软化模量的增大，锚杆的轴力和锚固界面的剪应力均增大。由于围岩软化模量的增大，加速了巷道围岩的劣化，使得围岩力学性能快速降低，巷道围岩的位移增大，进而使得锚杆的受力增大。

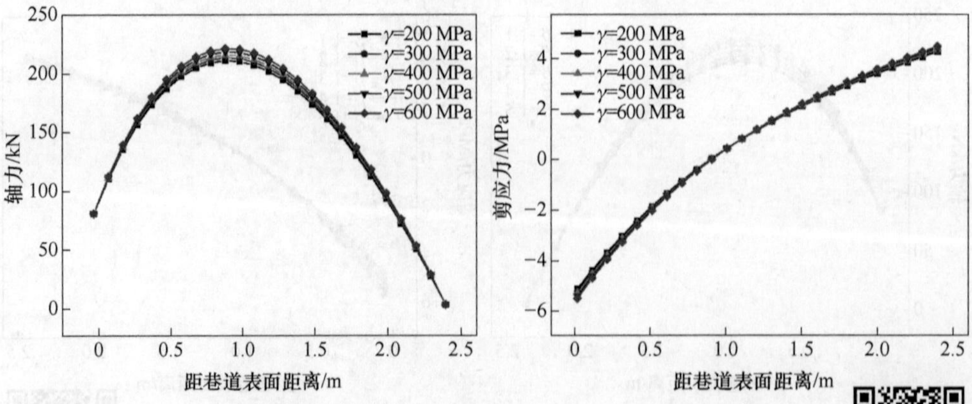

扫码看彩图

图 8-6　围岩软化模量对锚杆受力特征的影响

结合表 8-4 可知，当围岩软化模量从 200 MPa 增大到 600 MPa 时，相比于围岩软化模量为 200 MPa 时，锚杆的峰值轴力增大了 1.22%～4.97%，锚杆锚固界面内端点的剪应力增大了 0.97%～5.10%，外端点的剪应力增大了 1.54%～7.10%，同时锚杆的中性点半径增大了 0.08%～0.20%。结果表明，围岩软化模量越大，围岩的劣化程度越高，围岩自承载能力越弱，锚杆受力也越大，不利于全长锚固锚杆支护系统的稳定。因此，在全长锚固锚杆的支护过程中，适当采取措施减小巷道围岩力学性能的弱化程度，将有利于巷道围岩的稳定性控制。

表 8-4　围岩软化模量对锚杆受力和围岩变形特征的影响

γ/MPa	R_p/m	ρ/m	峰值轴力/kN	剪应力/MPa	
				内端点	外端点
200	4.495	3.919	106.92	2.06	−2.61
300	4.521	3.922	108.23	2.08	−2.65
400	4.548	3.923	109.36	2.11	−2.69
500	4.578	3.925	110.73	2.14	−2.74
600	4.611	3.927	112.23	2.17	−2.79

8.2.3.4 锚杆端头轴力对锚杆受力的影响

图8-7显示了锚杆端头轴力对全长锚固锚杆受力特征的影响。由图可知，随着锚杆端头轴力的增大，锚杆的轴力和锚固界面的剪应力均增大。在全长锚固锚杆支护的过程中，锚杆端头轴力是锚杆-围岩相互作用的直观表现。当锚杆端头轴力增大时，锚杆的整体受力状态也呈增大趋势。

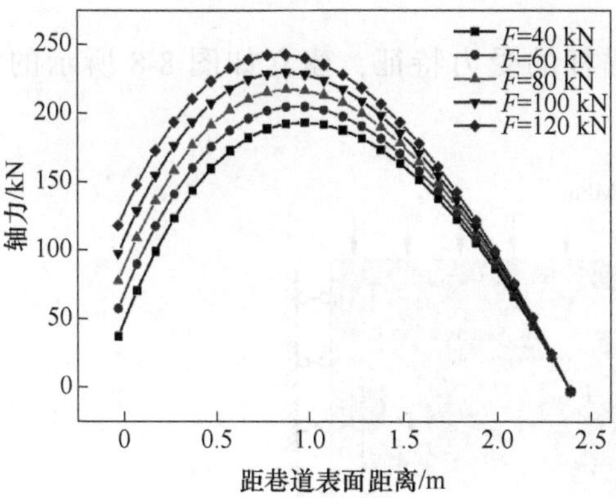

(a) 轴力

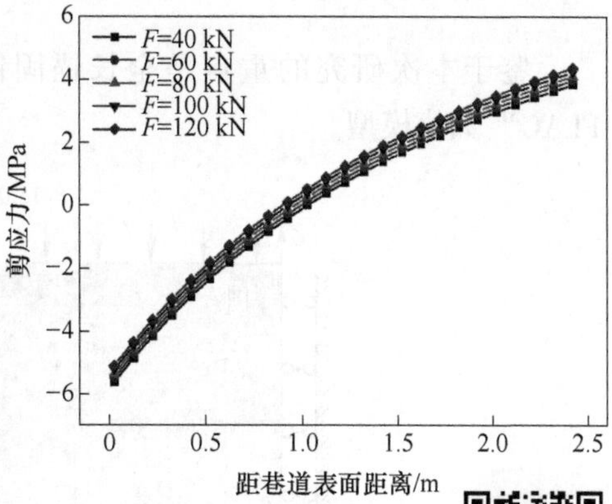

(b) 剪应力

图 8-7 锚杆端头轴力对锚杆受力特征的影响

扫码看彩图

结合表8-5可知，当锚杆端头轴力从60 kN增大到120 kN时，相比于锚杆端头轴力为60 kN时，锚杆的峰值轴力增大了5.84%~25.07%，锚杆锚固界面内端点的剪应力增大了3.29%~13.42%，而外端点的剪应力却减小了2.48%~9.40%，同时锚杆的中性点半径减小了0.85%~3.21%。结果表明，锚杆端头轴力越大，锚杆的整体受力越大，锚杆对围岩产生支护效果也越明显。因此适当地增大锚杆预紧力一方面有利于锚杆支护潜能更好地发挥，另一方面也利于充分调动围岩的自承载能力，进而更好地实现巷道围岩控制。

表 8-5 锚杆端头轴力对锚杆受力和围岩变形特征的影响

F/MPa	R_p/m	ρ/m	峰值轴力/kN	剪应力/MPa	
				内端点	外端点
40	4.548	3.989	194.93	3.95	−5.64
60	4.548	3.955	206.31	4.08	−5.50
80	4.548	3.923	218.71	4.22	−5.37
100	4.548	3.891	231.09	4.35	−5.24
120	4.548	3.861	243.80	4.48	−5.11

8.3　锚杆-围岩相互作用下全长锚固锚杆承载数值分析

为进一步分析锚杆与围岩相互作用下全长锚固锚杆的受力特征，本节采用 $FLAC^{3D}$ 5.0 数值软件进行了研究。

8.3.1　数值模型的建立

鉴于本次研究的重点是全长锚固锚杆的受力特征，建立如图 8-8 所示的 $FLAC^{3D}$ 数值模型。

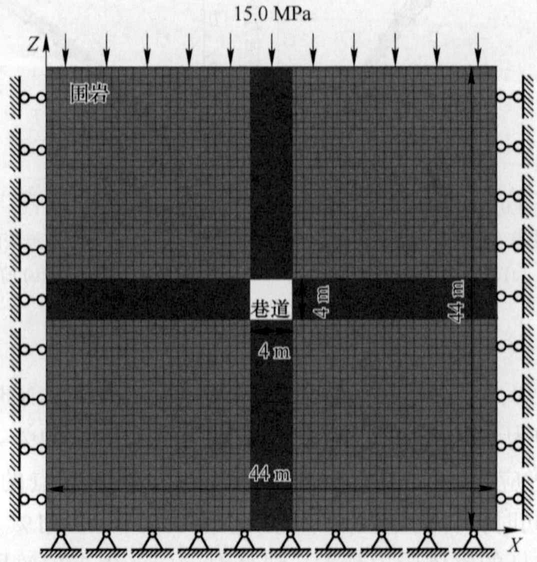

图 8-8　数值计算模型

模型的三维尺寸为 44 m × 1 m × 44 m（长×宽×高），巷道为 4 m × 4 m（宽×高）的矩形巷道，模型共计 141600 个单元，158389 个节点。模型的侧面固定水平方向的位移，模型的底面固定竖直方向的位移，模型顶面施加 15.0 MPa 的等效垂直应力，同时模型 X 方向原岩应力侧压系数为 1.2，Y 方向原岩应力侧压系数为 0.8。为更真实地反映巷道围岩的变形特征，在数值建模过程中，忽略巷道围岩内摩擦角的变化，采用应变软化模型（strain softening model）来描述围岩黏聚力的变化特征，通过用户自定义的 Fish 语言“Prop ctable”来指定围岩黏聚力的变化，并采用表“Table”来实现围岩黏聚力的变化。建模所需的围岩物理力学参数如表 8-6 所示。

表 8-6 数值建模所需的岩石物理力学参数

类型	容重 /(kN · m^{-3})	弹性模量 /GPa	泊松比	内摩擦角 /(°)	黏聚力 /MPa	抗拉强度	剪胀角 /(°)
围岩	1430	1.2	0.3	28	1.2	0.6	10

为分析全长锚固锚杆的受力特征，根据图 8-8 所示的数值模型，具体的锚杆布置方式如图 8-9 所示，锚杆的长度为 2.4 m，锚杆的布置间距为 0.8 m。

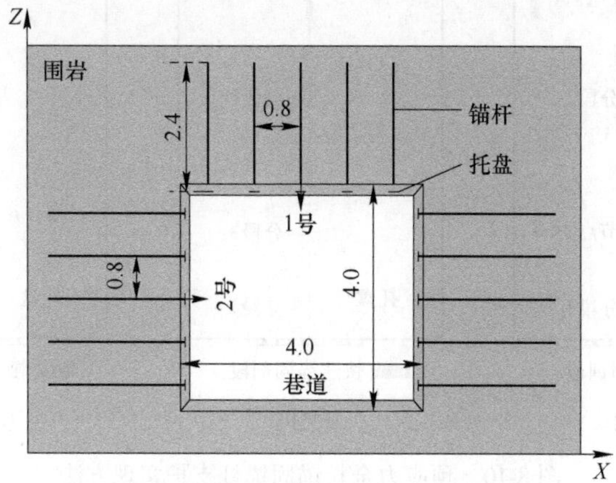

图 8-9 巷道锚杆支护布置图（单位：m）

8.3.2 预应力全长锚固锚杆支护的数值实现

考虑到 FLAC^{3D} 中的 Pile 结构单元更能较真实地反映锚固界面的力学行为和锚杆的受力特征，本次研究仍采用 Pile 结构单元来模拟锚杆。结合康红普院士提出的预应力端头锚固锚杆支护的实现方法[309]，本书采用快-慢锚固剂组合的方式来实现预应力全长锚固[310]，且实现方法如图 8-10 所示，具体步骤如下：

步骤 1：在 FLAC^{3D} 数值模型的指定位置采用 Liner 结构单元生成托盘构件，同时采用 Pile 结构单元生成锚杆构件的分段 1 和分段 2，托盘构件和锚杆构件的连接部位采用刚性连接，分段 1 和分段 2 分别根据其黏结属性赋予锚固界面参数，并在分段 1 和分段 2 上施加一对与预紧力大小相等、方向相反的节点力，固定模型所有网格，运算平衡，如图 8-10（a）所示。

步骤 2：运算平衡后，采用 Pile 结构单元生成锚杆构件的分段 3，移除锚杆的节点力，并根据锚杆分段 3 的黏结属性赋予其锚固界面参数，固定模型所有网格，运算平衡，如图 8-10（b）所示。

步骤 3：运算平衡后，重新赋予慢速锚固剂段锚杆的锚固界面参数，其中慢速锚固剂段包括分段 1、分段 3 和部分分段 2，释放模型所有网格，运算平衡，如图 8-10（c）所示。

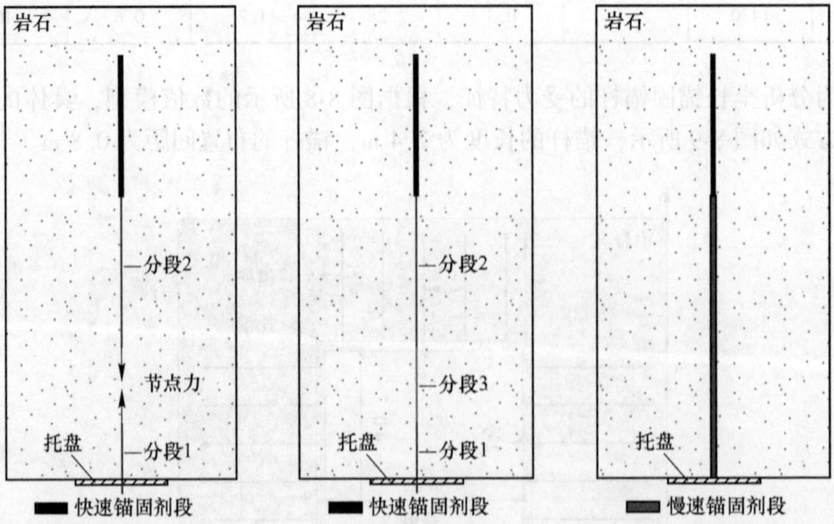

(a) 步骤1　(b) 步骤2　(c) 步骤3

图 8-10　预应力全长锚固锚杆支护实现方法

通过以上方法即可实现 $FLAC^{3D}$ 中的预应力全长锚固锚杆支护，此方法更符合现场实际工程中预应力全长锚固锚杆的支护流程。为验证该方法的可靠性和适用性，通过与 $FLAC^{3D}$ 中现有的预应力全长锚固锚杆支护的实现方法进行对比来进一步说明。需要说明的是，$FLAC^{3D}$ 中现有的预应力全长锚固锚杆支护是采用 Cable 单元来模拟锚杆，并通过一次性整体赋予锚固界面参数和预紧力来实现的。

在数值验证中，Pile 结构单元用来模拟 ϕ20 mm×2400 mm 的 BHRB600 型螺纹钢锚杆，其中快速锚固剂段的长度为 0.8 m，慢速锚固剂段的长度为 1.6 m，锚杆预紧力为 60 kN，Pile 结构单元被分为 24 个 Cid 构件和 25 个单元节点，具体的锚杆输入参数如表 5-1 所示。Liner 结构单元用来模拟托盘，托盘的尺寸为 200 mm×200 mm×10 mm（长×宽×厚），具体的托盘参数如表 8-7 所示。

表 8-7　数值建模中托盘输入参数

类型	弹性模量/GPa	泊松比	接触面法向刚度 /(N · m^{-3})	接触面切向刚度 /(N · m^{-3})
托盘	200	0.25	8×10^8	8×10^8

图 8-11 和图 8-12 分别显示了 FLAC^{3D} 中现有的预应力全长锚固锚杆支护和提出的预应力全长锚固锚杆的支护应力场特征。为便于分析描述，仅以顶板中的预应力全长锚固锚杆支护为例。当巷道顶板采用预应力全长锚固锚杆支护时，在顶板内形成了明显的压应力区和拉应力区，这证实了全长锚固锚杆的支护特点。由图可知，对于现有的预应力全长锚固锚杆支护，顶板内的最大压应力为 2~3 kPa，顶板表面的支护强度约为 11. 27 kPa；而对于提出的预应力全长锚固锚杆支护，

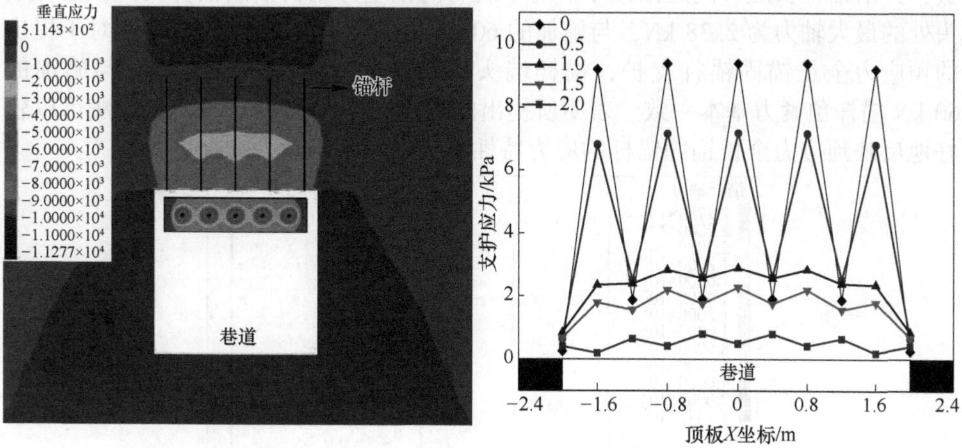

(a) 支护应力云图　　(b) 沿锚杆轴向不同高度支护应力

图 8-11　现有预应力全长锚固锚杆支护应力特征

扫码看彩图

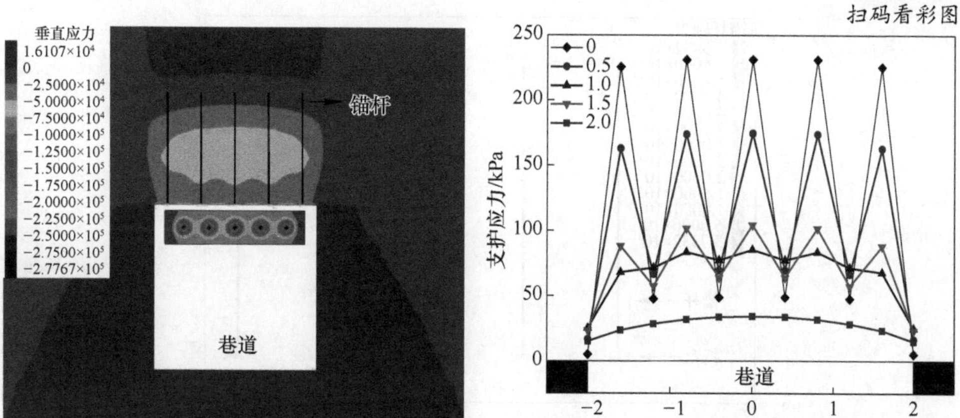

(a) 支护应力云图　　(b) 沿锚杆轴向不同高度支护应力

图 8-12　提出的预应力全长锚固锚杆支护应力特征

扫码看彩图

顶板内的最大压应力为 50~75 kPa，顶板表面的支护强度约为 277. 67 kPa。所提出的方法更接近实际工程中锚杆的支护强度特征。另外，与现有的预应力全长锚固锚杆支护方法相比，所提出的方法顶板内压应力区的范围明显更大，更符合预应力全长锚固锚杆支护强度高、支护范围广的特点。

图 8-13 分别显示了 FLAC^{3D} 中现有的预应力全长锚固锚杆支护和提出的预应力全长锚固锚杆支护的锚杆轴力特征。由图可知，锚杆的最大轴力出现在锚杆端头，并沿锚杆长度方向逐渐减小。对于现有的预应力全长锚固锚杆支护，锚杆端头处的最大轴力为 2. 38 kN，与施加的 60 kN 锚杆预紧力相差甚远。而对于提出的预应力全长锚固锚杆支护，锚杆端头处的最大轴力为 59. 83 kN，与施加的 60 kN 锚杆预紧力基本一致。表明所提出的预应力全长锚固锚杆支护方法可以较好地反映预应力全长锚固锚杆的应力特性，与实际工程较为吻合。

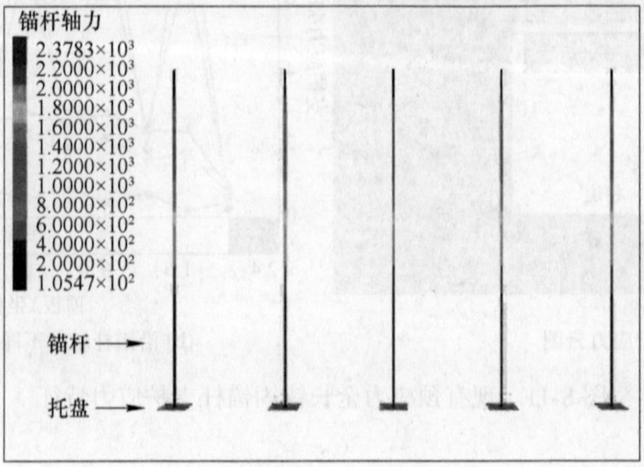

(a) 现有预应力全长锚固锚杆轴力特征

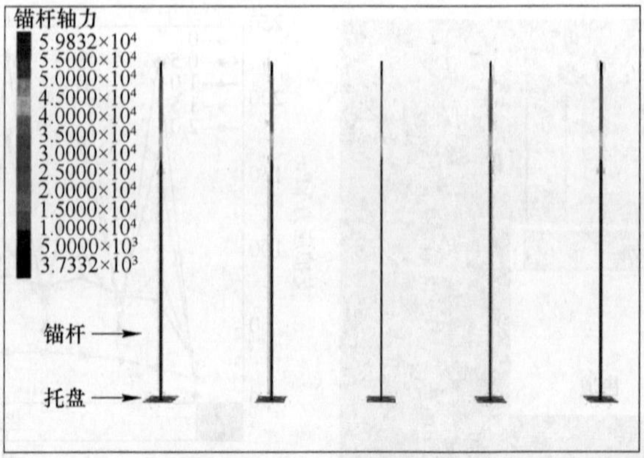

(b) 提出的预应力全长锚固锚杆轴力特征

扫码看彩图

图 8-13　预应力全长锚固锚杆轴力特征

8. 3. 3　预应力全长锚固锚杆受力演化特征

为验证所提数值方法在分析锚杆-围岩相互作用下全长锚固锚杆受力特征方

面的可行性，对不同围岩类型、不同锚杆预紧力和不同锚固界面黏结刚度三种情况下的全长锚固锚杆受力特征进行了分析，以期在验证所提数值方法可行性的同时进一步了解锚杆-围岩相互作用下全长锚固锚杆的受力演化特征。具体的数值模拟方案及相关的煤岩体物理力学参数如表 8-8 和表 8-9 所示。考虑到数值计算模型的对称性，下面选取巷道顶板 1 号锚杆及左帮 2 号锚杆进行相应分析。

表 8-8　数值计算方案

编号	参　数	单　位	数　值
1	围岩类型	—	软煤、中硬煤、硬煤
2	预紧力	kN	20、60、100
3	黏结刚度	N/m^2	0.5×10^6、1.0×10^6、1.5×10^6

表 8-9　数值计算所需的煤岩体物理力学参数

编号	岩性	容重 /(kg·m^{-3})	弹性模量 /GPa	泊松比	内摩擦角 /(°)	内聚力 /MPa	抗拉强度 /MPa
1	软煤	1300	0.40	0.39	30	0.34	0.20
2	中硬煤	1430	1.20	0.30	28	1.20	0.60
3	硬煤	1851	2.20	0.15	42	1.88	1.77

8.3.3.1　不同围岩类型下锚杆受力特征

图 8-14 和图 8-15 显示了不同围岩类型下全长锚固锚杆的受力特征。由图可知，围岩类型会显著影响全长锚固锚杆的受力特征，围岩越松软，锚杆受力越大，且锚杆受力的变化趋势越明显。

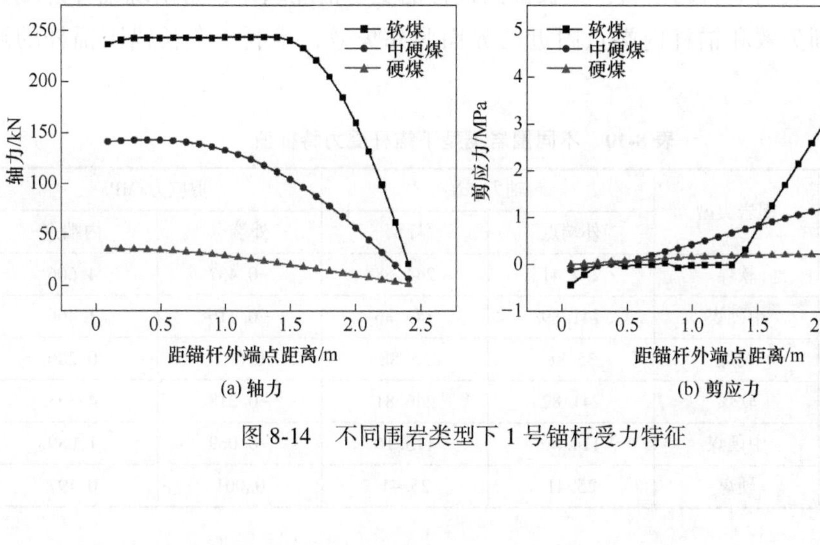

图 8-14　不同围岩类型下 1 号锚杆受力特征

扫码看彩图

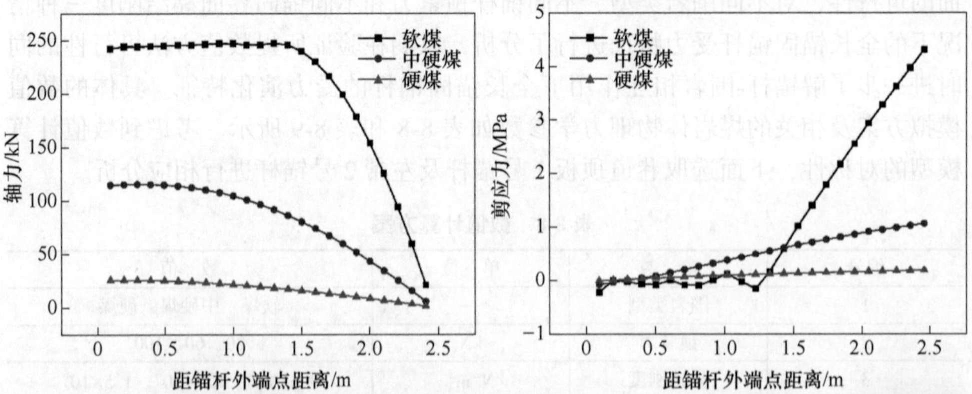

(a) 轴力　　(b) 剪应力

图 8-15　不同围岩类型下 2 号锚杆受力特征

扫码看彩图

表 8-10 显示了不同围岩类型下锚杆受力的特征值。以 1 号锚杆为例，对于锚杆轴力，在软煤中锚杆峰值轴力为 246. 81 kN，锚杆轴力呈现出先持续高水平后快速降低的变化趋势；在中硬煤中锚杆峰值轴力为 143. 36 kN，在硬煤中锚杆峰值轴力为 35. 88 kN，相比于软煤而言，锚杆轴力的降低趋势逐渐变缓。对于锚固界面剪应力，软煤中锚杆外端点的峰值剪应力为 0. 437 MPa，内端点的峰值剪应力为 4. 606 MPa，锚固界面剪应力会在靠近锚杆内端点附近快速增大；中硬煤中锚杆外端点的峰值剪应力为 0. 116 MPa，内端点的峰值剪应力为 1. 466 MPa；硬煤中锚杆外端点的峰值剪应力为 0. 002 MPa，内端点的峰值剪应力为 0. 246 MPa；相比于软煤而言，中硬煤和硬煤中锚固界面剪应力的变化趋势逐渐变缓。表明围岩越松软，全长锚固锚杆的受力情况越差，易出现锚杆外端点附近的拉断失效和锚杆内端点附近的界面脱黏失效，不利于全长锚固锚杆的耐久性。

表 8-10　不同围岩类型下锚杆受力特征值

编号	围岩类型	轴力/kN		剪应力/MPa	
		外端点	峰值	外端点	内端点
1	软煤	237. 41	244. 68	−0. 437	4. 606
	中硬煤	141. 89	143. 36	−0. 116	1. 466
	硬煤	35. 88	35. 88	0. 002	0. 246
2	软煤	241. 82	246. 81	−0. 218	4. 393
	中硬煤	114. 36	115. 16	−0. 069	1. 089
	硬煤	25. 41	25. 41	0. 001	0. 197

因此，在全长锚固锚杆支护过程中，一方面要注重锚杆的强度匹配，在保证杆体整体强度满足要求的同时，还应保证杆体局部强度与其轴力特征的匹配，避免因锚杆发生拉伸破断而导致锚杆支护失效；另一方面要注重锚固界面的黏结强度，保证锚杆与围岩间有良好的黏结性能，避免因锚固界面滑移而影响锚杆支护系统的整体性能。此外，应采取适当手段来减少围岩劣化程度，将有利于全长锚固锚杆的支护效果。

8.3.3.2 不同锚杆预紧力下锚杆受力特征

图 8-16 和图 8-17 显示了不同预紧力下全长锚固锚杆的受力特征。由图可知，随着锚杆预紧力的增大，锚杆轴力和锚固界面剪应力整体呈减小趋势。

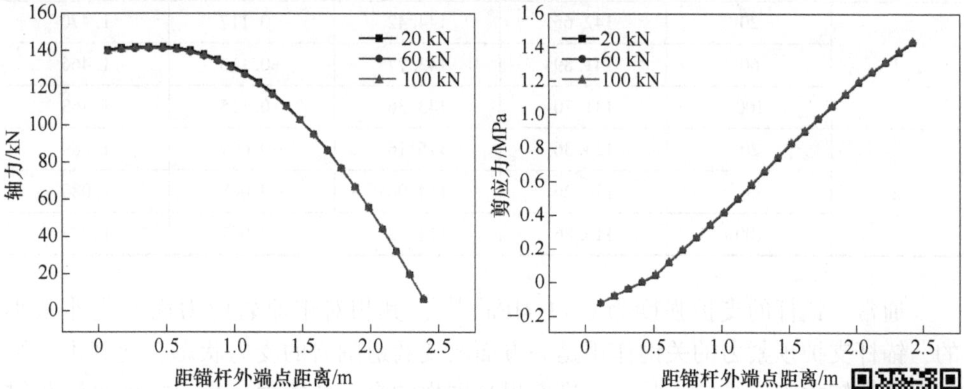

(a) 轴力　　(b) 剪应力

图 8-16 不同预紧力下 1 号锚杆受力特征

扫码看彩图

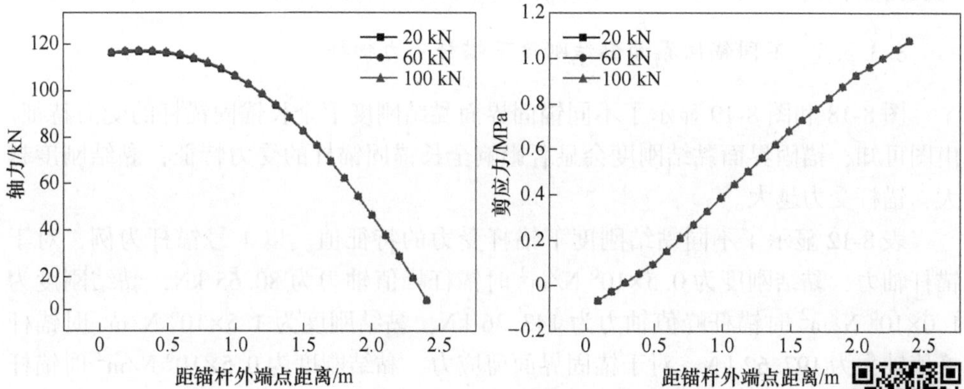

(a) 轴力　　(b) 剪应力

图 8-17 不同预紧力下 2 号锚杆受力特征

扫码看彩图

表 8-11 显示了不同预紧力下锚杆受力的特征值。以 1 号锚杆为例，对于锚杆轴力，预紧力为 20 kN 时锚杆峰值轴力为 144. 42 kN，预紧力为 60 kN 时锚杆峰值轴力为 143. 77 kN，预紧力为 100 kN 时锚杆峰值轴力为 143. 36 kN。对于锚固界面剪应力，预紧力为 20 kN 时锚杆外端点的峰值剪应力为 0. 117 MPa，内端点的峰值剪应力为 1. 470 MPa；预紧力为 60 kN 时锚杆外端点的峰值剪应力为 0. 116 MPa，内端点的峰值剪应力为 1. 466 MPa；预紧力为 100 kN 时锚杆外端点的峰值剪应力为 0. 115 MPa，内端点的峰值剪应力为 1. 463 MPa。

表 8-11 不同预紧力下锚杆受力特征值

编号	预紧力/kN	轴力/kN		剪应力/MPa	
		外端点	峰值	外端点	内端点
1	20	142. 65	144. 42	−0. 117	1. 470
	60	141. 89	143. 77	−0. 116	1. 466
	100	141. 70	143. 36	−0. 115	1. 463
2	20	114. 36	115. 16	−0. 069	1. 089
	60	114. 26	114. 98	−0. 068	1. 088
	100	113. 86	114. 62	−0. 067	1. 087

通常，锚杆的支护强度为 0~1 MPa[311]，其相对于原岩应力而言是非常小的，锚杆支护预紧力的关键作用是一方面改变巷道围岩的受力状态，使其由二维应力状态转化为三维应力状态，进而提高围岩的自承载能力；另一方面是强化锚杆支护的主动性，提高锚杆支护系统的整体刚度，抑制围岩的离层和剪切滑移，避免围岩的非连续变形。因此，在实际工程中，在考虑锚杆强度的前提下，要适当提高全长锚固锚杆支护的预紧力，以强化锚杆的主动支护效果。

8. 3. 3. 3 不同锚固界面黏结刚度下锚杆受力特征

图 8-18 和图 8-19 显示了不同锚固界面黏结刚度下全长锚固锚杆的受力特征。由图可知，锚固界面黏结刚度会显著影响全长锚固锚杆的受力特征，黏结刚度越大，锚杆受力越大。

表 8-12 显示了不同黏结刚度下锚杆受力的特征值。以 1 号锚杆为例，对于锚杆轴力，黏结刚度为 0.5×10^6 N/m^2 时锚杆峰值轴力为 80. 65 kN，黏结刚度为 1.0×10^6 N/m^2 时锚杆峰值轴力为 143. 36 kN，黏结刚度为 1.5×10^6 N/m^2 时锚杆峰值轴力为 197. 62 kN。对于锚固界面剪应力，黏结刚度为 0.5×10^6 N/m^2 时锚杆外端点的剪应力为 0. 046 MPa，内端点的剪应力为 0. 780 MPa；黏结刚度为 1.0×10^6 N/m^2 时锚杆外端点的剪应力为 0. 116 MPa，内端点的剪应力为 1. 466 MPa；黏结刚度为 1.5×10^6 N/m^2 时锚杆外端点的剪应力为 0. 201 MPa，内端点的剪应

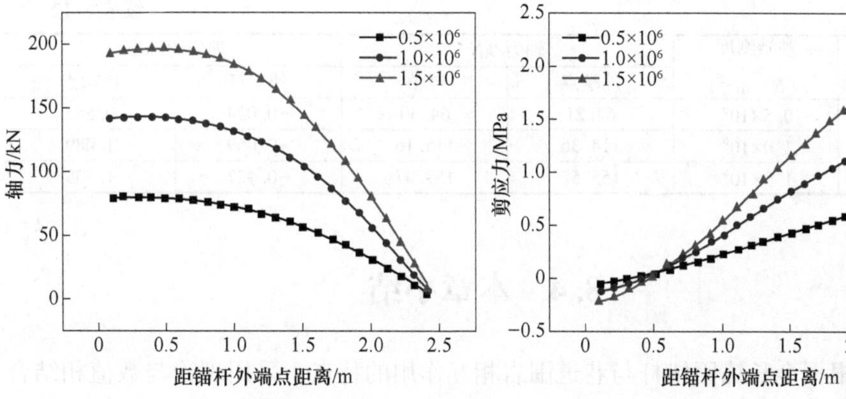

(a) 轴力　(b) 剪应力

图 8-18　不同黏结刚度下 1 号锚杆受力特征

扫码看彩图

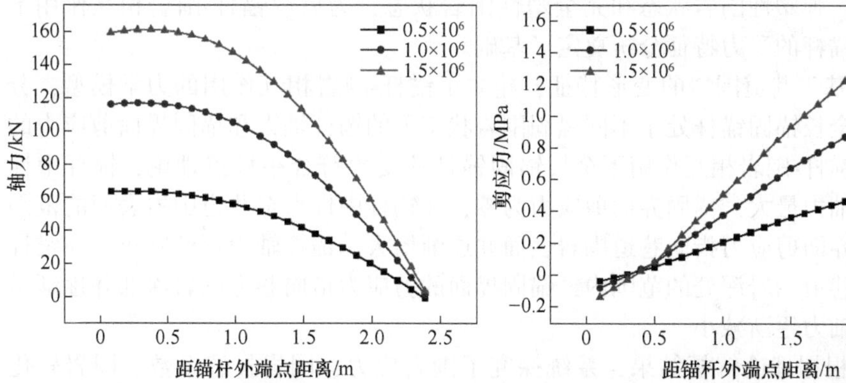

(a) 轴力　(b) 剪应力

图 8-19　不同黏结刚度下 2 号锚杆受力特征

扫码看彩图

力为 2.084 MPa。表明锚固界面黏结刚度越大，锚杆对围岩变形的响应越迅速，增阻特性越明显，且能提高锚杆支护对围岩变形的敏感度，快速调动锚杆支护的潜能，有效抑制围岩的离层滑移，实现及时主动支护，减少围岩非连续变形程度。因此，在全长锚固锚杆支护过程中，有必要采取适当措施来提高锚固界面的黏结刚度，这也再次阐明了 3.3 节中所提方法的实际意义所在。

表 8-12　不同黏结刚度下锚杆受力特征值

编号	黏结刚度 /(N·m^{-2})	轴力/kN		剪应力/MPa	
		外端点	峰值	外端点	内端点
1	0.5×10^6	80.09	80.65	−0.046	0.780
	1.0×10^6	141.89	143.36	−0.116	1.466
	1.5×10^6	193.91	197.62	−0.201	2.084

续表 8-12

编号	黏结刚度 /(N·m^{-2})	轴力/kN		剪应力/MPa	
		外端点	峰值	外端点	内端点
2	0.5×10^6	64.21	64.30	−0.024	0.585
	1.0×10^6	114.36	115.16	−0.069	1.089
	1.5×10^6	155.52	157.37	−0.127	1.535

8.4　本章小结

本章根据全长锚固锚杆与巷道围岩相互作用的特点，采用理论与数值相结合的手段对锚杆-围岩相互作用下全长锚固锚杆的受力特征进行了系统分析，并探讨了相关因素对其受力特征的影响。主要结论如下：

（1）考虑巷道围岩变形的应变软化特性，分析了全长锚固锚杆所处的锚固围岩状态：弹塑性围岩状态和完全塑性围岩状态，为后续锚杆-围岩相互作用下全长锚固锚杆的受力特征分析奠定了基础。

（2）基于巷道围岩的变形特征，建立了锚杆-围岩相互作用的力学模型，分析得到了全长锚固锚杆处于不同锚固围岩状态下的锚杆轴力和锚固界面剪应力的解析解。锚杆-围岩相互作用下全长锚固锚杆的受力符合中性点理论，锚杆中性点处锚杆轴力最大，锚固界面剪应力为零；在锚杆中性点至巷道围岩表面的范围内，锚固界面剪应力指向巷道围岩表面并逐渐增大，锚杆轴力逐渐减小；在锚杆中性点至巷道围岩深处的范围内，锚固界面的剪应力指向巷道围岩深部并逐渐增大，锚杆轴力逐渐减小。

（3）根据理论解析结果，系统探究了围岩应力、围岩扩容系数、围岩软化模量和锚杆端头轴力对全长锚固锚杆受力特征的影响。围岩应力、围岩扩容系数、围岩软化模量和锚杆端头轴力越大，锚杆轴力和锚固界面剪应力也越大。因此，对于全长锚固锚杆支护而言，降低围岩的应力，减少围岩的劣化程度，提高锚杆支护强度，对强化全长锚固锚杆的支护效果和耐久性有积极作用。

（4）为了更好地实现理论研究与实际工程的有效对接，提出了一种较真实反映现场预应力全长锚固锚杆支护的数值实现方法，并通过与现有方法的对比分析了所提方法的可行性和合理性。

（5）在锚杆-围岩相互作用下，围岩越松软，锚杆受力越大，且锚杆受力的变化趋势越明显。锚杆预紧力的关键作用是改变巷道围岩的受力状态，强化锚杆支护的主动性，提高锚杆支护系统的整体刚度，抑制围岩的离层和剪切滑移，避免围岩的非连续变形。锚固界面黏结刚度越大，锚杆对围岩变形的响应越迅速，增阻特性越明显，锚杆受力也越大。锚固界面较大的黏结刚度能提高锚杆支护对围岩变形的敏感度，快速调动锚杆支护的潜能，有效抑制围岩的离层滑移，实现及时主动支护，降低围岩非连续变形程度。

9 总 结

本书围绕全长锚固系统的力学行为及承载特性，综合采用试验研究、理论分析和数值模拟的手段，系统研究了锚固界面的黏结特性，分析了锚固长度、层状岩体和锚杆-围岩相互作用下的全长锚固锚杆的承载受力特征。主要结论如下：

（1）锚固界面承载过程可分为化学脱黏、微裂纹发展、剪切失效和摩擦失效四个阶段。声发射响应呈现先增强后减弱的变化趋势，峰值频率呈现明显的分区集中分布特征，持续时间呈现较强的峰值频率依赖性。锚固界面的黏结-滑移关系可采用三线性模型描述，锚固界面的失效机制可采用 Mohr-Coulomb 帽盖强度准则描述。

（2）理论分析了锚固界面的承载机制，得到了锚固界面峰值黏结力的控制方程。增大围岩及锚固剂弹性模量、锚固界面峰值轴向位移和峰值剪胀角均能有效提高锚固界面的峰值黏结力。提出了采用钢纤维锚固剂来增强锚固界面力学行为的方法，试验验证了钢纤维锚固剂对锚固系统承载性能的强化机制和强化效果，钢纤维锚固剂会显著影响锚固试件的力学性能、声发射响应和失效特征，且能有效增强锚固试件抵抗失效的能力。

（3）锚固系统的承载特性具有明显的加载速率依赖性。随着加载速率的增大，锚固试件的峰值拉拔载荷及锚固界面的剪切强度增大，峰值拉拔载荷对应的时间和位移却大幅度减小，累积声发射振铃计数减少，平均声发射振铃计数增多，累积声发射能量减少，声发射事件数也减少。加载速率的增大会抑制锚固界面微裂纹的发展，减弱锚固界面的声发射响应，加速锚固界面的失效过程，降低锚固系统承载的耐久性。随着加载速率的增大，锚固界面的局部应变增大，锚固界面的剪切失效模式逐渐由间隔剪切失效演化为整体剪切失效。

（4）声发射振铃计数反映了锚固系统承载过程中声发射活动的活跃程度，构建了累积声发射振铃计数与拉拔位移的关系，分析了锚固系统的损伤特性，锚固系统的损伤过程可分为快速损伤、稳定损伤和慢速损伤三个阶段。

（5）锚固界面的黏结参数会显著影响全长锚固锚杆的承载性能。随着峰值剪应力处位移 u_p 的增大，全长锚固锚杆的承载力逐渐降低，能量吸收也降低，全长锚固系统对外部载荷的响应速度减弱。随着残余剪应力 τ_f 的增大，全长锚固锚杆的承载能力和变形能力增加，能量吸收也增加。随着残余剪应力处位移 u_f 的增大，全长锚固锚杆的承载能力和变形能力呈增加趋势，全长锚固锚杆的能量吸能也增加。在锚杆支护设计时，需充分考虑锚固界面的峰后黏结特性，避免高估或低估锚固系统的承载能力。

(6) 拉拔作用下锚杆的承载失效是一个渐进的过程，承载过程可分为完全弹性阶段、弹性-软化阶段、完全软化阶段/弹性-软化-摩擦阶段、软化-摩擦阶段和完全摩擦阶段。理论推导了锚杆各个承载阶段锚杆拉拔载荷-位移、轴力和剪应力的解析解。锚固长度会显著影响锚杆的拉拔载荷-位移曲线形态和承载过程。锚固长度增大能充分发挥锚杆的承载性能，增强锚杆抵抗失效的能力，但存在临界锚固长度。随着锚固长度的增大，锚杆轴力和剪应力的作用范围增大，锚杆轴力的变化趋势逐渐由线性降低变为非线性降低，锚杆剪应力分布的不均匀性逐渐增加。

(7) 层状岩体结构会显著影响全长锚固锚杆的承载特性。深部岩石为硬岩时，全长锚固锚杆具有较高的承载能力和变形能力，当浅部岩层为硬岩时，全长锚固锚杆的增阻性能较好，对外部载荷的响应灵敏。层状岩体中硬岩厚度越大，越有利于全长锚固锚杆发挥其承载性能。随着层状岩体中岩层数量的增加，全长锚固锚杆的承载性能呈现出逐渐降低的趋势。对于层状岩体结构的支护，全长锚固锚杆的深部锚固基础应尽可能布置在硬岩或弹性区岩石中。

(8) 考虑巷道围岩变形的应变软化特性，分析了全长锚固系统所处的锚固围岩状态：弹塑性围岩状态和完全塑性围岩状态。建立锚杆-围岩相互作用的力学模型，分析得到了全长锚固系统处于不同锚固围岩状态下的锚杆轴力和锚固界面剪应力的解析解。围岩应力、围岩扩容系数、围岩软化模量和锚杆端头轴力越大，锚杆的轴力和锚固界面的剪应力也越大。对于全长锚固锚杆支护而言，降低围岩的应力，减少围岩的劣化程度，提高锚杆支护强度，对强化全长锚固系统的支护效果和耐久性有积极作用。

(9) 提出了一种较真实反映现场预应力全长锚固锚杆支护的数值实现方法，并与现有方法进行对比，分析了所提方法的可行性和合理性。围岩越松软，锚杆受力越大，且锚杆受力的变化趋势越明显。锚杆预紧力的关键作用是改变巷道围岩的受力状态，强化锚杆支护的主动性，提高锚杆支护系统的整体刚度，抑制围岩的离层和剪切滑移，避免围岩的非连续变形。锚固界面黏结刚度越大，锚杆对围岩变形的响应越迅速，增阻特性越明显，锚杆受力也越大。锚固界面较大的黏结刚度能提高锚杆支护对围岩变形的敏感度，快速调动锚杆支护的潜能，有效抑制围岩的离层滑移，实现及时主动支护，降低围岩非连续变形程度。

参考文献

[1] 张宝明，陈炎光，徐永圻. 中国煤矿高产高效技术［M］. 徐州：中国矿业大学出版社，2001.

[2] 中国能源发展报告［M］. 北京：中国计量出版社，2003.

[3] 钱鸣高，缪协兴，许家林. 资源与环境协调（绿色）开采［J］. 煤炭学报，2007（1）：1-7.

[4] 钱鸣高. 煤炭的科学开采［J］. 煤炭学报，2010，35（4）：529-534.

[5] 钱鸣高，石平五，许家林. 矿山压力与岩层控制［M］. 徐州：中国矿业大学出版社，2010.

[6] 康红普，王金华. 煤巷锚杆支护理论与成套技术［M］. 北京：煤炭工业出版社，2007.

[7] 康红普. 我国煤矿巷道锚杆支护技术发展60年及展望［J］. 中国矿业大学学报，2016，45（6）：1071-1081.

[8] 康红普. 我国煤矿巷道围岩控制技术发展70年及展望［J］. 岩石力学与工程学报，2021，40（1）：1-30.

[9] 康红普，徐刚，王彪谋，等. 我国煤炭开采与岩层控制技术发展40a及展望［J］. 采矿与岩层控制工程学报，2019，1（2）：7-39.

[10] 陈炎光，陆士良. 中国煤矿巷道围岩控制［M］. 徐州：中国矿业大学出版社，1994.

[11] 康红普，王金华，林健. 煤矿巷道支护技术的研究与应用［J］. 煤炭学报，2010，35（11）：1809-1814.

[12] KANG H，WANG J，LIN J. Reinforcement technique and its application in complicated roadways in underground coal mines［C］// 12th ISRM Congress. International Society for Rock Mechanics and Rock Engineering，2011.

[13] KANG H，LIN J，WU Y. Development of high pretensioned and intensive supporting system and its application in coal mine roadways［J］. Procedia Earth and Planetary Science，2009，1（1）：479-485.

[14] 康红普，王金华，林健. 煤矿巷道锚杆支护应用实例分析［J］. 岩石力学与工程学报，2010，29（4）：649-664.

[15] 康红普，姜铁明，高富强. 预应力在锚杆支护中的作用［J］. 煤炭学报，2007（7）：680-685.

[16] 康红普，王金华，林健. 高预应力强力支护系统及其在深部巷道中的应用［J］. 煤炭学报，2007（12）：1233-1238.

[17] WINDSOR C. Rock reinforcement systems［J］. International Journal of Rock Mechanics and Mining Sciences，1997，34（6）：919-951.

[18] 康红普. 煤巷锚杆支护成套技术研究与实践［J］. 岩石力学与工程学报，2005（21）：161-166.

[19] 康红普，范明建，高富强，等. 超千米深井巷道围岩变形特征与支护技术［J］. 岩石力学与工程学报，2015，34（11）：2227-2241.

[20] 康红普，王国法，姜鹏飞，等. 煤矿千米深井围岩控制及智能开采技术构想［J］. 煤炭学报，2018，43（7）：1789-1800.

[21] 冯国瑞. 煤矿残采区上行开采基础理论与实践［M］. 北京：煤炭工业出版社，2010.

[22] ZHANG Y, FENG G, ZHANG M, et al. Residual coal exploitation and its impact on sustainable development of the coal industry in China［J］. Energy Policy, 2016, 96: 534-541.

[23] 冯国瑞，张玉江，戚庭野，等. 中国遗煤开采现状及研究进展［J］. 煤炭学报，2020，45（1）：151-159.

[24] 林健，杨景贺，韩国强，等. 不同杆体外形树脂锚杆锚固与安设性能对比试验研究［J］. 煤炭学报，2015，40（2）：286-292.

[25] YAZICI S, KAISER P. Bond strength of grouted cable bolts［C］// International Journal of Rock Mechanics and Mining Sciences & Geomechanics Abstracts. Pergamon, 1992, 29（3）：279-292.

[26] YIN J, HONG C, ZHOU W. Simplified analytical method for calculating the maximum shear stress of nail-soil interface［J］. International Journal of Geomechanics, 2012, 12（3）：309-317.

[27] UPADHYAYA P, KUMAR S. Pull-out capacity of adhesive anchors: An analytical solution［J］. International Journal of Adhesion and Adhesives, 2015, 60: 54-62.

[28] UPADHYAYA P, KUMAR S. Micromechanics of stress transfer through the interphase in fiber-reinforced composites［J］. Mechanics of Materials, 2015, 89: 190-201.

[29] LI S C, WANG H, WANG Q, et al. Failure mechanism of bolting support and high-strength bolt-grouting technology for deep and soft surrounding rock with high stress［J］. Journal of Central south university, 2016, 23（2）：440-448.

[30] HYETT A, BAWDEN W, MACSPORRAN G, et al. A constitutive law for bond failure of fully-grouted cable bolts using a modified Hoek cell［C］// International Journal of Rock Mechanics and Mining Sciences & Geomechanics Abstracts. Pergamon, 1995, 32（1）：11-36.

[31] AOKI T, MAENO Y, SHIBATA K, et al. Laboratory pull-out tests of cablebolts［C］// ISRM International Symposium-EUROCK 2002. International Society for Rock Mechanics and Rock Engineering, 2002.

[32] 韩军，陈强，刘元坤，等. 锚杆灌浆体与岩（土）体间的粘结强度［J］. 岩石力学与工程学报，2005（19）：84-88.

[33] HYETT A, BAWDEN W, REICHERT R. The effect of rock mass confinement on the bond strength of fully grouted cable bolts［C］// International Journal of Rock Mechanics and Mining Sciences & Geomechanics Abstracts. Pergamon, 1992, 29（5）：503-524.

[34] OKTAVIANUS Y, YAO H, GOLDSWORTHY H, et al. Pull-out behaviour of blind bolts from concrete-filled tubes［J］. Proceedings of the Institution of Civil Engineers-Structures and Buildings, 2015, 168（10）：747-759.

[35] 韩军，张明，CAO C，等. 套筒刚度对左旋锚杆锚固力的影响研究［J］. 采矿与安全工程学报，2020，37（5）：890-897.

[36] 文志杰，石永奎，崔增娣，等. 全长黏结型预应力锚杆受力特性研究［J］. 岩土力学，2010，31（S1）：177-181.

[37] 贾毅，赵人达，李福海. 高温及围岩粗糙度对锚杆灌浆料抗拔强度影响的试验研究

[J]. 铁道学报, 2017, 39 (6): 141-149.

[38] LI F H, JIN H, HU D, et al. Influence of temperature and roughness of surrounding rocks on mechanical behavior of rock bolts [J]. Soil Dynamics and Earthquake Engineering, 2017, 103: 55-63.

[39] 徐景茂, 顾雷雨. 锚索内锚固段注浆体与孔壁之间峰值抗剪强度试验研究 [J]. 岩石力学与工程学报, 2004 (22): 3765-3769.

[40] 张永兴, 饶枭宇, 唐树名, 等. 预应力锚索注浆体与岩石黏结界面抗剪强度试验 [J]. 中国公路学报, 2008 (6): 1-6.

[41] XIAO J, FALKNER H. Bond behaviour between recycled aggregate concrete and steel rebars [J]. Construction and Building Materials, 2007, 21 (2): 395-401.

[42] WU C, CHEN G, VOLZ J, et al. Local bond strength of vitreous enamel coated rebar to concrete [J]. Construction and Building Materials, 2012, 35: 428-439.

[43] LEE S, KANG S, TAN K, et al. Experimental and analytical investigation on bond-slip behaviour of deformed bars embedded in engineered cementitious composites [J]. Construction and Building Materials, 2016, 127: 494-503.

[44] 程东辉, 宋超, 何国玉. 钢筋与钢纤维再生混凝土锚固性能研究 [J]. 沈阳建筑大学学报 (自然科学版), 2020, 36 (3): 439-448.

[45] LALDJI S, YOUNG A. Bond between steel strand and cement grout in ground anchorages [J]. Magazine of Concrete Research, 1988, 40 (143): 90-98.

[46] KIHC A, YASAR E, CELIK A. Effect of grout properties on the pull-out load capacity of fully grouted rock bolt [J]. Tunnelling and underground space technology, 2002, 17 (4): 355-362.

[47] 饶枭宇, 唐树名, 张永兴, 等. 注浆体配合比改善岩锚抗拔特性的试验研究 [J]. 岩石力学与工程学报, 2008 (2): 390-396.

[48] TEYMEN A, KIHC A. Effect of grout strength on the stress distribution (tensile) of fully-grouted rockbolts [J]. Tunnelling and Underground Space Technology, 2018, 77: 280-287.

[49] 刘润, 闫澍旺, 罗强, 等. 纤维砂浆增强预应力锚索锚固效果的研究 [J]. 岩土工程学报, 2005 (2): 214-218.

[50] TEYMEN A. Effect of mineral admixture types on the grout strength of fully-grouted rockbolts [J]. Construction and Building Materials, 2017, 145: 376-382.

[51] CAO C, REN T, ZHANG Y, et al. Experimental investigation of the effect of grout with additive in improving ground support [J]. International Journal of Rock Mechanics and Mining Sciences, 2016, 100 (85): 52-59.

[52] 张明, CAO C, 张怀东, 等. 树脂锚固剂中添加不同钢质骨料对锚固力的影响 [J]. 煤炭学报, 2019, 44 (6): 1690-1697.

[53] KIHC A, YASAR E, ATIS C. Effect of bar shape on the pull-out capacity of fully-grouted rockbolts [J]. Tunnelling and Underground Space Technology, 2003, 18 (1): 1-6.

[54] 荣冠, 朱焕春, 周创兵. 螺纹钢与圆钢锚杆工作机理对比试验研究 [J]. 岩石力学与工程学报, 2004 (3): 469-475.

[55] AZIZ N, JALALIFAR H. The role of profile configuration on load transfer mechanism of bolt for effective support [J]. Journal of Mines, Metals and Fuels, 2007, 55 (12): 339-345.

[56] CAO C, NEMCIK J, AZIZ N, et al. Analytical study of steel bolt profile and its influence on bolt load transfer [J]. International Journal of Rock Mechanics and Mining Sciences, 2013, 60: 188-195.

[57] GHADIMI M, SHAHRIAR K, JALALIFAR H. Optimization of the fully grouted rock bolts for load transfer enhancement [J]. International Journal of Mining Science and Technology, 2015, 25 (5): 707-712.

[58] GHADIMI M, SHAHRIAR K, JALALIFAR H. A new analytical solution for the displacement of fully grouted rock bolt in rock joints and experimental and numerical verifications [J]. Tunnelling and Underground Space Technology, 2015, 50: 143-151.

[59] CAO C, REN T, COOK C, et al. Analytical approach in optimising selection of rebar bolts in preventing rock bolting failure [J]. International Journal of Rock Mechanics and Mining Sciences, 2014, 72: 16-25.

[60] 吴涛，CAO C，赵象卓，等. 不同肋间距锚杆锚固性能实验室试验研究 [J]. 煤炭学报，2017，42 (10)：2545-2553.

[61] 赵象卓，张宏伟，CAO C，等. 不同围岩条件下锚杆肋间距与锚固力优化研究 [J]. 岩土力学，2018，39 (4)：1263-1270，1280.

[62] 林健，任硕，杨景贺. 树脂全长锚固锚杆外形尺寸优化实验室研究 [J]. 煤炭学报，2014，39 (6)：1009-1015.

[63] 林健，任硕. 树脂全长锚固锚杆外形尺寸优化数值模拟研究 [J]. 采矿与安全工程学报，2015，32 (2)：273-278.

[64] 李东印，王伸. 螺纹钢横肋作用下锚固体应力分布与破坏规律 [J]. 煤炭学报，2015，40 (9)：2026-2032.

[65] 王伸，李化敏，李东印，等. 横肋对螺纹钢树脂锚杆载荷传递的影响 [J]. 岩土力学，2018，39 (8)：2805-2813，2822.

[66] ZHANG J, LIU L, SHAO J, et al. Mechanical properties and application of right-hand rolling-thread steel bolt in deep and high-stress roadway [J]. Metals, 2019, 9 (3): 346.

[67] CHEN J, HAGAN P, SAYDAM S. Parametric study on the axial performance of a fully grouted cable bolt with a new pull-out test [J]. International Journal of Mining Science and Technology, 2016, 26 (1): 53-58.

[68] CHEN J, HAGAN P, SAYDAM S. Sample diameter effect on bonding capacity of fully grouted cable bolts [J]. Tunnelling and Underground Space Technology, 2017, 68: 238-243.

[69] CHEN J, HAGAN P, SAYDAM S. A new laboratory short encapsulation pull test for investigating load transfer behavior of fully grouted cable bolts [J]. Geotechnical Testing Journal, 2018, 41 (3): 435-447.

[70] LI D, MASOUMI H, SAYDAM S, et al. Mechanical characterisation of modified cable bolts under axial loading: An extensive parametric study [J]. Rock Mechanics and Rock Engineering, 2018, 51 (9): 2895-2910.

[71] LI D, MASOUMI H, SAYDAM S, et al. Parametric study of fully grouted cable bolts subjected to axial loading [J]. Canadian Geotechnical Journal, 2019, 56 (10): 1514-1525.

[72] HO D, BOST M, RAJOT J. Numerical study of the bolt-grout interface for fully grouted rockbolt under different confining conditions [J]. International Journal of Rock Mechanics and Mining Sciences, 2019, 119: 168-179.

[73] ROBINS P, STANDISH I. The effect of lateral pressure on the bond of round reinforcing bars in concrete [J]. International Journal of Adhesion and Adhesives, 1982, 2 (2): 129-133.

[74] ROBINS P, STANDISH I. The influence of lateral pressure upon anchorage bond [J]. Magazine of Concrete Research, 1984, 36 (129): 195-202.

[75] KAISER P, YAZICI S, NOSE J. Effect of stress change on the bond strength of fully grouted cables [C] // International Journal of Rock Mechanics and Mining Sciences & Geomechanics Abstracts. Pergamon, 1992, 29 (3): 293-306.

[76] XU F, WU Z, ZHENG J, et al. Experimental study on the bond behavior of reinforcing bars embedded in concrete subjected to lateral pressure [J]. Journal of materials in civil engineering, 2012, 24 (1): 125-133.

[77] 查文华，王小坡，石崇，等. 不同侧压系数下锚固力变化规律试验研究 [J]. 岩石力学与工程学报，2013，32 (S2)：3141-3145.

[78] AFEFY H, EL-TONY E. Bond behavior of embedded reinforcing steel bars for varying levels of transversal pressure [J]. Journal of Performance of Constructed Facilities, 2016, 30 (2).

[79] ZHANG X, WU Z, ZHENG J, et al. Ultimate bond strength of plain round bars embedded in concrete subjected to uniform lateral tension [J]. Construction and Building Materials, 2016, 117: 163-170.

[80] 杨振茂，马念杰，官山月，等. 锚杆钻孔、杆体、树脂卷直径的合理匹配 [J]. 岩石力学与工程学报，2003 (4)：659-663.

[81] AZIZ N, CRAIG P, MIRZAGHORBANALI A, et al. Factors influencing the quality of encapsulation in rock bolting [J]. Rock Mechanics and Rock Engineering, 2016, 49 (8): 3189-3203.

[82] 刘少伟，贺德印，付孟雄，等. 树脂锚固剂搅拌过程仿真及高效搅拌构件优化实验 [J]. 煤炭学报，2020，45 (9)：3073-3086.

[83] 胡滨，康红普，林健，等. 温度对树脂锚杆锚固性能影响研究 [J]. 采矿与安全工程学报，2012，29 (5)：644-649.

[84] 康红普，崔千里，胡滨，等. 树脂锚杆锚固性能及影响因素分析 [J]. 煤炭学报，2014，39 (1)：1-10.

[85] 苏学贵，杜献杰，苏蕾，等. 高温下树脂锚固材料细观结构与力学性能实验分析 [J]. 煤炭学报，2015，40 (10)：2408-2413.

[86] SU X G, DU X J, YUAN H H, et al. Research of the thermal stability of structure of resin anchoring material based on 3D CT [J]. International Journal of Adhesion and Adhesives, 2016, 68: 161-168.

[87] LI F H, QUAN X J, JIA Y, et al. The experimental study of the temperature effect on the

interfacial properties of fully grouted rock bolt [J]. Applied Sciences, 2017, 7 (4): 327.
[88] WANG B, GUO X, LI F H, et al. Mechanical behavior of rock bolts under a high temperature environment [J]. International Journal of Rock Mechanics and Mining Sciences, 2018, 104: 126-130.
[89] MA S, ZHU X, QIN W, et al. Determination of the bond-slip relationship of fully grouted rockbolts [J]. Environmental Earth Sciences, 2018, 77 (9): 326.
[90] ELIGEHAUSEN R, POPOV E, BERTERO V. Local bond stress-slip relationships of deformed bars under generalized excitations: Experimental resalts and analytical model [J]. Calif. the Oniv., 1982.
[91] BROWN V, BARTHOLOMEW C. FRP reinforcing bars in reinforced concrete members [J]. Materials Journal, 1993, 90 (1): 34-39.
[92] COSENZA E, MANFREDI G, REALFONZO R. Behavior and modeling of bond of FRP rebars to concrete [J]. Journal of Composites for Construction, 1997, 1 (2): 40-51.
[93] BENMOKRANE B, CHENNOUF A, MITRI H. Laboratory evaluation of cement-based grouts and grouted rock anchors [C] // International journal of rock mechanics and mining sciences & geomechanics abstracts. Pergamon, 1995, 32 (7): 633-642.
[94] LU W, ZHAO D, MAO X, et al. Experimental study on bond-slip behavior of bamboo bolt-modified slurry interface under pull-out load [J]. Advances in Civil Engineering, 2018, 2018 (1): 1-23.
[95] WANG Y, WU Z M, ZHENG J, et al. Three-dimensional analytical model for the pull-out response of anchor-mortar-concrete anchorage system based on interfacial bond failure [J]. Engineering Structures, 2019, 180: 234-248.
[96] 蔡跃，蒋宇静，江崎哲郎. 杆状支护系统的耦合模型及应用 [J]. 岩石力学与工程学报, 2003 (6): 1024-1028.
[97] CAI Y, ESAKI T, JIANG Y. A rock bolt and rock mass interaction model [J]. International Journal of Rock Mechanics and Mining Sciences, 2004, 41 (7): 1055-1067.
[98] KUMAR S, KHAN M. A shear-lag model for functionally graded adhesive anchors [J]. International Journal of Adhesion and Adhesives, 2016, 68: 317-325.
[99] 张季如，唐保付. 锚杆载荷传递机理分析的双曲函数模型 [J]. 岩土工程学报, 2002 (2): 188-192.
[100] MA S, NEMCIK J, AZIZ N. An analytical model of fully grouted rock bolts subjected to tensile load [J]. Construction and Building Materials, 2013, 49: 519-526.
[101] 黄明华，周智，欧进萍. 全长黏结式锚杆锚固段载荷传递机制非线性分析 [J]. 岩石力学与工程学报, 2014, 33 (S2): 3992-3997.
[102] ZHOU Y, WU Y, YUN Y. Analytical modeling of the bond-slip relationship at FRP-concrete interfaces for adhesively-bonded joints [J]. Composites Part B: Engineering, 2010, 41 (6): 423-433.
[103] LI D, MASOUMI H, SAYDAM S, et al. A constitutive model for load-displacement performance of modified cable bolts [J]. Tunnelling and Underground Space Technology,

2017, 68: 95-105.

[104] KIM N. Performance of tension and compression anchors in weathered soil [J]. Journal of Geotechnical and Geoenvironmental Engineering, 2003, 129 (12): 1138-1150.

[105] KIM N, PARK J, KIM S. Numerical simulation of ground anchors [J]. Computers and Geotechnics, 2007, 34 (6): 498-507.

[106] BANHOLZER B, BRAMESHUBER W, JUNG W. Analytical simulation of pull-out tests-the direct problem [J]. Cement and Concrete Composites, 2005, 27 (1): 93-101.

[107] FELDMAN L, BARTLETT F. Bond stresses along plain steel reinforcing bars in pullout specimens [J]. ACI Structural Journal, 2007, 104 (6): 685.

[108] MOOSAVI M, JAFARI A, KHOSRAVI A. Bond of cement grouted reinforcing bars under constant radial pressure [J]. Cement and Concrete Composites, 2005, 27 (1): 103-109.

[109] 张传庆，崔国建，周辉，等. 锚杆杆体-砂浆界面剪切力学特性试验研究 [J]. 岩石力学与工程学报，2018，37 (4): 820-828.

[110] 邓亮，张传庆，周丽，等. 常法向刚度下锚杆杆体-树脂界面剪切力学特性试验研究 [J]. 岩石力学与工程学报，2020，39 (11): 2254-2263.

[111] CUI G, ZHANG C Q, CHEN J, et al. Effect of bolt inclination angle on shear behavior of bolted joints under CNL and CNS conditions [J]. Journal of Central South Universty, 2020, 27 (3): 937-950.

[112] 张景科，单婷婷，王玉超，等. 土遗址锚固土体-浆体（CGN+C）界面力学性能 [J]. 岩土力学，2019，40 (3): 903-912.

[113] CHEN S, QIANG S, CHEN S, et al. Composite element model of the fully grouted rock bolt [J]. Rock Mechanics and Rock Engineering, 2004, 37 (3): 193-212.

[114] 江文武，徐国元，马长年. FLAC_3D 的锚杆拉拔数值模拟试验 [J]. 哈尔滨工业大学学报，2009，41 (10): 129-133.

[115] CAO C, NEMCIK J, AZIZ N. Advanced numerical modelling methods of rock bolt performance in underground mines [J]. 2010.

[116] 任非凡，徐超，谌文武. 多界面复合锚杆载荷传递机制的数值模拟 [J]. 同济大学学报（自然科学版），2011，39 (12): 1753-1759.

[117] MURCIA-DELSO J, SHING B P. Bond-slip model for detailed finite-element analysis of reinforced concrete structures [J]. Journal of Structural Engineering, 2015, 141 (4): 04014125. 1-4014125. 10.

[118] FRIKHA M, NOURI H, GUESSASMA S, et al. Interfacial behaviour from pull-out tests of steel and aluminium fibres in unsaturated polyester matrix [J]. Journal of Materials Science, 2017, 52 (24): 13829-13840.

[119] 毕冬宾，尤志嘉，刘群，等. 土层锚固体复合界面单元形式及力学效应研究 [J]. 岩土力学，2017，38 (1): 277-283.

[120] 方威，司马军，蒋明镜. 岩石锚杆界面滑移破坏的 DEM 数值模拟 [J]. 长江科学院院报，2018，35 (5): 73-78，84.

[121] FARMER I. Stress distribution along a resin grouted rock anchor [C] // International Journal

of Rock Mechanics and Mining Sciences & Geomechanics Abstracts. Pergamon, 1975, 12 (11): 347-351.

[122] 刘建庄，张农，韩昌良. 弹性拉拔中锚杆轴力和剪力分布力学计算 [J]. 中国矿业大学学报，2012，41（3）：344-348.

[123] HYETT A, MOOSAVI M, BAWDEN W. Load distribution along fully grouted bolts, with emphasis on cable bolt reinforcement [J]. International Journal for Numerical and Analytical Methods in Geomechanics, 1996, 20 (7): 517-544.

[124] LI C, STILLBORG B. Analytical models for rock bolts [J]. International Journal of Rock Mechanics and Mining Sciences, 1999, 36 (8): 1013-1029.

[125] HE L, AN X, ZHAO Z. Fully grouted rock bolts: an analytical investigation [J]. Rock Mechanics and Rock Engineering, 2015, 48 (3): 1181-1196.

[126] WU Z M, YANG S, HU X, et al. Analytical method for pullout of anchor from anchor-mortar-concrete anchorage system due to shear failure of mortar [J]. Journal of Engineering Mechanics, 2007, 133 (12): 1352-1369.

[127] YANG S, WU Z M, HU X, et al. Theoretical analysis on pullout of anchor from anchor-mortar-concrete anchorage system [J]. Engineering Fracture Mechanics, 2008, 75 (5): 961-985.

[128] WU Z M, YANG S, WU Y, et al. Analytical method for failure of anchor-grout-concrete anchorage due to concrete cone failure and interfacial debonding [J]. Journal of structural engineering, 2009, 135 (4): 356-365.

[129] WU Z M, YANG S, ZHENG J, et al. Analytical solution for the pull-out response of FRP rods embedded in steel tubes filled with cement grout [J]. Materials and Structures, 2010, 43 (5): 597-609.

[130] REN F, YANG Z, CHEN J, et al. An analytical analysis of the full-range behaviour of grouted rockbolts based on a tri-linear bond-slip model [J]. Construction and Building Materials, 2010, 24 (3): 361-370.

[131] 段建，言志信，郭锐剑，等. 土层锚杆拉拔界面松动破坏分析 [J]. 岩土工程学报，2012，34（5）：936-941.

[132] 郭锐剑，谌文武，段建，等. 考虑界面软化特性的土层锚杆拉拔受力分析 [J]. 中南大学学报（自然科学版），2012，43（10）：4003-4009.

[133] 文竞舟，张永兴，王成. 隧道围岩全长黏结式锚杆界面力学模型研究 [J]. 岩土力学，2013，34（6）：1645-1651，1686.

[134] 周炳生，王保田，梁传扬，等. 全长黏结式锚杆锚固段载荷传递特性研究 [J]. 岩石力学与工程学报，2017，36（S2）：3774-3780.

[135] 芦苇，赵冬，李东波，等. 土遗址楠竹锚固界面传力过程研究 [J]. 力学学报，2019，51（2）：524-539.

[136] WANG Y, WU Z, ZHENG J, et al. 3D analytical investigation on the overall pullout behavior of grouted anchorages in presence of shear failure of grout [J]. Engineering Failure Analysis, 2020, 109: 104249.

[137] 周世昌，朱万成，于水生．基于双指数剪切滑移模型的全长锚固锚杆载荷传递机制分析［J］．岩石力学与工程学报，2018，37（S2）：3817-3825.

[138] 黄明华，李嘉成，赵明华，等．层状地基中锚杆拉拔载荷传递非线性分析［J］．中国公路学报，2019，32（1）：12-20，56.

[139] INDRARATNA B，KAISER P. Analytical model for the design of grouted rock bolts［J］. International Journal for Numerical and Analytical Methods in Geomechanics，1990，14（4）：227-251.

[140] PRIETO-MUÑOZA P，YIN M H，TESTA B R. An elastic analysis that predicts the pull-out capacity of adhesive anchors［C］// IOP Conference Series：Materials Science and Engineering. IOP Publishing，2010，10（1）：012151.

[141] PRIETO-MUÑOZA P，YIN M H，TESTA B R. Mechanics of an adhesive anchor system subjected to a pullout load. Ⅰ：Elastic analysis［J］. Journal of Structural Engineering，2014，140（2）：04013052.

[142] PRIETO-MUÑOZA P，YIN M H，TESTA B R. Mechanics of an adhesive anchor system subjected to a pullout load. Ⅱ：Viscoelastic analysis［J］. Journal of Structural Engineering，2014，140（2）：04013053.

[143] MARTÍN L，TIJANI M，HADJ-HASSEN F. A new analytical solution to the mechanical behaviour of fully grouted rockbolts subjected to pull-out tests［J］. Construction and Building Materials，2011，25（2）：749-755.

[144] MARTÍN L，TIJANI M，HADJ-HASSEN F，et al. Assessment of the bolt-grout interface behaviour of fully grouted rockbolts from laboratory experiments under axial loads［J］. International Journal of Rock Mechanics and Mining Sciences，2013，63：50-61.

[145] 高永涛，吴顺川，孙金海．预应力锚杆锚固段应力分布规律及应用［J］．北京科技大学学报，2002（4）：387-390.

[146] 李铀，白世伟，方昭茹，等．预应力锚索锚固体破坏与锚固力传递模式研究［J］．岩土力学，2003（5）：686-690.

[147] 何思明，王成华，吴文华．基于损伤理论的预应力锚索载荷-变形特性分析［J］．岩石力学与工程学报，2004（5）：786-792.

[148] 邹金锋，李亮，杨小礼，等．基于损伤理论的全长式锚杆载荷传递机理研究［J］．铁道学报，2007（6）：84-88.

[149] 姚显春，李宁，陈蕴生．隧洞中全长粘结式锚杆的受力分析［J］．岩石力学与工程学报，2005（13）：2272-2276.

[150] 陈国周，贾金青．锚杆与土体界面渐进破坏的解析解［J］．岩土力学，2007，28（S1）：321-326，332.

[151] 朱训国，杨庆，栾茂田．岩体锚固效应及锚杆的解析本构模型研究［J］．岩土力学，2007（3）：527-532.

[152] 杨庆，朱训国，栾茂田．全长注浆岩石锚杆双曲线模型的建立及锚固效应的参数分析［J］．岩石力学与工程学报，2007（4）：692-698.

[153] 许宏发，王武，江淼，等．灌浆岩石锚杆拉拔变形和刚度的理论解析［J］．岩土工程学

报，2011，33（10）：1511-1516.

[154] 钟志彬，吕蕾，邓荣贵. 考虑轴力分布的全长粘结锚杆受力分析［J］. 防灾减灾工程学报，2013，33（3）：311-315.

[155] 陈昌富，梁冠亭，汤宇. 层状地基中锚杆拉拔受力变形特性分析［J］. 中国公路学报，2015，28（7）：1-9，17.

[156] ZHENG X，FENG X，ZHANG N，et al. Serial decoupling of bolts in coal mine roadway supports［J］. Arabian Journal of Geosciences，2015，8（9）：6709-6722.

[157] FENG X，ZHANG N，LV C. Effects of interface damage resulting from the separation of layered strata on bolt anchoring systems［J］. Shock and Vibration，2016（2016）：1-13.

[158] ZHAO Y，ZHANG N，ZHENG X. Experimental study of axial stress distribution and transfer along the bolt rods in an underground coal mine［J］. Arabian Journal of Geosciences，2016，9（1）：30.

[159] FENG X，ZHANG N，LI G，et al. Pullout test on fully grouted bolt sheathed by different length of segmented steel tubes［J］. Shock and Vibration，2017，2017（2）：1-16.

[160] TIAN J，HU L. Anchorage performance of a high-pressure pre-tightening resin anchor with a compressed grouting body［J］. Plos One，2017，12（2）：e0171653.

[161] 吕爱钟，刘宜杰，张晓莉. 圆形隧洞全长黏结锚杆力学分析的解析方法［J］. 岩石力学与工程学报，2018，37（7）：1561-1573.

[162] 易梅辉，高文华，向德强，等. 基于流变理论的压力型锚杆锚固段载荷传递机理研究［J］. 应用力学学报，2020，37（4）：1556-1563，1860.

[163] ZHANG W，HUANG L，JUANG C. An analytical model for estimating the force and displacement of fully grouted rock bolts［J］. Computers and Geotechnics，2020，117：103222.

[164] CAI Y，ESAKI T，JIANG Y. An analytical model to predict axial load in grouted rock bolt for soft rock tunnelling［J］. Tunnelling and Underground Space Technology，2004，19（6）：607-618.

[165] CAI Y，JIANG Y，DJAMALUDDIN I，et al. An analytical model considering interaction behavior of grouted rock bolts for convergence-confinement method in tunneling design［J］. International Journal of Rock Mechanics and Mining Sciences，2015，76：112-126.

[166] 何思明，张小刚，王成华. 基于修正剪切滞模型的预应力锚索作用机理研究［J］. 岩石力学与工程学报，2004（15）：2562-2567.

[167] JALALIFAR H. An analytical solution to predict axial load along fully grouted bolts in an elasto-plastic rock mass［J］. Journal of the Southern African Institute of Mining and Metallurgy，2011，111（11）：809-814.

[168] DAS K，DEB D，RAJA SEKHAR G. Analytical model for fully grouted rock bolts considering movements of rock joints［C］// Third Indian Rock Conference by ISRMTT. 2011：13-15.

[169] 李冲，徐金海，李明. 全长锚固预应力锚杆杆体受力特征分析［J］. 采矿与安全工程学报，2013，30（2）：188-193.

[170] 周浩，肖明，陈俊涛. 大型地下洞室全长黏结式岩石锚杆锚固机制研究及锚固效应分

析［J］. 岩土力学，2016，37（5）：1503-1511.

［171］陈梁，茅献彪，陈彦龙. 考虑围岩峰后破坏的全锚锚杆受力特性［J］. 煤炭学报，2018，43（4）：923-930.

［172］RANJBARNIA M，FAHIMIFAR A，ORESTE P. A simplified model to study the behavior of pre-tensioned fully grouted bolts around tunnels and to analyze the more important influencing parameters［J］. Journal of Mining Science，2014，50（3）：533-548.

［173］李英明，赵呈星，丛利，等. 基于实际围岩变形的全长锚固锚杆杆体应力分布特征分析［J］. 煤炭学报，2019，44（10）：2966-2973.

［174］ZHAO C，LI Y M，LIU G，et al. Research on the stress distribution law of fully anchored bolt and analysis of influencing factors under the condition of surrounding rock deformation［J］. Advances in Civil Engineering，2020，2020.

［175］ZOU J，ZHANG P. Analytical model of fully grouted bolts in pull-out tests and in situ rock masses［J］. International Journal of Rock Mechanics and Mining Sciences，2019，113：278-294.

［176］尤春安. 全长粘结式锚杆的受力分析［J］. 岩石力学与工程学报，2000（3）：339-341.

［177］尤春安，高明，张利民，等. 锚固体应力分布的试验研究［J］. 岩土力学，2004（S1）：63-66.

［178］尤春安. 锚固系统应力传递机理理论及应用研究［J］. 岩石力学与工程学报，2005（7）：1272.

［179］尤春安，战玉宝. 预应力锚索锚固段的应力分布规律及分析［J］. 岩石力学与工程学报，2005（6）：925-928.

［180］尤春安，战玉宝. 预应力锚索锚固段界面滑移的细观力学分析［J］. 岩石力学与工程学报，2009，28（10）：1976-1985.

［181］COMPTON C，OYLER D. Investigation of fully grouted roof bolts installed under in situ conditions［C］//International Conference on Ground Control in Mining，2005.

［182］廖小平，王浩，安孟康，等. 全长黏结型预应力锚杆的数值分析与现场测试［J］. 岩石力学与工程学报，2006（S2）：3743-3748.

［183］张幼振，石智军，张晶. 岩石锚杆锚固段载荷分布试验研究［J］. 岩土力学，2010，31（S2）：184-188.

［184］柴敬，赵文华，李毅，等. 光纤光栅检测的锚杆拉拔实验研究［J］. 中国矿业大学学报，2012，41（5）：719-724.

［185］张桂花，柴敬，李毅，等. 基于光纤光栅拉拔实验锚杆应力分布研究［J］. 采矿与安全工程学报，2014，31（4）：635-638.

［186］尹延春，赵同彬，谭云亮，等. 锚固体应力分布演化规律及其影响因素研究［J］. 采矿与安全工程学报，2013，30（5）：712-716.

［187］范俊奇，董宏晓，高永红，等. 全长注浆锚杆锚固段剪应力分布特征试验研究［J］. 实验力学，2014，29（2）：250-256.

［188］李怀珍，李学华，种照辉，等. 煤岩锚固系统滑移脱黏试验研究与力学性能分析［J］. 采矿与安全工程学报，2017，34（6）：1088-1093.

[189] 肖同强，李化敏，李海洋，等. 不同锚固长度下锚杆拉拔特性研究［J］. 采矿与安全工程学报，2017，34（6）：1075-1080.

[190] LIU X，WANG J，HUANG J，et al. Full-scale pullout tests and analyses of ground anchors in rocks under ultimate load conditions［J］. Engineering Geology，2017，228：1-10.

[191] 宋义敏，邓琳琳，吕祥锋，等. 锚杆拉拔过程中锚固体系传力规律研究［J］. 采矿与安全工程学报，2018，35（6）：1122-1128.

[192] 姚强岭，王伟男，孟国胜，等. 树脂锚杆不同锚固长度锚固段受力特征试验研究［J］. 采矿与安全工程学报，2019，36（4）：643-649.

[193] 孟祥瑞，张若飞，李英明，等. 全长锚固玻璃钢锚杆应力分布规律及影响因素研究［J］. 采矿与安全工程学报，2019，36（4）：678-684.

[194] MOOSAVI M，GRAYELI R. A model for cable bolt-rock mass interaction：Integration with discontinuous deformation analysis（DDA）algorithm［J］. International Journal of Rock Mechanics and Mining Sciences（1997），2006，43（4）：661-670.

[195] NIE W，ZHAO Z，NING Y，et al. Numerical studies on rockbolts mechanism using 2D discontinuous deformation analysis［J］. Tunnelling and Underground Space Technology，2014，41：223-233.

[196] NIE W，ZHAO Z，NING Y，et al. Development of rock bolt elements in two-dimensional discontinuous deformation analysis［J］. Rock Mechanics and Rock Engineering，2014，47（6）：2157-2170.

[197] MARCON M，VOREL J，NINČEVIĆ K，et al. Modeling adhesive anchors in a discrete element framework［J］. Materials，2017，10（8）：917.

[198] HE L，AN X，ZHAO X，et al. Development of a unified rock bolt model in discontinuous deformation analysis［J］. Rock Mechanics and Rock Engineering，2018，51（3）：827-847.

[199] KARANAM U，DASYAPU S. Experimental and numerical investigations of stresses in a fully grouted rock bolts［J］. Geotechnical & Geological Engineering，2005，23（3）：297-308.

[200] 张向阳，顾金才，沈俊，等. 全长黏结式锚索对软岩洞室的加固效应研究［J］. 岩土力学，2006（2）：294-298.

[201] 贺若兰，张平，李宁，等. 拉拔工况下全长粘结锚杆工作机理［J］. 中南大学学报（自然科学版），2006（2）：401-407.

[202] DEB D，DAS K. Bolt-grout interactions in elastoplastic rock mass using coupled FEM-FDM techniques［J］. Advances in Civil Engineering，2010，2010：14-26.

[203] DEB D，DAS K. Enriched finite element procedures for analyzing decoupled bolts installed in rock mass［J］. International Journal for Numerical and Analytical Methods in Geomechanics，2011，35（15）：1636-1655.

[204] DEB D，DAS K. Modelling of fully grouted rock bolt based on enriched finite element method［J］. International Journal of Rock Mechanics and Mining Sciences，2011，48（2）：283-293.

[205] DEB D，DAS K. A new doubly enriched finite element for modelling grouted bolt crossed by rock joint［J］. International Journal of Rock Mechanics and Mining Sciences，2014，70：47-58.

[206] ZHAO Y, YANG M. Pull-out behavior of an imperfectly bonded anchor system [J]. International Journal of Rock Mechanics and Mining Sciences, 2011, 48 (3): 469-475.
[207] ZHU C, CHANG X, MEN Y, et al. Modeling of grout crack of rockbolt grouted system [J]. International Journal of Mining Science and Technology, 2015, 25 (1): 73-77.
[208] CHANG X, WANG G, LIANG Z, et al. Study on grout cracking and interface debonding of rockbolt grouted system [J]. Construction and Building Materials, 2017, 135: 665-673.
[209] MA S, NEMCIK J, AZIZ N. Simulation of fully grouted rockbolts in underground roadways using $FLAC^{2D}$ [J]. Canadian Geotechnical Journal, 2014, 51 (8): 911-920.
[210] NEMCIK J, MA S, AZIZ N, et al. Numerical modelling of failure propagation in fully grouted rock bolts subjected to tensile load [J]. International Journal of Rock Mechanics and Mining Sciences, 2014, 71: 293-300.
[211] MA S, NEMCIK J, AZIZ N, et al. Numerical modeling of fully grouted rockbolts reaching free-end slip [J]. International Journal of Geomechanics, 2016, 16 (1): 04015020.1-04015020.7.
[212] MA S, ZHAO Z, NIE W, et al. A numerical model of fully grouted bolts considering the tri-linear shear bond-slip model [J]. Tunnelling and Underground Space Technology, 2016, 54: 73-80.
[213] ZHAO Z, SUN W, CHEN S, et al. Transfer of anchoring load in layered roadway roof under different lithological sequences [J]. Arabian Journal of Geosciences, 2018, 11 (24): 792.
[214] LI N, MA Z, GONG P, et al. Simulation research on the load transfer mechanism of anchoring system in soft and hard composite rock strata under tensile loading conditions [J]. Advances in Materials Science and Engineering, 2020, 2020 (3): 1-20.
[215] CUI L, ZHENG J, SHENG Q, et al. A simplified procedure for the interaction between fully-grouted bolts and rock mass for circular tunnels [J]. Computers and Geotechnics, 2019, 106: 177-192.
[216] CUI L, DONG Y, SHENG Q, et al. New numerical procedures for fully-grouted bolt in the rock mass with slip and non-slip cases at the rock-bolt interface [J]. Construction and Building Materials, 2019, 204: 849-863.
[217] 宋洋，王贺平，许怀玉，等. 全长粘结锚杆锚-浆界面应力的分布规律 [J]. 土木与环境工程学报（中英文），2019，41（4）：44-50.
[218] 王文杰，万浩. 高应力软岩巷道全长锚固玻璃钢锚杆受力特征研究 [J]. 采矿与安全工程学报，2019，36（3）：482-490.
[219] 白晓宇，张明义，匡政，等. 全长黏结 GFRP 抗浮锚杆拉拔特性分析 [J]. 中南大学学报（自然科学版），2019，50（8）：1991-2000.
[220] 黄生根，庞德聪，吴明磊. 锚固结构载荷传递机理离散元模拟研究 [J]. 铁道工程学报，2020，37（1）：12-17.
[221] AGHCHAI M, MAAREFVAND P, RAD H. Analytically determining bond shear strength of fully grouted rock bolt based on pullout test results [J]. Periodica Polytechnica Civil Engineering, 2020, 64 (1): 212-222.
[222] 雒亿平，史盛，言志信. 抗拔载荷作用下锚固体与岩土体界面剪切作用 [J]. 煤炭学

报，2015，40（1）：58-64.

［223］CHEN J，HAGAN P，SAYDAM S. Load transfer behavior of fully grouted cable bolts reinforced in weak rocks under tensile loading conditions［J］. Geotechnical Testing Journal，2016，39（2）：252-263.

［224］WANG L，YI J，XIA H，et al. Experimental study of a pull-out test of corroded steel and concrete using the acoustic emission monitoring method［J］. Construction and Building Materials，2016，122：163-170.

［225］FENG X，ZHANG N，WEN Z. Mechanical responses and acoustic emission properties of bolting system under short encapsulation cyclic thrust tests［J］. International Journal of Fatigue，2019，121：39-54.

［226］MA S，AZIZ N，NEMCIK J，et al. The effects of installation procedure on bond characteristics of fully grouted rock bolts［J］. Geotechnical Testing Journal，2017，40（5）：846-857.

［227］国家市场监督管理总局，中国国家标准化管理委员会. 煤矿巷道锚杆支护技术规范：GB/T 35056—2018［S］. 北京：中国质检出版社，2018.

［228］HYETT A，BAWDEN W，MACSPORRAN G，et al. A constitutive law for bond failure of fully-grouted cable bolts using a modified Hoek cell［C］// International Journal of Rock Mechanics and Mining Sciences & Geomechanics Abstracts. Pergamon，1995，32（1）：11-36.

［229］BAWDEN W，HYETT A，LAUSCH P. An experimental procedure for the in situ testing of cable bolts［C］// International Journal of Rock Mechanics and Mining Sciences & Geomechanics Abstracts. Pergamon，1992，29（5）：525-533.

［230］ISHIDA T，LABUZ J，MANTHEI G，et al. ISRM suggested method for laboratory acoustic emission monitoring［J］. Rock Mechanics and Rock Engineering，2017，50（3）：665-674.

［231］DU Y，FENG G，KANG H，et al. Investigation on the mechanical behavior and failure characteristics of fully grouted bolts under tension［J］. Energy Sources，Part A：Recovery，Utilization，and Environmental Effects，2020：1-15.

［232］YU S，ZHU W，NIU L，et al. Experimental and numerical analysis of fully grouted long rockbolt load-transfer behavior［J］. Tunnelling and Underground Space Technology，2019，85：56-66.

［233］尤春安，战玉宝，刘秋媛，等. 预应力锚索锚固段的剪滞-脱黏模型［J］. 岩石力学与工程学报，2013，32（4）：800-806.

［234］黄明华，周智，欧进萍. 拉力型锚杆锚固段拉拔受力的非线性全历程分析［J］. 岩石力学与工程学报，2014，33（11）：2190-2199.

［235］CAO C，JAN N，REN T，et al. A study of rock bolting failure modes［J］. International Journal of Mining Science and Technology，2013，23（1）：79-88.

［236］BAI J，FENG G，WANG Z，et al. Experimental investigations on the progressive failure characteristics of a sandwiched coal-rock system under uniaxial compression［J］. Applied Sciences，2019，9（6）：1195.

［237］QIAN R，FENG G，GUO J，et al. Effects of water-soaking height on the deformation and failure of coal in uniaxial compression [J]. Applied Sciences, 2019, 9 (20): 4370.

[238] OUYANG L, DING B, CHEN W, et al. Analysis on defects location during rebar pull-out test by acoustic emission technique [C] // Applied Mechanics and Materials. Trans Tech Publications Ltd., 2013, 351: 1138-1141.

[239] SALIBA J, MEZHOUD D. Monitoring of steel-concrete bond with the acoustic emission technique [J]. Theoretical and Applied Fracture Mechanics, 2019, 100: 416-425.

[240] TANG C, XU X. Evolution and propagation of material defects and kaiser effect function [J]. Journal of Seismological Research, 1990, 13 (2): 203-213.

[241] AN T, ZHENG X, ZHU D, et al. Experimental investigation of pretensioned bolts under cyclic loading: Damage assessment using acoustic emission [J]. International Journal of Distributed Sensor Networks, 2019, 15 (5): 1-17.

[242] 王洪涛. 岩体锚固失效机理及预应力锚固围岩承载性能研究 [D]. 济南: 山东大学, 2015.

[243] 薛守义. 弹塑性力学 [M]. 北京: 中国建材工业出版社, 2005.

[244] 徐芝纶. 弹性力学简明教程 [M]. 4 版. 北京: 高等教育出版社, 2000.

[245] JAEGER J, COOK N G. Fundamentals of rock mechanics [M]. 2nd Ed. London: Chapman and Hall Ltd., 1976.

[246] 张学言. 岩土塑性力学 [M]. 北京: 人民交通出版社, 2001.

[247] ZHOU W, YIN J. A simple mathematical model for soil nail and soil interaction analysis [J]. Computers and Geotechnics, 2008, 35 (3): 479-488.

[248] GALLEGO A, BENAVENT-CLIMENT A, SUAREZ E. Concrete-galvanized steel pull-out bond assessed by acoustic emission [J]. Journal of Materials in Civil Engineering, 2016, 28 (2): 04015109.1-04015109.8.

[249] 何思明, 乔建平, 王成华. 纤维灌浆材料在预应力锚索中的作用机理研究 [J]. 中国科学 E 辑: 技术科学, 2003 (S1): 110-118.

[250] CAO C, REN T, CHRIS C. Introducing aggregate into grouting material and its influence on load transfer of the rock bolting system [J]. International Journal of Mining Science and Technology, 2014, 24 (3): 325-328.

[251] ERGÜN A, KÜRKLÜ G, BAŞPINAR M. The effects of material properties on bond strength between reinforcing bar and concrete exposed to high temperature [J]. Construction and Building Materials, 2016, 112: 691-698.

[252] XUE G, YILMAZ E, SONG W, et al. Fiber length effect on strength properties of polypropylene fiber reinforced cemented tailings backfill specimens with different sizes [J]. Construction and Building Materials, 2020, 241: 118113.

[253] 陈竞, 周红梅, 谢正元, 等. 钢纤维直径及组合对 UHPC 性能的影响 [J]. 广西科技大学学报, 2020, 31 (3): 50-57.

[254] WANG M, TAN C, MENG J, et al. Crack classification and evolution in anisotropic shale during cyclic loading tests by acoustic emission [J]. Journal of Geophysics and Engineering, 2017, 14 (4): 930-938.

[255] OHNO K, OHTSU M. Crack classification in concrete based on acoustic emission [J]. Construction and Building Materials, 2010, 24 (12): 2339-2346.

[256] KANG H, WU Y, GAO F, et al. Mechanical performances and stress states of rock bolts under varying loading conditions [J]. Tunnelling and Underground Space Technology, 2016, 52: 138-146.

[257] ZHANG H, MIAO X, ZHANG G, et al. Non-destructive testing and pre-warning analysis on the quality of bolt support in deep roadways of mining districts [J]. International Journal of Mining Science and Technology, 2017, 27 (6): 989-998.

[258] TAHMASEBINIA F, ZHANG C, CANBULAT I, et al. Numerical and analytical simulation of the structural behaviour of fully grouted cable bolts under impulsive loading [J]. International Journal of Mining Science and Technology, 2018, 28: 807-811.

[259] 姜福兴. 矿山压力与岩层控制 [M]. 北京：煤炭工业出版社，2004.

[260] ZHANG Q, ZHAO J. Effect of loading rate on fracture toughness and failure micromechanisms in marble [J]. Engineering Fracture Mechanics, 2013, 102: 288-309.

[261] 尹大伟，陈绍杰，邢文彬，等. 不同加载速率下顶板-煤柱结构体力学行为试验研究 [J]. 煤炭学报，2018，43 (5): 1249-1257.

[262] 陈宇龙，张玉. 加载速率对不同岩性岩石 Kaiser 效应影响 [J]. 煤炭学报，2018，43 (4): 959-966.

[263] CAO S, YILMAZ E, SONG W, et al. Loading rate effect on uniaxial compressive strength behavior and acoustic emission properties of cemented tailings backfill [J]. Construction and Building Materials, 2019, 213: 313-324.

[264] 李树刚，陈高峰，双海清，等. 加载速率和初始损伤对砂岩能量演化影响的试验研究 [J]. 采矿与安全工程学报，2019，36 (2): 373-380.

[265] ZHAO P, LI S, HO C, et al. Crack propagation and material characteristics of rocklike specimens subject to different loading rates [J]. Journal of Materials in Civil Engineering, 2019, 31 (7): 04019113.

[266] MENG Q, ZHANG M, HAN L, et al. Experimental research on the influence of loading rate on the mechanical properties of limestone in a high-temperature state [J]. Bulletin of Engineering Geology and the Environment, 2019, 78: 3479-3492.

[267] CAO A, JING G, DING Y, et al. Mining-induced static and dynamic loading rate effect on rock damage and acoustic emission characteristic under uniaxial compression [J]. Safety Science, 2019, 116: 86-96.

[268] LU J, ZHANG D, HUANG G, et al. Effects of loading rate on the compound dynamic disaster in deep underground coal mine under true triaxial stress [J]. International Journal of Rock Mechanics and Mining Sciences, 2020, 134: 104453.

[269] MA H, SONG Y, CHEN S, et al. Experimental study on effects of loading rate and sample size on the mechanical and failure characteristics of mudstone [J]. Geotechnical and Geological Engineering, 2020: 1-10.

[270] ZHAO T, GUO W, YIN Y, et al. Bolt pull-out tests of anchorage body under different loading

rates [J]. Shock and Vibration, 2015, 2015 (4): 1-8.

[271] SAGAIDAK A, ELIZAROV S. Acoustic emission parameters correlated with fracture and deformation processes of concrete members [J]. Construction and Building Materials, 2007, 21 (3): 477-482.

[272] RIZZO P, SPADA A, DEGALA S, et al. Acoustic emission monitoring of chemically bonded anchors [J]. Journal of Nondestructive Evaluation, 2010, 29 (1): 49-61.

[273] 焦永俊. 三轴应力下岩石剪切破裂的声发射特征及破裂面形态分析 [D]. 太原: 太原理工大学, 2017.

[274] 吴贤振, 刘建伟, 刘祥鑫, 等. 岩石声发射振铃累计计数与损伤本构模型的耦合关系探究 [J]. 采矿与安全工程学报, 2015, 32 (1): 28-34, 41.

[275] DU Y, FENG G, KANG H, et al. Effects of different pull-out loading rates on mechanical behaviors and acoustic emission responses of fully grouted bolts [J]. Journal of Central South University, 2021, 28 (7): 2052-2066.

[276] 杜云楼, 冯国瑞, 康红普, 等. 不同黏结长度锚杆拉拔承载特性研究 [J]. 采矿与岩层控制工程学报, 2021, 3 (3): 5-12.

[277] Itasca Consulting Group Inc. FLAC^{3D} (Version 5.0) users manual [R]. USA: ITASCA Consulting Group Inc., 2012.

[278] DU Y, FENG G, KANG H, et al. Effects of steel fiber grout on the mechanical performance and failure characteristics of fully grouted bolts [J]. Structures, 2021, 33: 1096-1106.

[279] 王贤能, 叶蓉, 周逢君. 土层抗浮锚杆试验破坏标准选取的建议 [J]. 地质灾害与环境保护, 2001, 12 (3): 73-77.

[280] 汤雷, 陆士良, 高加胜. 锚杆拉拔试验的意义 [J]. 矿山压力与顶板管理, 1996 (2): 68-70.

[281] 杨松林, 徐卫亚, 刘祖德. 岩石锚杆抗拔实验数据处理及可靠度分析 [J]. 岩石力学与工程学报, 2003 (1): 61-64.

[282] DUNNAM R. Anchorage tests on strain-gauged resin bonded bolts [J]. Tunnels & Tunnelling International, 1976, 8 (6).

[283] CHEN J, SAYDAM S, HAGAN P. An analytical model of the load transfer behavior of fully grouted cable bolts [J]. Construction and Building Materials, 2015, 101: 1006-1015.

[284] CARRARA P, FERRETTI D, FREDDI F, et al. Shear tests of carbon fiber plates bonded to concrete with control of snap-back [J]. Engineering Fracture Mechanics, 2011, 78 (15): 2663-2678.

[285] 张友葩, 高永涛, 吴顺川. 预应力锚杆锚固段长度的研究 [J]. 岩石力学与工程学报, 2005 (6): 980-986.

[286] GOEL R, SWARUP A, SHEOREY P. Bolt length requirement in underground openings [J]. International Journal of Rock Mechanics and Mining Sciences, 2007, 44 (5): 802-811.

[287] 杨双锁, 曹建平. 锚杆受力演变机理及其与合理锚固长度的相关性 [J]. 采矿与安全工程学报, 2010, 27 (1): 1-7.

[288] 王洪涛, 王琦, 王富奇, 等. 不同锚固长度下巷道锚杆力学效应分析及应用 [J]. 煤炭

学报，2015，40（3）：509-515.
[289] 周辉，徐荣超，张传庆，等. 预应力锚杆内锚固段长度效应研究［J］. 岩土力学，2015，36（9）：2688-2694.
[290] LI C，KRISTJANSSON G，HØIEN A. Critical embedment length and bond strength of fully encapsulated rebar rockbolts［J］. Tunnelling and Underground Space Technology，2016，59：16-23.
[291] 李怀珍，李学华. 基于界面滑移脱黏的锚杆合理锚固长度研究［J］. 岩土力学，2017，38（11）：3106-3112，3172.
[292] 黄明华，赵明华，陈昌富. 锚固长度对锚杆受力影响分析及其临界值计算［J］. 岩土力学，2018，39（11）：4033-4041，4062.
[293] 柏建彪，侯朝炯，杜木民，等. 复合顶板极软煤层巷道锚杆支护技术研究［J］. 岩石力学与工程学报，2001，20（1）：53-56.
[294] 贾蓬，唐春安，王述红. 巷道层状岩层顶板破坏机理［J］. 煤炭学报，2006，31（1）：11-15.
[295] 陈虎，叶义成，胡南燕，等. 复合顶板锚杆受力特征及临界长度研究［J］. 采矿与安全工程学报，2020，37（6）：1162-1170.
[296] 何满潮，齐干，程骋，等. 深部复合顶板煤巷变形破坏机制及耦合支护设计［J］. 岩石力学与工程学报，2007，26（5）：987-993.
[297] 余伟健，王卫军，文国华，等. 深井复合顶板煤巷变形机理及控制对策［J］. 岩土工程学报，2012，34（8）：1501-1508.
[298] YU Y，LU J，CHEN D，et al. Study on the stability principle of mechanical structure of roadway with composite roof［J］. Minerals，2021，11（9）：1003.
[299] WANG K，YANG B，WANG Z，et al. Analytical solution for the deformation and support parameters of coal roadway in layered roof strata［J］. Geofluids，2021，2021：1-9.
[300] XIE Z，LI Y，ZHANG N，et al. Model experiment research on HPTL anchoring technology for coal-rock composite roof in deep roadway［J］. Scientific Reports，2023，13（1）：2381.
[301] 叶根飞. 岩土锚固载荷传递规律与锚固特性试验研究［D］. 西安：西安科技大学，2012.
[302] 王明恕. 全长锚固锚杆机理的探讨［J］. 煤炭学报，1983（1）：40-47.
[303] 蒋斌松，张强，贺永年，等. 深部圆形巷道破裂围岩的弹塑性分析［J］. 岩石力学与工程学报，2007（5）：982-986.
[304] 姚国圣，李镜培，谷拴成. 考虑岩体扩容和塑性软化的软岩巷道变形解析［J］. 岩土力学，2009，30（2）：463-467.
[305] 张强，王水林，葛修润. 圆形巷道围岩应变软化弹塑性分析［J］. 岩石力学与工程学报，2010，29（5）：1031-1035.
[306] 郑颖人，沈珠江，龚晓南. 岩土塑性力学原理［M］. 北京：中国建筑工业出版社，2002.
[307] 姚国圣. 软岩巷道围岩扩容-塑性软化变形及有限元分析［D］. 西安：西安科技大学，2006.

[308] 周建，经来旺，叶金胜，等. 考虑空间和锚固效应的硐室围岩弹塑性分析 [J]. 煤炭学报，2018，43（8）：2173-2179.

[309] 王晓卿，康红普，赵科，等. 黏结刚度对预应力锚杆支护效用的数值分析 [J]. 煤炭学报，2016，41（12）：2999-3007.

[310] 吴爱祥，李莉，王贻明，等. 快慢凝预应力树脂锚杆与围岩相互作用的力学特征 [J]. 北京科技大学学报，2012，34（4）：363-367.

[311] 袁超，王卫军，冯涛，等. 基于塑性区扩展的巷道围岩控制原理研究 [J]. 采矿与安全工程学报，2017，34（6）：1051-1059.